Synthesis and Ferromagnetism of Graphene

石墨烯合成及铁磁性

苗卿华　著

化学工业出版社

·北京·

内容简介

《石墨烯合成及铁磁性》共三大部分，六个章节。第一部分为石墨烯研究背景、性能及应用阐述，第二部分为自蔓延高温合成法制备石墨烯及掺氮石墨烯的方法及表征，第三部分为自蔓延高温石墨烯及掺氮石墨烯的铁磁性能研究。

石墨烯合成及铁磁性能的影响因素关键在于反应物碳源及氮源的种类及比例。本书旨在阐述自蔓延高温合成法制备石墨烯及掺氮石墨烯的合成机制、石墨烯铁磁性能的产生原因及石墨烯结构缺陷的调控等科学问题；通过构建利于含缺陷石墨烯合成的碳源及氮源组群，解决石墨烯缺陷调控复杂技术问题；通过对石墨烯进行高温真空退火-氧化处理方式，使石墨烯铁磁性能发生变化，并进一步阐述现有石墨烯缺陷调控方法，以期为未来新型非金属材料的应用提供新材料、新理论。

本书可供材料科学等相关专业的科研工作者和技术人员参考。

图书在版编目（CIP）数据

石墨烯合成及铁磁性/苗卿华著. —北京：化学工业出版社，2023.6
ISBN 978-7-122-43149-3

Ⅰ.①石… Ⅱ.①苗… Ⅲ.①石墨烯-铁磁性-研究 Ⅳ.①TB383②O482.52

中国国家版本馆 CIP 数据核字（2023）第 048069 号

责任编辑：满悦芝　　　　文字编辑：王　琪
责任校对：边　涛　　　　装帧设计：张　辉

出版发行：化学工业出版社
（北京市东城区青年湖南街 13 号　邮政编码 100011）
印　　装：大厂聚鑫印刷有限责任公司
710mm×1000mm　1/16　印张 12¾　字数 193 千字
2023 年 9 月北京第 1 版第 1 次印刷

购书咨询：010-64518888　　　　售后服务：010-64518899
网　　址：http://www.cip.com.cn
凡购买本书，如有缺损质量问题，本社销售中心负责调换。

定　　价：65.00 元

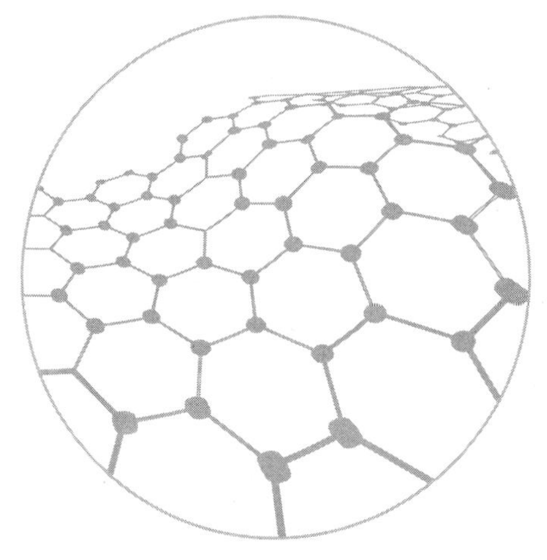

前言

石墨烯是一类由单层碳原子紧密堆积成的二维蜂窝状晶格结构的碳质材料，自 2004 年被发现以来，已经在理论科学及实验科学等多方面受到极大关注。由于石墨烯材料具有较特殊的纳米结构及诸多优异的性能，使其已经在光学、电子学、生物医学、储能、传感器及磁性等诸多领域显示出了巨大的应用潜能。

目前，常用的石墨烯制备方法有微机械剥离法、化学气相沉积法、化学氧化还原法等。化学气相沉积法常用于合成结构完整的少层石墨烯，但该方法对设备要求较高，且操作复杂；化学氧化还原法的操作过程简单，但合成的石墨烯缺陷较多，石墨烯无法进行完全还原；机械剥离法制得的石墨烯层数较少、质量好，但产量较低。本书采用一种远离平衡态的自蔓延高温合成法制备石墨烯，通过 X 射线衍射（XRD）、拉曼光谱（Raman spectrum）、X 射线光电子能谱（XPS）、扫描电子显微镜（SEM）及透射电子显微镜（TEM）等方法对石墨烯组织形貌进行表征；同时利用超导量子干涉仪（SQUID）对石墨烯进行磁性检测；考察不同种类及比例的碳源、氮源对石墨烯及掺氮石墨烯的微观结构、元素组成含量及性质的影响，并围绕自蔓延高温合成法制得的石墨烯及掺氮石墨烯所具备的独特的铁磁性能进行了详细的研究。

以不同碳源及氮源制得的少层石墨烯及掺氮石墨烯多为具有褶皱的三维少层结构，生长过程多以氧化物作为模板围绕其周围进行生长。通过对其结构进行表征可知，不同碳源及反应物比例均能对石墨烯微观结构及缺陷密度有明显影响。标准化学计量比反应物获得的石墨烯片层尺寸更好，结构更完整。在掺氮石墨烯中氮含量越高，石墨烯片层越薄，层数更少，且其中吡咯氮含量也随之增加。

自蔓延高温合成的石墨烯具有显著的室温铁磁性能，且其饱和磁化强度随着处理温度的不同发生明显变化。通过分析可知，石墨烯铁磁性强度是由包含碳六元环破坏引起的缺陷及含氧官能团引起的缺陷在内的两个方面共同作用的结果。氮元素含量及结构的变化均会影响石墨烯铁磁性能发生相应改变。

由于作者时间和水平有限，书中难免存在疏漏，敬请广大读者批评指正。

作者

2023 年 5 月

目 录

第 1 章

绪论

1.1 背景

由于 A. K. Geim 和 K. S. Novoselov 两位科学家在 2004 年对石墨烯的发现，使得石墨烯已经逐渐成为了科学研究的最重要财富。同时，这一发现也使得这两位科学家在 2010 年获得了诺贝尔物理学奖。石墨烯具有极为独特的物理性质，其中包括较高的热导率、很高的强度及优异的电导率。此外，石墨烯还具有优异的电导率，同时也伴随着极为灵活的电子转移率，这些性能都在一定程度上为石墨烯在卷曲状电子产品等方面的应用和发展提供了极大的潜在应用价值。除此之外，由于石墨烯所具备的独特的结构及理化性质，也使得石墨烯在储能材料、聚合物复合材料及透明电极等方面可以表现出一定的可利用性。

近年来，对纳米材料中的磁性研究已经逐渐成为纳米科学和纳米技术领域内研究的前沿科学学科。在现阶段的技术应用中，磁性材料多是基于 d 元素和 f 元素的。与石墨烯的其他性质相比，石墨烯中铁磁性能的发现为新型非金属磁性器件等研究领域提供了更为广阔的空间。具有多种功能的石墨烯中铁磁性能的出现及其可控性将使得石墨烯可能被广泛应用于电子学及其他低能耗、高运转速度的记忆存储器件。

目前，石墨烯的制备方法很多，其中包括化学氧化还原法、微机械剥离法、化学气相沉积法、电弧放电法等。通过对上述传统制备方法进行改良可以使得石墨烯材料具备一定的铁磁性，如对氧化石墨烯进行热剥离、将纳米金刚石的原子结构进行转化、在氢气环境下对石墨进行电弧蒸发以及用化学试剂肼将氧化石墨烯部分还原再通过退火的方法使其完全还原等方法均可实现。

自蔓延高温合成法（SHS）是一类操作简便、快捷、低能耗的物质材料合成方法，通常可用来合成及生产陶瓷、复合物及金属间化合物。作为常规炉技术的代替品，自蔓延高温合成法是一类由短热脉冲点火引发的放热反应，并利用反应过程中释放得到的热量使得热可以向未反应部分传播，进而形成燃烧波。反应温度可高达 5000K，波的传播速度最快可达到 25cm/s，因此自蔓延反应是远离平衡态且在极端的热梯度条件下进行的过程。

本书采用自蔓延高温合成法制备石墨烯及掺氮石墨烯，并对其微观结构及理化特性进行了系统的分析，在此基础上，也研究了温度对石墨烯及掺氮石墨烯磁性能的影响。通过以不同比例、不同种类的碳源及氮源为原料合成石墨烯及掺氮石墨烯，并对其进行结构分析，使得我们对石墨烯及掺氮石墨烯的形貌和结构有了较为全面的了解。通过磁性检测，我们可以分析得知，通过自蔓延高温合成法制备得到的石墨烯及掺氮石墨烯多数具有稳定的室温铁电性，且其组织结构对铁磁性能有较为显著的影响。

1.2 主要内容

目前通常采用的石墨烯制备方法有微机械剥离法、化学气相沉积法、化学氧化还原法等。化学气相沉积法可以合成结构完整的少层石墨烯，但该方法对设备要求高，而且操作复杂；化学氧化还原法的操作过程较简单，但合成的石墨烯缺陷较多，且石墨烯无法实现完全还原；微机械剥离法制得的石墨烯层数较薄，质量好，但产量很低。

本书采用了一种远离平衡态的自蔓延高温合成法（SHS）制备石墨烯及掺氮石墨烯，并用X射线衍射（XRD）、拉曼光谱（Raman spectrum）、X射线光电子能谱（XPS）、扫描电子显微镜（SEM）及透射电子显微镜（TEM）等测试方法对石墨烯及掺氮石墨烯的组织形貌进行表征。同时利用超导量子干涉仪（SQUID）对石墨烯进行磁性检测。考察了不同比例及种类的碳源、氮源对石墨烯及掺氮石墨烯的微观结构、元素组成含量及性质的影响，并围绕自蔓延高温合成法制得的石墨烯及掺氮石墨烯所具备的独特的铁磁性能进行了详细的研究。

本书主要由如下三个专题共6章组成。

以碳酸钙、葡萄糖、蔗糖和淀粉为碳源，采用自蔓延高温合成法制备少层石墨烯，石墨烯为多褶皱的三维结构，层数在10层以下。在透射电子显微镜（TEM）图中可以明显看出，石墨烯片层的生长是以氧化镁等反应产物为模板，围绕其周围进行生长的。通过对得到的石墨烯的微观结构进行表征可以看出，不同碳源及不同反应物比例均能够对石墨烯的微观结构及缺陷密度有明显的影响。标准化学计量比的反应物制得的石墨烯片层尺寸更大，结构更完整。

以普鲁士蓝或尿素为氮源，以碳酸钙为碳源，采用自蔓延高温合成法制备掺氮石墨烯。从扫描电子显微镜（SEM）和透射电子显微镜（TEM）图可以看出，掺氮石墨烯结构中褶皱较多。随着氮含量的增加，掺氮石墨烯片层尺寸更小，层数更薄。以普鲁士蓝为氮源只能制备得到氮含量较低的掺氮石墨烯，氮含量小于1%（原子分数）。尿素可以作制备高掺氮量的掺氮石墨烯较为理想的氮源。

以尿素为氮源制备得到的掺氮石墨烯中的氮含量可以随着反应物比例不同发生明显变化，氮含量最高可以达到11.17%（原子分数）。对掺氮石墨烯元素含量分析可以看出，氮原子多以吡咯氮的结构形式存在，且吡咯氮的比例随着氮含量的增加而增加。针对石墨烯的磁性研究表明，石墨烯的室温最高饱和磁化强度为0.19emu/g，矫顽力为102.53Oe，且其铁磁性能在一定温度下（400K）相对稳定。对石墨烯进行真空热还原-高温氧化处理后，标准化学计量比反应物制得的石墨烯（G2）的饱和磁化强度随着处理温度的增加而减小，偏离标准化学计量比反应物制得的石墨烯（G3）的饱和磁化强度随着热处理温度的增加而逐渐增加。通过分析磁性与缺陷类型间相互关系可以看出，随着温度增加，符合标准化学计量比反应物制得的石墨烯的拉曼缺陷减少，红外缺陷没有明显变化；非化学计量比反应物制得的石墨烯的拉曼缺陷减少，红外缺陷增加。因此可以证明，石墨烯磁性强度的影响因素包含碳六元环破坏引起的缺陷及含氧官能团引起的缺陷两个方面，是两种缺陷共同作用的结果。

以尿素为氮源制得的氮含量最高的掺氮石墨烯［N-G5，氮含量11.17%（原子分数）］在室温下的饱和磁化强度为0.32emu/g，矫顽力为192.56Oe，居里温度为673K。掺氮石墨烯的居里温度随着氮含量增加而有所增加。对氮含量较高的掺氮石墨烯（G5）进行真空热还原-高温氧化处理后，可以看出其饱和磁化强度明显降低，通过对其中元素含量及结构分析后可以看出，在600K温度时，多数吡咯氮转化成为吡啶氮，在650～700K温度之间，掺氮石墨烯的氮含量发生明显下降。氮元素的含量降低及结构转变是掺氮石墨烯热处理后磁性降低的主要原因之一。

第2章

石墨烯的概述

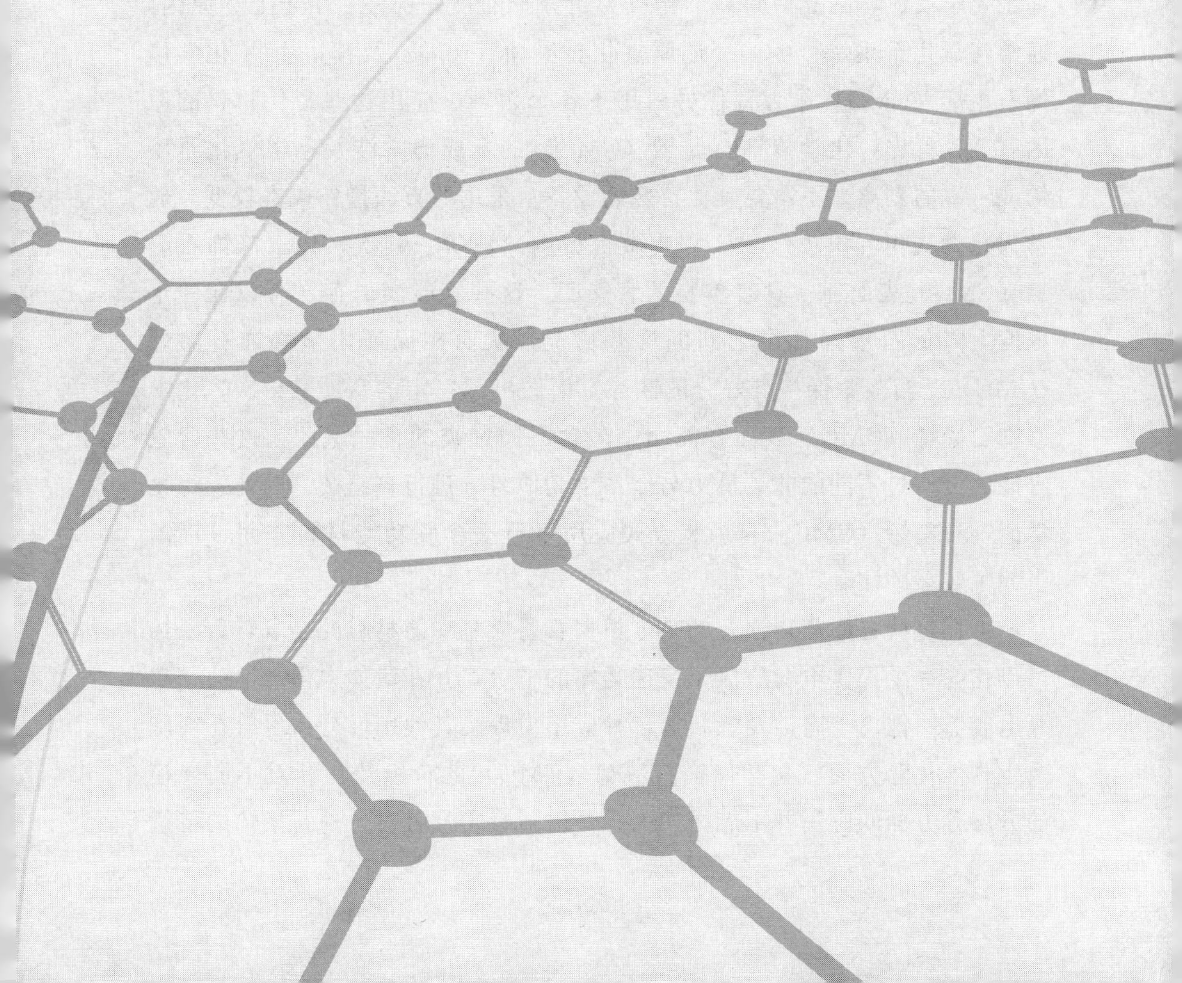

2.1 引言

石墨烯是由碳原子组成的单一平面层，具有许多惊人的特性，如较好的迁移率、热导率及强度。与普通石墨相比，石墨烯的磁性大且呈非线性。它在室温下具有极好的电子迁移率。它是在不同领域中应用最有效的纳米材料之一，例如传感器，光学、电子、生物设备等。因此，它引起了全世界研究人员的考虑。

所谓石墨烯，即为单层石墨，指的是碳原子以 sp^2 杂化组成的六角晶格结构，可以认为是真正的二维聚合物，具有高长宽比、高柔韧性和可忽略的厚度。因此，石墨是通过范德华相互作用完成自组装的石墨烯片层的结果。尽管原始的无缺陷石墨烯可以表现出出色的电荷载流子迁移率、机械强度及导热性，但由于其在合成及加工过程中，操作难度大且易伴随其他副化学反应，因此使其并不能成为超分子的良好构件。由于上述原因，通常将氧化石墨烯（GO）、还原氧化石墨烯（rGO）及其衍生物-化学修饰石墨烯（CMG）作为替代材料用于各个领域。应用这些替代材料的原因有三：首先，化学修饰石墨烯（CMG）的合成通常涉及化学氧化石墨烯或石墨的剥离，不需要其他特殊的设备。采用的方法操作成本较低，通常为化学气相沉积法（CVD）或微机械剥离法等。其次，化学修饰石墨烯（CMG）表面通常具有丰富的官能团，这些官能团的存在可以在一定程度上降低石墨烯片层之间的堆叠情况，从而在保证化学修饰石墨烯（CMG）于溶液中保持良好分散性等方面做出了一定的帮助。再次，化学修饰石墨烯（CMG）表面官能团中包含不同种类的含氧基团，这些含氧官能团可通过不同的非共价力与体系中其他组分进行自组装。因此，将化学修饰石墨烯（CMG）自组装方式应用于石墨烯基功能材料方面也逐渐引起了较多关注。

但在这些方面值得注意的是，根据石墨烯基功能材料的要求，石墨烯可以作为一个提供电荷载流子快速运输的平台，并在诸如太阳能电池、超级电容器、锂离子电池及燃料等各种应用中提高其使用性能。尽管在细胞及生物催化等方面，化学修饰石墨烯（CMG）的自组装在针对不同规模的分层等方面的应用并不能尽如人意，但随着研究者对各种石墨烯的持续研究，石墨烯在细胞分类及生物催化等诸多方面也终将表现出极其卓越的功能。

石墨烯作为宇宙中最薄且最坚固的材料之一，由于其极好的物理和化学特性，被认为是最杰出的纳米材料。表2-1总结了一些关键的石墨烯特性，其中大部分是由于其独特的结构所致。

表2-1　石墨烯的特性

物理特性	数　值
杨氏模量/TPa	1.0
C—C键长/nm	0.142
热导率/[W/(m·K)]	5300
比表面积/(m^2/g)	2600
电子迁移率/[cm^2/(V·s)]	15000
费米速度/(m/s)	106
晶格常数/nm	204.6
比电容/(F/g)	100
固有迁移率/[cm^2/(V·s)]	200000

石墨烯的应用优势主要取决于其化学和物理性质的独特结合：①石墨烯结构中所具备的特殊的能带结构决定了其独特的电子特性，例如，石墨烯具有反量子霍尔效应（QHE），但却不存在局域性及半金属性；②石墨烯比硅更易处理，在生物测定中起着至关重要的作用；③石墨烯所具备的显著的光学特性为石墨烯提供了在荧光传感领域的研究基础，目前已有部分研究人员利用石墨烯的光学特性对蛋白质、核酸和生物小分子进行深入的分析及研究，此外，石墨烯的光学特性也可以应用于细胞成像及实时监控等方面；④石墨烯具有卓越的机械性能及热传导性能，而这两方面性能恰恰是制造电子元件的关键因素，也是石墨烯可以作为其在电子元件领域发展如此迅速的原因之一；⑤石墨烯具有较高的比表面积，在药物输送载体、氢存储介质、能量存储设备及超级冷凝器等方面都具有较好的应用。

从发现至今，石墨烯相关论文已频繁出现在全球各学术杂志、研究会议等上面，关于其性能及相关功能性应用等方面的讨论也不计其数。基于上述特性，石墨烯作为最有潜力的功能性材料之一，已逐渐成为纳米材料方面一颗璀璨的新星。

2.2 石墨烯的结构特征

通常情况下，我们所说的“石墨烯”是指单层石墨，由六个碳原子以 sp^2 杂化的结合方式组成了蜂窝状片层六边形晶格结构，而碳原子的剩余电子均在石墨烯片层平面的上方和下方部分填充了 p 轨道。根据石墨烯的层数不同，可以将石墨烯分为“单层”“两层”或者“少层”石墨烯，我们所说的少层石墨烯对应于层数在 3～10 层之间的结构。通常情况下，单层石墨烯是以波纹状的形式存在的，不会发生层状的堆叠。4～6 层的石墨烯则会形成多种不同的堆叠方式，如 ABAB 形式（Bernal 堆叠）、AB-CABC 形式（菱形堆叠）等，以及较不常见的 AAA 形式。也有很多少层石墨烯片层中几乎没有明显的有序堆叠，这种情况可以被称为“涡流”。通常情况下，“涡流”石墨烯的层间距都会大于 0.342nm，这一层间距明显大于晶体石墨烯的层间距（0.335nm）。形成这种情况的原因被认为是由于石墨烯片层之间作用力较弱，通过石墨烯片层的旋转和平移，获得多种堆叠方式而产生的。

碳原子经常根据其轨道杂交与其他元素进行比较。它的电子构型为 $1s^2 2s^2 2p^2$，其中由 $2s^2 2p^2$ 组成的外壳可以杂交形成不同的杂化轨道，从而导致碳纳米材料的形态各异。例如，四面体的碳材料多归因于 sp^3 杂交，而六聚体的碳材料多采用的是 sp^2 杂交。石墨或石墨烯中可见的原子对称结构以及乙炔等有机分子均归因于 sp 杂交。石墨烯的结构为六方晶格构型，具有两个互穿的三角形亚晶格，这就是 sp^2 杂交的结果，同时伴随着垂直于二维图纸平面的未混合 z 轴定向轨道。相邻原子之间的三个 sp^2 键具有很强的相互作用带来更高的光子声子频率。另外，由于 p 键的形成，重叠的 p_z 轨道显示出独特的电学性质。

石墨烯的边缘结构主要包含扶手形（armchair）和锯齿形（zigzag）两种不同的结构。这两种不同的边缘类型使得石墨烯具有不同的电学及磁学方面的性质。通常情况下，多数石墨烯片层的边缘会同时包含这两种结构类型（图 2-1），因此使得具有这些边缘特性的石墨烯结构可以被广泛地应用于不同的研究领域内。由于 Dutta 和 Pati 成功地制备出了一类边缘结构可控的石墨烯纳米带，使其在很多领域受到研究学者们的广泛关注。

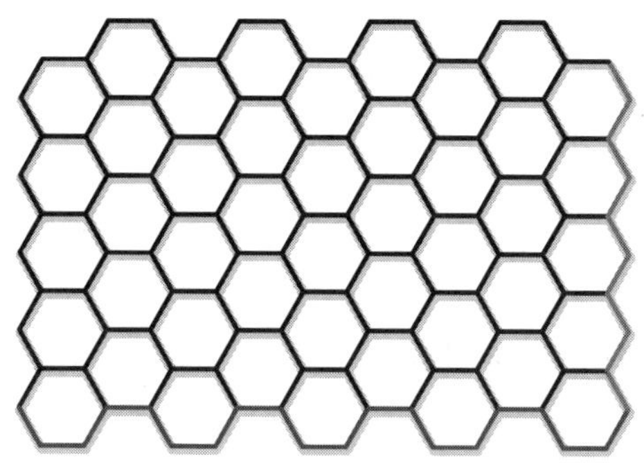

图 2-1　单层石墨烯的扶手形结构及锯齿形结构

2.3　石墨烯的性质特征

石墨烯具有很多特殊的物理和化学特性。因此，在当今社会，石墨烯作为一类“理想材料”可以在很多方面得到广泛应用。具有单层的碳原子结构的石墨烯是世界上已知的最薄的材料，但是它的透气性很差，即使是氦原子也不能通过。石墨烯具有极高的强度，其杨氏模量可以达到 1TPa。石墨烯在室温下的热导率优异，热导率可以达到 5000W/(m・K)，这一导热能力是金刚石这种优良导热体的两倍以上。当石墨烯的层数为一层时，单层石墨烯的比表面积非常大，比表面积的理论数值可以达到 $2630m^2/g$。单层石墨烯几乎完全是透明的，在很宽的频率范围内对光的吸收只能达到 2.3%。下面我们将对石墨烯的性质特征逐一进行描述和分析。

2.3.1　电子特性

石墨烯的特征电子特性是其所具备特殊能带结构的结果。石墨烯中存在两个能带，一个是由 p 态形成的价带，另一个是由 p^* 态形成的导带。低能电子所激发的能量 E 与电子的动量 P 呈线性关系，使得石墨烯结构中的导态和价态之间可以表现为明显的线性关系，而这条直线绕一圈形成的锥体就被称为狄拉克锥（Dirac core）。当动量 P 等于 0 时，其电子能量 E 也就等于 0，此时所对应的点即为迪拉克点。石墨烯内部是导态，外部是空气绝缘态，因此石墨烯结构中的电子的性质是受到拓扑学保护的，其运动速度接近光速（10^6 m/s）。而接近高度的同位结构又会使石墨烯表现出许多异常的理化效应，例如反常的整数量子霍尔效应和克莱因隧道效应，以及对无序诱导的局域性的敏感性等。

石墨烯是一类零带隙半导体。即使在液氮环境的低温条件下，石墨烯也不会显示出磁阻现象。单层石墨烯所表现出的高电导率及高电子迁移率是由石墨烯的微小有效质量引起的。在低温条件下，悬浮石墨烯中狄拉克点的电导率通常可以达到最低，在低温条件下其平均值最低可以接近 $4e^2/\pi h$，而这一数值则是其他常规半导体所无法实现和达到的。通过实验研究结果表明，由于原始石墨烯在结构上通常是没有缺陷的，因此石墨烯所表现出来的电导率在一定程度上就会受到一些其他外部因素所影响。比如，在测量过程中石墨烯与下层基板的相互作用、界面声子、表面电荷缺陷以及基板波纹等。与此同时，石墨烯所表现出的高电子迁移率在许多电子设备领域中也均可以表现出很多的优势。其中外延石墨烯的电子迁移率可以高达 $2.7\times10^4 cm^2/(V\cdot s)$，悬浮石墨烯的电子迁移率高达 $2.0\times10^5 cm^2/(V\cdot s)$。作为单层石墨烯的另一个比较特殊的特性是石墨烯在室温条件下所表现出来的双极性电场效应，而此时石墨烯的掺杂密度可以高达 $6\times10^{12} cm^{-2}$。

随着科学家们对石墨烯电子学特性的研究，其电子学特性已经逐渐得到了更多的关注。石墨烯的电荷载流子迁移率较高，可以达到 $2\times10^5 cm^2/(V\cdot s)$，由于石墨烯中的电子可以自由移动，使得石墨烯可以作为优良的电导体而被广泛应用于电子学及存储材料等相关领域。而石墨烯所表现出的这一高电导率现象则是由于石墨烯结构中传递电子的不寻常运动而产生的，这种现象被称为无质量费米子，一般用狄拉克方程来表述，而不用薛定谔方程。根据上述结果，石墨烯结构中的电子以 1×10^6 m/s 的费米速度（v_F）运动，同时，电子的行进距离是按照顺序以微米无散射的方式进行的，这种现象也可以称为弹道运输现象。这一现象使得石墨烯的其他量子相对论效应（如量子霍尔效应）成为了基础研究领域的重要目标材料。此外，石墨烯所表现出的良好的“可折叠性”，也使其电性能可以通过结构调节来实现。

石墨烯所具备的极高电子迁移率和电子传输能力可使得石墨烯逐渐成为各种依赖于电子传输等应用领域的理想选择。此外，石墨烯可以通过不同化学基团修饰的方式来增强其电子学特性。经过化学基团修饰的石墨烯作为一种新型的“杂合变体”，可以同时充当石墨烯和纳米晶体双重角色，而增加化学特征的基团修饰这一操作也可以在一定程度上增加石墨烯与其他化学成分之间相互作用的可能性。例如，氧化石墨烯片层（GOS）是含氧有机物（如环氧化物、羧酸等）中含氧官能团对石墨烯进行修饰之后所获得的。与原始石墨烯相比，氧化石墨烯片层（GOS）具有更好的亲水性，而且也更易于实现对其电子性能进行控制。此外，还原氧化石墨烯（nano-rGO）与纳米颗粒复合作用后制得的纳米材料已广泛应用于生物传感器、细胞成像、癌症诊断和治疗、催化、能量和氢存储等方面，同时在纳米复合材料、纳米电子学、锂离子电池和水净化等方面也表现出极大的优势。在还原氧化石墨烯上组装气溶胶银（Ag）（也可称为银纳米晶体）所得到的改性石墨烯可以表现出优异的催化活性，优化后的石墨烯可减少过氧化氢作用于无酶传感器的响应时间，从而使其响应时间缩短至 2s 以内。

除此之外，在还原氧化石墨烯上组装银纳米晶体后获得的改性石墨烯还可以使这些传感器的线性检测范围从 100μmol/L 扩展到 100mmol/L。到目前为止，通过使用气溶胶银（Ag）对石墨烯进行功能化修饰的主要途径有以下三种：①基于溶液的一步化学合成；②用电弧放电法对等离子体合成的银纳米晶体进行组装；③通过使用 3-氨基丙基三乙氧基硅烷（APTES）改性的 Si-SiO_x 在氧化石墨烯（GO）上进行原位化学还原 Ag^+ 获得改性氧化石墨烯片层，经过处理后的氧化石墨烯片层不仅实现官能团修饰，而且还可以使其更容易被分散在大量溶剂中，而修饰后的氧化石墨烯片层所表现出的这一良好的分散性都是普通的标准石墨烯片层所无法比拟的。

令研究者们感到惊奇的是，小尺寸、高质量的单层石墨烯所表现出的卓越性能是现有众多大尺寸片层材料所无法实现的。在弹道运输研究方面，Miao 等通过实验观察得知，与大尺寸片层材料相比，在片层尺寸较小的石墨烯纳米带中可以明显观察到电子的扩散及传输现象。在石墨烯片层结构中，电子散射通常被认为是由于石墨烯片层中的杂质缺陷和拓扑晶格缺陷所引起的。而这些缺陷通常情况下是通过一定程度的电荷缺陷、界面声子及表面残留物等物质通过进一步与基底的相互作用来实现的。随着石墨烯厚度的增加，石墨烯的物理和化学性质也会随之发生变化。随着科学家们对石墨烯厚度与其理化性能的影响关系方面的研究不断深入，有研究表明，石墨烯的电子性能与石墨烯的厚度有直接关系，其中，通过实验测得可知，石墨烯的热导率对其厚度极为敏感，随着石墨烯层数从单层增加至四层，石墨烯的硬度和弹性模量也均随之发生明显变化。

2.3.2 光学特性

有研究表明，石墨烯的光学特性也与其片层结构中的缺陷类型及缺陷位置有关。因此，传统的氧化石墨烯片层（GOS）所表现出来的光学特性较差，而通过对氧化石墨烯进行功能化官能团修饰连接后则会使其光学特性有极大改善。而光学性能的改善则可使得经过官能化修饰的氧化石墨烯可以逐渐应用于显示器、照明、生物标记及防伪等方面。

Cao 等已经提出了一种用稀土（RE）配合物[Eu(DBM)$_2$(Phen)(SA)]通过非共价修饰的方法作用于氧化石墨烯片层（GOS）从而使其进行扩展，再将其置于氯仿溶液中进行洗涤及烘干，将得到的修饰化氧化石墨烯片层暴露于紫外线辐射即会发出可见的红光。此外，对氧化石墨烯进行官能化修饰后也可以使其具有荧光性质。修饰后的石墨烯在可见光区域的光传输率可以达到 98%以上，这一传输效率为光学材料最优选择物铟锡氧化物（ITO）进行改进后才能够达到的程度。

单层石墨烯是一种高度透明的材料，其不透明度仅为 2.3%，且不会随着光源波长变化而发生改变，因此石墨烯完全可以作为光电设备中高度可行的选择对象之一。同时石墨烯也显示出与传统材料不同的光致发光（PL）特性。目前有两种方法可以促使石墨烯发光：一种方法是将石墨烯切成纳米带和/或量子点；另一种方法是使用物理或化学方法通过利用不同的气体来降低 π 电子网络的连通性。石墨烯所具备的这些独特的光学特性也已经逐渐吸引了许多研究人员的兴趣。

2.3.3 机械特性

据报道，石墨烯的机械强度类似于所谓的“无缺陷固体的理论强度”。因此，近年来，科学家们对分析石墨烯的机械性能的兴趣也一直在不断增加。石墨烯具有极高的强度，它的理论抗张强度为 150GPa，杨氏模量可以达到 1.0TPa。因此，石墨烯可以被认为是世界上最薄也最坚固的材料。石墨烯所具备的高强度性能使其可以应用于增强材料及填充材料等不同领域。

通过向环氧树脂材料中加入少量的石墨烯即可以使得环氧树脂的机械性能明显提升，而此机械性能的改善主要是由于邻近石墨烯表面的聚合物区域内存在着大量的界面层所引起的，这些界面层决定了载荷从环氧树脂基体向石墨烯传播的主要途径。因此，对该传输界面层结构的设计和调控就显得尤为重要。到目前为止，大量的研究者也都是围绕着石墨烯的分散及界面结构的改善而展开的。Prolongo 等通过采用高剪切、延压及二者结合三种不同的方法制备得到了石墨烯复合物，通过探究不同方法对复合材料性能的影响，可以得知使用高剪切混合法与延压法结合的方式可以使得石墨烯更好地分散在基液中，通过这一方式制备得到的复合材料也具有更加优异的性能。Tang 等通过使用球磨法制备得到了石墨烯高度分散的纳米复合材料，通过实验结果可知该纳米复合材料所表现出的力学性能得到了显著的提升。Kim 等通过利用酒石酸钾钠四水合物对石墨烯的边缘进行修饰处理，制备得到的石墨烯纳米复合材料的机械性能也可得到明显提高。

2.3.4　热学特性

石墨烯具有很好的导热性能，其优异的导热性能与其独特的结构有着极为密切的关系。石墨烯片层结构中碳原子之间是通过 sp^2 杂化连接的，这一连接方式使得石墨烯表现出较强的刚性、极大的声子传递速率以及较长的声子自由程（约 775nm）。通过共聚焦显微拉曼光谱测得，石墨烯结构中声子的传输方式均为弹道传输。在 2008 年，Balandin 等通过实验的方式首次测得单层石墨烯在室温下的热导率为 4840～5300W/(m・K)，而这一热导率与现有的优质导热材料如金刚石［约 2000W/(m・K)］、铜［约 483W/(m・K)］、氮化硼［250～300W/(m・K)］、石墨［100～400W/(m・K)］等相比均表现出很大优势。

石墨烯自身所能产生的热量很小，通过理论计算的方式可以证明石墨烯在立体空间中会自发形成一定的褶皱形貌，经实验测定该褶皱部分的厚度最大可达 0.8nm。针对这一结果的产生原因进行分析，推测可能是由于石墨烯结构中的碳原子所形成的多种不同类型的化学键造成石墨烯结构持续表现为动力学不稳定状态。而石墨烯结构中所存在表现出的褶皱会促使石墨烯结构边缘的碳原子与其他碳原子相结合，从而也在一定程度上增强了石墨烯在三维空间中的结构稳定性。

石墨烯的热导率可以通过很多方式进行调控，现有的常用调控方式包括表面官能团修饰、掺杂、缺陷及应变等，而调控后的热导率变化也与石墨烯的层数、长度及环境温度等因素有很大关系。Wei 等研究发现，通过分子动力学模拟（MD）方法计算可知石墨烯的热导率随其应变的增加而显著降低，Shen 等研究表明，原始石墨烯经过氧化后，所得到的氧化石墨烯的热导率可降低为原来的 5%左右，而其热导率的变化则可随着氧化石墨烯中 O/C 值的增加呈现非线性增加。此外也有研究表明，石墨烯的热导率会随着层数的增加、温度的升高而有所降低。但是将石墨烯置于二氧化硅基底后，由于基底对石墨烯结构中的声子能够产生抑制作用，使得石墨烯结构中的声子的平均自由程有所降低，也可有效降低其热导率。

综上，石墨烯的力学、热学性能与其结构密切相关，同时也会受到温度、掺杂、化学修饰等因素的影响。虽然已有部分针对石墨烯力学及热学性能的相关成果，但是一些重要因素还缺少系统的研究，如系统温度、应变速率以及缺陷等，尤其是石墨烯结构中的缺陷对其断裂行为的影响机制，以及不同类型的缺陷在不同温度下对石墨烯导热性能的影响等。因此，针对石墨烯的力学与热学性能的研究对其在复合材料性能方面的研究及调控都具有非常深远的意义。两者研究的结合将在一定程度上扩大石墨烯类纳米复合材料的研究范围，开发出性能良好的复合材料，并将该材料应用于科学研究领域，最终服务于人类生活及科学研究等方面。

2.4 石墨烯的应用

正因为石墨烯具有上述所提出的多种优异性能，使其在众多方面均表现出广泛的潜在应用价值。因此使得石墨烯在存储装置、电极、聚合物复合材料和传感器等领域的研究也得到了很大的发展。针对不同的用途，所需要的石墨烯的类型和数量均各有差异：如在透明电极和传感器方面需要层数较薄的石墨烯；在电池和超级电容器等能量存储设备及聚合物复合材料方面则需要相对大量的石墨烯片层。除此之外，针对应用类型的不同，所需要选择的石墨烯的质量也各不相同：如从单层到少层石墨烯的使用，并没有使得其电化学活性发生明显增高；但石墨烯材料中的缺陷结构的存在却能够明显增强其电化学性能和氢存储能力。

在电子学领域，尤其是在制作比硅更小、速度更快的器件方面，石墨烯所表现出的良好的理化性能应使其可以表现出更大的应用潜力。但是在实际生产过程中却容易遇到很多的问题，如需要设计带隙来实现数字电子学中所需要呈现出的“开”或者“关”两种不同状态。由于石墨烯的导带和价带可以相互接触，使得石墨烯可以用作“零带隙”半导体。然而，通过施加应变或者通过化学掺杂及利用石墨烯纳米带的结构调控等手段都可以创建一个与石墨烯的侧面尺寸相关的带隙。如可以通过光刻或化学的方法将碳纳米管打开从而形成纳米带。在显示器等应用方面，石墨烯也表现出相当大的应用潜力。石墨烯可以替代氧化铟锡成为有机发光二极管和太阳能电池等器件中的透明导电膜。单层的石墨烯的透明度为98%，比氧化铟锡（透明度为90%）更高。同时由于铟是一类不可再生的资源，因此以石墨烯代替氧化铟锡薄膜作为透明导电膜不仅可以增加导电膜的透明度，还可以在很大程度上节约资源。迄今为止，实验测量的薄膜电阻最高为2000～5000Ω。通过实验表明，该电阻可以通过调节石墨烯的层数来调控，增加石墨烯的层数可以在一定程度上降低薄膜的电阻，但同时也降低了石墨烯薄膜的透明度。此外，也有文献表明采用硝酸掺杂可以明显降低石墨烯片层的薄层电阻，最低的石墨烯薄层电阻为30Ω，同时透明度可高达90%。

此外，在某些应用领域，石墨烯也可以起到一个非常重要的作用。如在聚合物复合材料中，通过将石墨烯片层分散在聚合物基体物质中，使得石墨烯的卓越性质可以依托复合材料而展现出来。石墨烯及碳纳米管等纳米材料所具备的大比表面积使其可以与聚合物充分接触，接触后即可使得该复合材料表现出石墨烯所具备的杰出的物理性质。如果想要使得石墨烯及碳纳米管等纳米材料所具备的大比表面积这一特征得到充分利用，就需要提高石墨烯等纳米材料在溶液中的分散性，因此也就需要将石墨烯进行官能团修饰而使其可以较好地分散在溶液中。除此之外，在复合材料应用方面，不但需要考虑石墨烯纳米片的分散性，还需要考虑其产量，以适应不同的生产规模。

2.4.1 气体分析

由于石墨烯的比表面积大，因此基于大气压的气体传感器可以在大气压力和室温条件下通过基于图形的气体传感器来测量诸如二氧化氮（NO_2）和氨气（NH_3）之类的有毒气体。氧化石墨烯（GO）经过低温热处理后可以使得石墨烯在室温下表现出一定的半导体特性。针对石墨烯的这一特性，使其即使在低浓度下，也可以使石墨烯复合在传感器上用于测试分散在金属电极上的气体。此外，研究者们还进行了一种用于检测人类红细胞释放的细胞外氧气的实验，通过将石墨烯与漆酶（Lac）和2,2-联氮-双-3-乙基苯并噻唑啉-6-磺酸（ABTS）进行复合，形成稳定的具有原始酶活性的复合物，使其可以应用于较高的半波电势以及与Lac的铜氧化还原位点的无阻碍的电子通信中，该传感器能够显示沉积在玻璃碳电极上的杂化物，也可作为一种良好的氧化还原生物电催化剂。

2.4.2 离子分析

目前，人类已经开发出多种方法用来检测和监测对人体健康有害的重金属的种类及浓度，例如Hg^{2+}、Pb^{2+}和Cd^{2+}。在离子分析方面，石墨烯在电化学分析等领域以其高灵敏度、高速度、低成本和可靠性好逐渐脱颖而出。通常可以用伏安法（DPASV）来测定Cd^{2+}的浓度，伏安法主要是通过将Nafion-石墨烯纳米复合膜与差分脉冲阳极剥离技术相结合的方式来实现的。首先将石墨烯分散到Nafion溶液中，然后使混合溶液中的有机溶剂蒸发，从而制得Nafion-石墨烯纳米复合膜。而将石墨烯成功混入纯Nafion膜中，可以在一定程度上提高Nafion-石墨烯纳米复合膜修饰的玻璃碳电极的灵敏度。同时使得该复合膜具有吸附能力强、比表面积大及由石墨烯阳离子交换产生的良好导电性等优点。同样地，使用适体作为探针是另一种有效的离子检测方法。将氧化石墨烯（GO）和Ag^+作为适体结合后可以极为灵敏地检测体系中的Ag^+。另外，靶标诱导的适体的构象变化也可以导致荧光的恢复，从而可以实现即使系统内存在的其他金属离子浓度比Ag^+浓度高10倍，也可以很容易地从系统中检测到Ag^+的存在。

2.4.3 催化

石墨烯所具备的卓越性能不仅仅局限于石墨烯优异的电子及光学性质，同时还归功于石墨烯所具备的较大比表面积和较好的热稳定性，也使其得以具有很强的催化能力。近年来，研究人员开发出了一种可以生成高活性 Pd 纳米粒子的方法。将化学还原钯盐和分散的氧化石墨烯（GO）通过微波辅助的方法形成水性混合物，合成后的钯可以成功催化 C—C 键从而使其发生交叉偶联反应，而这一交叉偶联反应又与化学和制药工业密切相关，从而使得石墨烯的催化性能在有机合成中占有至关重要的地位。正因为石墨烯在催化性能方面具有如此显著的优势，使得大家更加迫切地需要更为高效且可回收的催化剂。近年来，研究者们也已开发出用于合成催化图形的微波辐照（MWI）方法。图 2-2 所表示的就是通过水合肼-微波辐照法（HH-MWI）制得的金/石墨烯（Pd/G）复合物所具备的一系列特性。

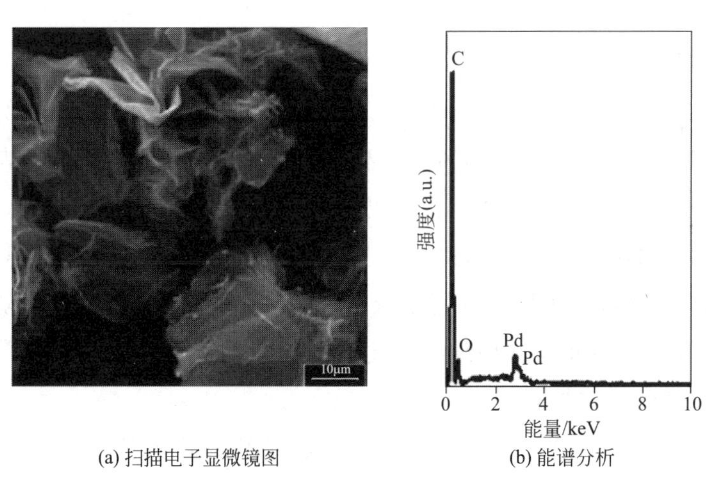

(a) 扫描电子显微镜图　　(b) 能谱分析

图 2-2　水合肼-微波辐照法制备金/石墨烯复合物特征

2.4.4 神经递质分析

神经递质是人体中特定的化学物质，其中大多数均可通过石墨烯检测到，其中最典型的神经递质就是多巴胺（缩写为 DA）。多巴胺（DA）的化学名称为 3,4-二羟基-β-苯乙胺，是一种广泛存在于脊椎及非脊椎动物中的重要神经递质，在帮助细胞传输脉冲物质的功能中占据重要地位。多巴胺（DA）是一种神经传导物质，可用来帮助细胞传送脉冲，其水平对各种生物都有重大影响，因此对多巴胺进行准确的检测及表示均显得非常重要。例如，人体中多巴胺（DA）的水平发生异常与精神分裂症、帕金森病和亨廷顿舞蹈症等严重疾病均存在有很大关系。抗坏血酸（AA）通常与多巴胺共存于大脑和体液中，抗坏血酸（AA）的浓度一般为 10^{-7}～10^{-3}mol/L，多巴胺（DA）的浓度一般为 10^{-8}～10^{-6}mol/L，尽管多巴胺（DA）的水平通常与抗坏血酸（AA）的水平相对应，并且多巴胺（DA）始终处于较低水平浓度，同时其浓度水平要比抗坏血酸（AA）高，而因为多巴胺（DA）和抗坏血酸（AA）具有相似的氧化电势，如果选用电化学方法测量这两种物质一直存在一定问题。石墨烯独特的电子性质与传统材料不同，它可以优化电极从而分别区分存在于系统内的多巴胺（DA）和抗坏血酸（AA）。将壳聚糖（CS）选择性地复合在石墨烯修饰的工作电极上，从而可以确定体系中的多巴胺（DA）存在，这是由于其具有水溶性聚电解质的特性以及在生理 pH 值下（$pH<pK_a=6.3$）带有正电荷。由于壳聚糖（CS）在工作电极中充当着基质的角色，带正电荷的多巴胺（DA）对石墨烯-壳聚糖/玻璃碳电极（GR-CS/GCE）的敏感程度更加明显，而同时，体系中带负电荷的抗坏血酸（AA）则更受抑制。结合两种物质的分子结构，可以成功地将多巴胺（DA）和抗坏血酸（AA）区分开来。多巴胺（DA）的苯基结构与石墨烯的二维平面六边形碳结构之间的 π-π 相互作用使电子转移比抗坏血酸（AA）氧化和石墨烯之间的弱 π-π 相互作用更可行。因此，这种独特的化学特性使得石墨烯逐渐成为最适合分析多巴胺（DA）的材料。

由于多巴胺（DA）在预防、诊断、监测和治疗人体内某些疾病方面起着至关重要的作用，使得针对多巴胺（DA）的评估显得尤为重要，针对其评估方法的研究也在逐年递增。目前，通过自由基聚合（FRP）合成的石墨烯片层/刚果红分子印迹聚合物（GSCR-MIPs）可以作为多巴胺（DA）电化学传感器的最新颖结构之一。在这一结构中，多巴胺（DA）可作为模板分子，而由于其具有较小的尺寸和极大的比表面积，因此使得多巴胺（DA）通常位于由 GSCR 制成的被支撑材料表面的表面上或附近，甲基丙烯酸（MAA）和乙二醇二甲基丙烯酸酯（EGDMA）则通过选择性共聚作用充当为 MIP 外层。然后，通过电位扫描，可以从印迹聚合物薄膜中快速并且完全地提取多巴胺（DA）分子。传统的刚果红分子印迹聚合物（MIP）已经逐渐被石墨烯片层/刚果红分子印迹聚合物（GSCR-MIPs）所取代，从而实现对该聚合物达到更快的解吸和吸附动力学，以及对多巴胺（DA）分子的更高的选择性和结合能力。在该实验中，石墨烯再次被确认为现代科学中最灵活、最有用的材料之一。

吴燕琼等利用高效液相色谱（HPLC）的方法建立分析盐酸多巴胺注射液中多巴胺含量的方法，该方法的流动相为磷酸盐缓冲液，流速为 1.0mL/min，检测波长为 280nm，浓度和峰面积比一般在 20～120μg/mL 的范围内呈线性关系。回收率范围为 98.9%～100.4%，通过这种检测手段可以达到对多巴胺含量进行分析的标准，从而可以将该检测手段应用于实际样品中的分析检测。Zhang 等利用荧光检测法检测人体尿液中的多巴胺的含量，通过使用间苯二酚来开启荧光，并利用间苯二酚和多巴胺（DA）之间的快速反应，这种检测方法的灵敏性以及准确性都可以满足多巴胺的分析标准，在实际应用中也可以达到对样品中多巴胺（DA）的分析及检测能力。

通过以上的研究可以看出，现有的石墨烯材料在应用于神经递质分析的传感器方面有很大的应用前景。虽然石墨烯材料的应用可以在一定程度上解决现有设备费用较为昂贵、对专业技术水平要求高、运行成本较高等问题，但是石墨烯材料制得的传感器在现阶段很难达到在现场中快速分析响应，同时存在无法满足实际应用中的大规模推广等问题。

2.4.5 蛋白质分析

蛋白质是人类生存的基础，因此，准确识别并检测多种蛋白质已成为科学家们的长期研究目标。石墨烯作为一种新型的多功能纳米材料，它的诞生及发展都为蛋白质的研究提供了新的思路。适体作为一类专为识别给定的 DNA、蛋白质、小分子或离子靶标而设计的人为核酸配体（DNA 或 RNA），可以轻松地将其用作荧光标记物标记，从而应用于各种生物测定和生物诊断设备等方面。此外，由于适体结构及类型的多样性，也使得这类人为核酸适体在蛋白质分析中也起着重要作用。比如，一个较为常用及典型的例子是基于在核酸上的适体接枝检测凝血酶。在此过程中，染料和石墨烯之间的强力结合所引起的有效能量转移可以将适体与石墨烯连接起来。而荧光猝灭是由经过染料标记的适体和石墨烯之间的相互作用所引起的异位反应，以及后续的修复反应，从而使其可以被广泛应用于蛋白质检测。石墨烯适体传感器的荧光强度会随着凝血酶浓度的增加而增加，这是由于四链体-凝血酶复合物的形成所致。因此，基于荧光素染料标记的适体-氧化石墨烯可以用于灵敏的蛋白质检测，并能够实现将目标蛋白质与其他蛋白质区分开来的效果。

能够使得石墨烯进行官能团化修饰的不仅有氧化物基团，还可以有胺类官能团及金属基团官能团。而使用不同类型官能团取代基所修饰后得到的杂化石墨烯复合物均可以表现出不同的特性。通过胺官能团功能化的石墨烯和经过金纳米粒子（AuNP）改性的石墨烯均可用于针对甲胎蛋白（AFP）的研究。甲胎蛋白（AFP）是一种胎粪糖蛋白，可用于确定多种恶性疾病，包括肝细胞癌、睾丸癌、卵黄囊癌以及其他一些非癌性疾病。此外，基于石墨烯的杂化纳米材料所表现出的巨大优势主要表现为该杂化纳米材料具有较好的电化学活性表面积、易于实现电极及检测分子之间的快速电子转移，从而可以促进生物分子的吸附并增强响应信号。而金纳米粒子（AuNP）由于其一些关键特性还可以被广泛应用于免疫传感器的性能提升，如高灵敏度、良好的生物活性、可接受的储存稳定性以及良好的选择性。通过对甲胎蛋白（AFP）进行测试的样品结果显示，金纳米粒子（AuNP）/石墨烯-NH_2 纳米复合材料可以在一定程度上有效地促进Fe(CN)与电极之间所发生的直接电子转移。对这一特性及现象进行进一步研究表明，金纳米粒子（AuNP）/石墨烯-NH_2 纳米复合材料可以被安全地应用于甲胎蛋白（AFP）的实际临床检测，以及一些其他更广泛的研究领域。

2.4.6 DNA 分析

DNA 作为一种基本的遗传物质，对人类具有至关重要的影响。现有的应用较多的分析 DNA 的光学方法是一类灵敏、快速且高效的基于荧光共振能量转移（FRET）的方法。在荧光共振能量转移（FRET）过程中，能量从激发态供体荧光染料转移至受体是通过偶极-偶极相互作用的，同时在转移过程中不会发射光子。DNA 具有良好的生物相容性和特殊的双螺旋结构，因此可作为一种理想的生物材料，而石墨烯是一类具有卓越的电子和光学特性的新型纳米材料。因此，将 DNA 与石墨烯两者结合在一起就成为了一种独具创新的概念。目前，基于石墨烯的 DNA 检测和分析主要基于荧光方法或电化学方法。基于荧光方法的 DNA 检测及分析取决于石墨烯的荧光共振能量转移（FRET）诱导的荧光猝灭。由于荧光共振能量转移（FRET）的作用，当荧光与染料标记的单链 DNA（ssDNA）结合到氧化石墨烯（GO）时，就会迅速猝灭。将石墨烯功能化材料添加到 DNA 检测过程中后，染料的荧光得以恢复。这种现象是由于靶分子（即互补 ssDNA）在染料标记的 DNA 和靶分子之间形成双链 DNA（dsDNA）的结果，这样会在一定程度上扰乱了氧化石墨烯（GO）和单链 DNA（ssDNA）之间的相互作用。

由于 DNA 检测方法还利用了石墨烯的电子特性，所以其荧光的猝灭和发光都会表现得非常明显，所以使得对目标分子的检测就会变得非常容易。Bonanni 和 Pumera 两位科学家通过利用灵敏的石墨烯平台和电化学阻抗谱的方式研究了 DNA 的杂交及其多态性。在他们的研究过程中，不仅比较了阻抗法和荧光法两种测量方法对 DNA 分析的灵敏度的不同，此外还分析了不同堆叠片数的三类不同石墨烯对 DNA 分析的影响，结果表明使用四层石墨烯时可以为 DNA 的分析提供最佳的灵敏度。而上述这些研究过程及研究结果对于检测与不同疾病相关的单核苷酸多态性（SNP）将会有至关重要的影响。Mohanty 和 Berry 研究了对石墨烯进行痕量的敏感性改变会使得 DNA 杂交设备生物系统发生修饰化改变。电学测试结果表明，将氧化石墨烯（GO）与单链 DNA（ssDNA）进行选择性结合，可以使得该杂化物的电导率增加了 128%。此外，由于将带负电荷的 DNA 附着在 p 型氧化石墨烯（GO）上会使得靶 DNA 和氧化石墨烯（GO）之间的杂交程度有所增加，也可以在一定程度上证明在氧化石墨烯（GO）和 DNA 之间存在着一种正负吸引力，而这种吸引力对于 DNA 检测的效率及准确度都会有正面的帮助。

在上述相关研究中多数提到的方法都是以氧化石墨烯（GO）作为底物，通过杂交的方式来提高 DNA 的相关检测的，而这部分将要提出的另一种针对 DNA 检测的方法则是通过石墨烯量子点（GQD）的引入来实现的。石墨烯量子点（GQD）被认为是零维碳纳米管，它具有石墨烯所具备的所有特性。通过采用对电极表面连接最佳官能团的方式对其进行改性，可以有效地优化热解石墨（PG）电极的性能。而在对电极进行性能优化后，可以通过使用该电极探测固定的单链 DNA（ssDNA）。核碱基与石墨烯之间相互作用的位置可以被视为临界点。实验表明，探针单链 DNA（ssDNA）与靶分子之间的相互作用会影响探针的结构，如果将目标分子搅拌到化合物中，则会获得 ssDNA。同样，如果将探针单链 DNA（ssDNA）置于已被石墨烯量子点（GQD）修饰的电极上，那么检测过程中的吸附则会受到干扰，从而使得电化学响应发生改变，最终实现对目标样品的检测及分析。

2.4.7 药物输送

癌症已经逐渐成为现今社会中影响人类健康最严重的疾病之一。如果癌症可以在早期被发现，患者通常具有较大的生存机会。但是，并不是所有的癌症都会在早期就被发现，因此，科学家们也已经尝试通过采取许多方式来提高抗肿瘤药物装载效率或针对纳米技术的肿瘤细胞靶向定位等。由于氧化石墨烯（GO）具备大比表面积、高亲水性和良好的生物相容性等特性，已经有实验证明通过使用氧化石墨烯（GO）可以在一定程度上提高材料的载药量（图 2-3）。通过实验证明将可生物降解的聚合材料壳聚糖（CS）与氧化石墨烯（GO）通过环氧基与胺基之间的氢键相连接，可以在一定程度上改善原有基质材料的生物相容性。而考虑到上述研究背景，研究者们研发出一种新型的经过叶酸修饰的壳聚糖-氧化石墨烯纳米载体，从而使其应用于抗肿瘤药物的靶向定位递送。由于氧化石墨烯（GO）表面存在着与非共价相互作用相关的 π-π 键迭代作用，因此可以将抗肿瘤药物阿霉素（DOX）加载到氧化石墨烯（GO）表面，并使得抗肿瘤药物可以在特定条件下释放，从而实现抗肿瘤药物的靶向定位作用及功效。

由于聚乙二醇（PEG）在水溶液及生理溶液中的溶解度均较高，将聚乙二醇连接到纳米级氧化石墨烯（NGO）表面上并对其进行改性后，可使改性后的纳米级氧化石墨烯成为另一种利用率较高的药物转运蛋白。更确切地说，当把改性后的药物转运蛋白作为载体输送芳香族抗肿瘤药物时，该抗肿瘤药物载体的运输效率较高，而且可以表现出良好的生物安全性。此外，为了提高抗肿瘤药物负载效率及靶向能力，还有研究人员尝试将经过叶酸（FA）改性的纳米级氧化石墨烯（NGO）装载两种抗肿瘤药物阿霉素（DOX）和伊立替康（CPT-11），并将其与未修饰的装载阿霉素（DOX）和伊立替康（CPT-11）两种抗肿瘤药物的纳米级氧化石墨烯（NGO）相对比，研究结果表明，改性后的纳米氧化石墨烯可以明显表现出针对 MCF-7 人乳腺癌细胞的靶向性，同时可以在一定程度上提高抗肿瘤药物对肿瘤细胞的杀伤作用。

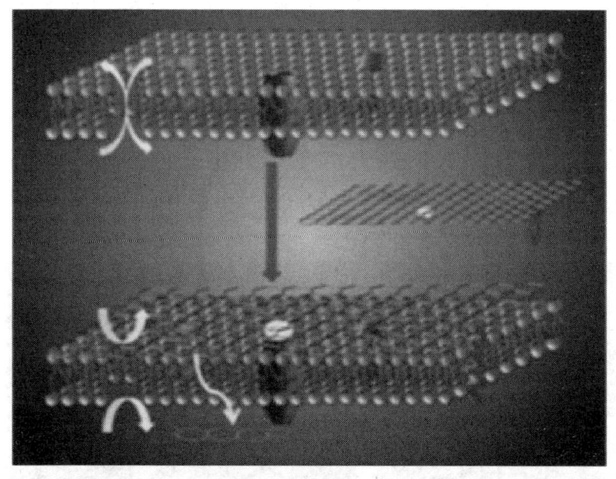

图 2-3　氧化石墨烯作为药物载体或细胞相互作用阻碍物等方面的假设潜在应用

2.4.8　细胞成像

此外，通过聚乙二醇（PEG）修饰的纳米级氧化石墨烯（NGO）不仅可以用于药物传递运输，同时还与细胞成像有关。最近，Dai 及他的同事通过氨基和羧基之间的相互作用将经过酰胺化修饰后的聚乙二醇共价接枝到氧化石墨烯（GO）上。通过实验结果可以得知，经过聚乙二醇修饰化的纳米级氧化石墨烯（NGO）的厚度略大于标准氧化石墨烯（GO）的厚度，因此可以通过采用分离的方式将两种厚度不同的石墨烯区分开。此外，经过聚乙二醇修饰的纳米级氧化石墨烯（NGO）具有较强的光吸收能量，使其能够在可见光近红外（NIR）范围内表现出明显的等电点特性。Yang 等根据上述实验方法及实验结果进行了一系列的调整和改进，通过其相关实验结果可知，将聚乙二醇修饰在氧化石墨烯（GO）表面上可以有效防止氧化石墨烯（GO）与荧光基团反应的猝灭，从而使得聚乙二醇修饰化的纳米级氧化石墨烯（NGO）可以作为小鼠体内肿瘤细胞体内成像的备选材料之一。此外，还有实验结果表明，使用聚乙二醇修饰化的纳米级氧化石墨烯（NGO）可以用于进行体内荧光成像，同时还可以满足生物材料的安全性等基本要求。此外，近来还有研究文章报道了可以根据相同原理，将纳米级氧化石墨烯应用于 HeLa 细胞（一种肿瘤细胞）的细胞成像。当将聚乙二醇修饰化的纳米级氧化石墨烯（NGO-PEG）与抗 CD20 抗体利妥昔单抗（Rituxan）结合并进行孵育之后，可以将该复合材料应用于 B 淋巴细胞的检测并可以实现对其进行观察（图 2-4），B 淋巴细胞对淋巴瘤具有临床意义。这种结合方式体现出了石墨烯类碳材料在癌症诊断和治疗领域可以表现出具有巨大的潜力。考虑到上述一系列有意义的研究，我们可以知道基于石墨烯的纳米生物载体也将为生物医学带来巨大的成就。

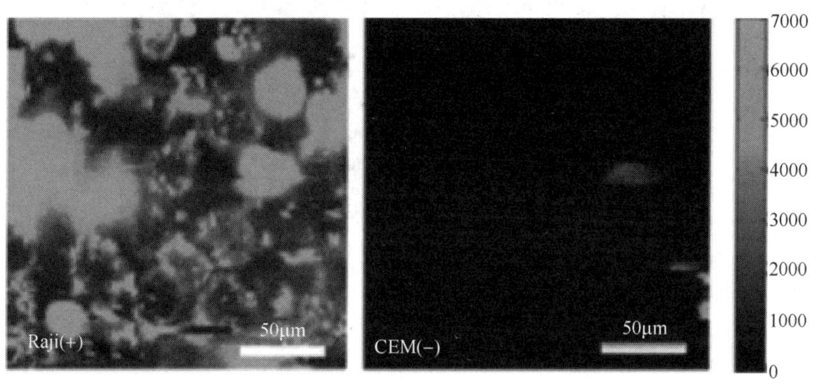

图 2-4 聚乙二醇修饰纳米级氧化石墨烯与利妥昔单抗结合复合物（NGO-PEG-Rituxan）应用于 CD20 阳性 Raji B 淋巴细胞（左）及 CD20 阴性 CEM 细胞（右）的可见光近红外荧光图像

2.4.9 体内实时监控

蛋白酶是一类蛋白质水解酶，可催化肽键的裂解。在包括蛋白质降解、血液凝固、补体系统、纤维蛋白溶解、激素成熟和细胞凋亡在内的多数生理过程及系统代谢过程中，蛋白酶通常可以充当一种重要的调节剂。荧光共振能量转移（FRET）分析是一类基于信号定向及距离相关的能量转移的分析方法，具有实时监控的功能，因此使其逐渐成为可用于观察发射信号的光谱变化的一类分析方法。这种分析方法的优点是可以发光，而且不容易受其他大分子干扰，同时可以为长波长荧光基团受体提供可激发荧光基团供体。目前，如何可以在诊断、监测和药物治疗过程中，寻找出一种灵敏、准确且便捷的蛋白酶检测方法就显得尤为迫切而重要。值得庆幸的是，已有报道表明将肽掺杂到氧化石墨烯（GO）表面所获得的掺杂石墨烯所发出的信号可以实时监测蛋白酶的活性。在信号检测过程中，蛋白酶底物肽被用作能量转移供体和能量转移受体之间的连接点。量子点由于其高量子产率、尺寸依赖性发射、窄发射峰、高化学稳定性和高光漂白阈值等特性，可被应用于具有固有光学性质的能量转移供体。将量子点应用于蛋白酶浓度检测等方面的机制是基于蛋白酶活性引起的荧光共振能量转移（FRET）对蛋白酶活性之间能量转移效率的波动。由于这一检测平台可以与不同蛋白酶量子点氧化石墨烯相结合，使得该平台的作用机制与其他传统的能量转移系统不同。氧化石墨烯（GO）可以表现出特别高的荧光猝灭效率，因此可以在纳米水平上用于检测蛋白酶。此外，它还可以对活细胞中蛋白酶活性进行实时监测。因此，氧化石墨烯-肽-量子点复合纳米探针也可以在一定程度上解决以均质实时格式监测蛋白酶活性的问题。

同时，随着实时监测逐渐被广泛应用于各种生物分子，越来越多的研究者考虑尝试将复合纳米探针应用于生物实时监测等方面。通过设计一种适体-荧光素酰胺/氧化石墨烯纳米片（适体-FAM/GO-nS）复合物，利用氧化石墨烯（GO）和DNA分子之间的特殊相互作用，可将其应用于JB6 Cl 41-5a小鼠上皮细胞中三磷酸腺苷（ATP）的原位分子探测。在这一过程中可以通过微分干涉对比和宽视野荧光显微镜进行监测（图2-5）。氧化石墨烯纳米片（GO-nS）可以作为一种载体来保护适体免受酶裂解的破坏，同时还可以探测荧光的猝灭。因此，适体-荧光素酰胺/氧化石墨烯纳米片（适体-FAM/GO-nS）复合物可以成为另一种适用于实时监测的工具。

2.4.10 癌症治疗

2.4.10.1 光热疗法

除了上述的体内应用外，石墨烯在癌症治疗中也表现出了一定的潜在

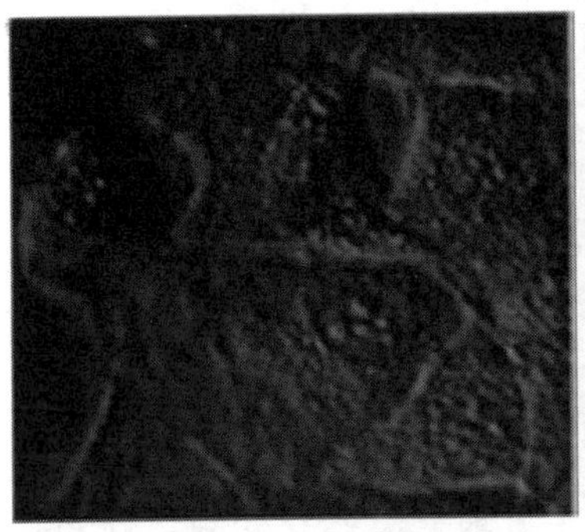
(a) JB6 细胞没有经过三磷酸腺苷适体-氧化石墨烯纳米片孵育的细胞摄取情况

(b) JB6 细胞没有经过三磷酸腺苷适体-氧化石墨烯纳米片孵育的细胞摄取情况

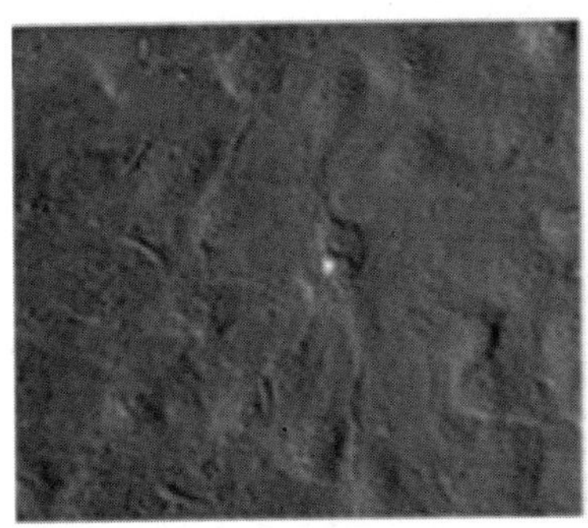
(c) JB6细胞经过三磷酸腺苷适体-氧化石墨烯纳米片孵育的细胞摄取情况

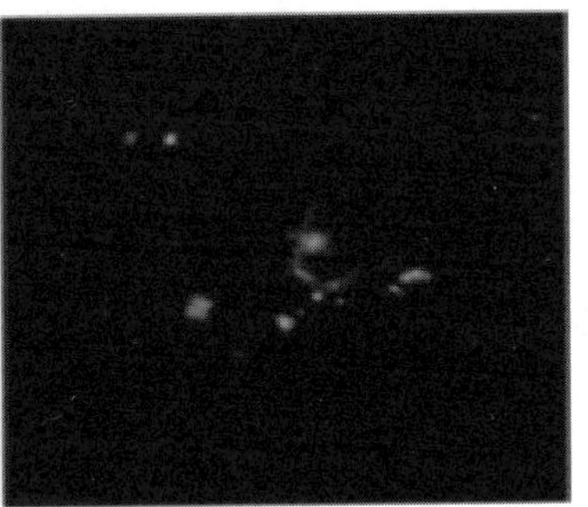
(d) JB6细胞经过三磷酸腺苷适体-氧化石墨烯纳米片孵育的细胞摄取情况

图 2-5 微分干涉对比（左）和宽视场荧光显微镜（右）下的 DNA/氧化石墨烯纳米片杂合体的细胞摄取情况

应用性。目前，光热疗法（PTT）是一种通过将生物组织暴露于高于正常温度而促进异常细胞破坏的治疗方法。所谓的光热疗法可根据升温的温度范围不同分为两种途径：中低温区热疗（39～45℃）及热切除治疗(50℃或更高)。在无法进行手术切除的情况下，选择性地消除恶性肿瘤组织是唯一的解决办法。然而，热切除治疗又可以包含许多不同类型的方式，如激光照射、微波、射频或超声，但是这些方式对恶性肿瘤细胞均没有固有的特异性。因此，目前研究人员正在寻找对正常组织毒性低，但抗癌效率较高的方法。

由于光热疗法（PTT）对靶向组织可以进行微量的能量传递，同时对肿瘤组织的温度变化均极为敏感，使得光热疗法可以被认为是局部微创治疗癌症的理想方式之一。在光热疗法（PTT）中，金纳米颗粒、多壁碳纳米管（CNTs）等纳米离子常常通过将近红外辐射（NIR 辐射）转换为振动能量的方式来产生热量用以破坏肿瘤细胞组织。与碳纳米管相比，石墨烯具有更好的分散性和更小的尺寸，因此在相同条件下会产生更多的热量。为了增加近红外吸收率，可以通过还原纳米氧化石墨烯（NGO）并用两亲性聚乙二醇（PEG）化聚合物链对其进行功能化修饰来合成纳米还原氧化石墨烯，从而实现其在生物条件下的稳定性。将带有 Arg-Gly-Asp（RGD）基因序列的靶向肽附着在纳米还原氧化石墨烯可使其实现对 U87MG 肿瘤细胞的细胞摄取更具有选择性，并可直接实现体外细胞的高效光消融（图 2-6）。结果表明，通过聚乙二醇（PEG）接枝修饰，可以使合成的纳米还原氧化石墨烯结构比未还原的氧化石墨烯的近红外光谱（NIR）吸收率提高 6 倍。因此，可以将石墨烯作为光热疗法（PTT）和药物输送的理想材料之一，从而实现石墨烯与化学治疗药物的复合加载并使其应用于化学疗法与光热疗法（PTT）的组合疗法中。Zhang 等已经研发出一种新的功能性纳米颗粒，这种纳米颗粒为负载阿霉素的聚乙二醇修饰化纳米氧化石墨烯（NGO-PEG-DOX），它可以将热量与药物一起带到

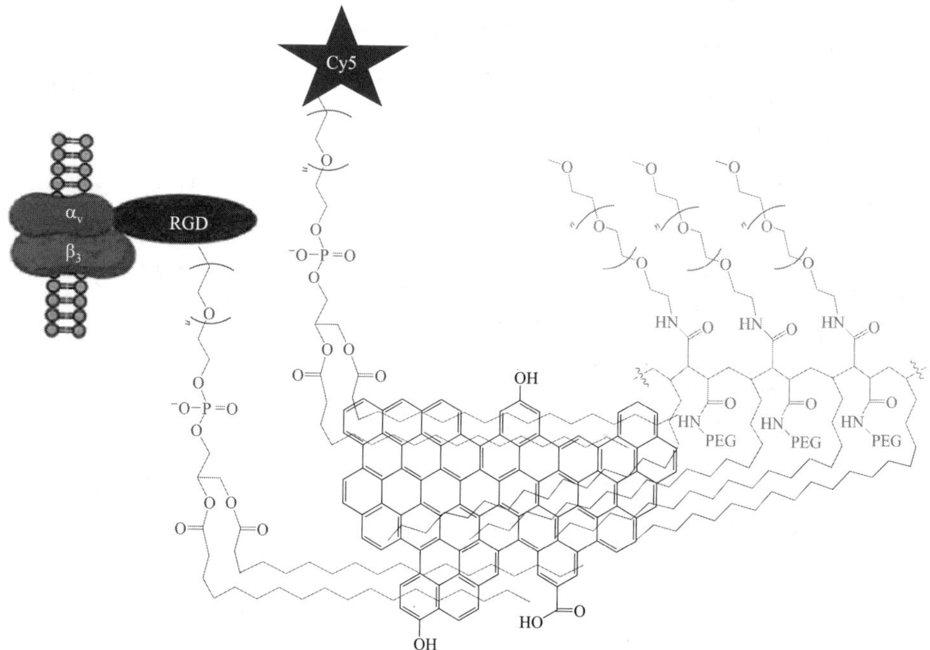

图 2-6　纳米还原氧化石墨烯-RGD-Cy5 与 U87MG 细胞膜上的 $\alpha_v\beta_3$ 整合素受体相互作用示意图

肿瘤区域，从而在一定程度上提高化学光热法的治疗效果。同时，通过静脉注射将负载阿霉素的聚乙二醇修饰化纳米氧化石墨烯（NGO-PEG-DOX）注射入 EMT6 荷瘤小鼠后，使其肿瘤可以实现完全消融，在原始肿瘤部位仅留下了明显残留的黑色疤痕。后续观察能够看出，该肿瘤在治疗 40 天后没有显示出复发或再生长的迹象。

2.4.10.2 光动力疗法

光动力疗法（PDT）是一种相对较新的癌症治疗方法，该方法可以在光敏剂的光基照射及氧气存在条件下，破坏靶细胞，并可以同时产生活性氧（ROS），例如单线态氧（$^1O_2$）。光动力疗法（PDT）的治疗效率在很大程度上是取决于光敏剂在细胞内运输情况的。石墨烯由于其独特的物理和化学性能，可使其成为光动力疗法（PDT）过程中非常有潜力的材料之一。竹红菌甲素（HA）是一类二萘嵌苯喹啉类疏水性非卟啉光动力的抗肿瘤药物，氧化石墨烯（GO）可以通过 π-π 堆叠及氢键等不同的方式与竹红菌甲素（HA）共价相连。结果表明，当系统中仍然能够有效产生$^1O_2$ 并达到所需的治疗效果时，氧化石墨烯（GO）上的竹红菌甲素（HA）含量水平是高于传统药物载体的。因此，有理由相信氧化石墨烯（GO）产生的热量可以极大地增强光动力疗法（PDT）的作用。通过 π-π 堆叠相互作用可以将光敏剂分子 Chlorin e6（Ce6）加载到聚乙二醇（PEG）修饰的氧化石墨烯（GO）上，从而可以生成氧化石墨烯-聚乙二醇-Ce6（GO-PEG-Ce6）复合物，该复合物的主要特征在于其具备极为出色的水溶性，同时可以在光照射条件下生成$^1O_2$。同时，石墨烯所具备的高近红外吸收率会使其在近红外激光照射下实现适度的光热加热，从而使得氧化石墨烯-聚乙二醇-Ce6（GO-PEG-Ce6）复合物的细胞摄取量在相同条件下可以增加约 2 倍，同时还可以进一步增强光动力疗法（PDT）在治疗期间对肿瘤细胞的破坏性。为了提高该复合物对肿瘤细胞的特异性识别，Huang 及其同事第一次将叶酸（FA）附着在氧化石墨烯（GO）上，并实现了使用光敏剂分子（Ce6）对其进行追踪。对光敏剂分子进行追踪结果表明，该系统可以显著增加光敏剂分子（Ce6）在肿瘤细胞中的积累，在对修饰氧化石墨烯进行光子照射后可以对 MGC803 肿瘤细胞产生明显的光动力功效。

2.4.11 电极

近年来，氧化铟锡（ITO）已逐渐成为被广泛使用的透明导电材料典型代表之一。然而，由于铟存在成本较高、供应有限而且比较容易破碎等问题，在一定程度上限制了其在柔性基板领域的应用，从而促使人们不断寻求并开发高透明性和高导电性的材料来代替氧化铟锡（ITO）。下一代光电子器件要求所选的材料一定要具有透明度高、导电性好的特性，制得的电极大小轻巧、应用灵活、成本便宜，同时对环境有良好的吸引力，并可与其他一系列大规模制造方法兼容。那么，根据前面的叙述，由于石墨烯具有非常好的热学、化学和机械稳定性，再加上其优异的载流子迁移率和高透明度，已经被认为是未来光电子器件领域中最有前途的材料。

Jang 等通过文献报道了一种通过使用喷墨打印（IJP）技术将重叠的石墨烯薄片印刷到柔性塑料基板上制成柔性电极的方法。Jang 及其团队设计的一种可用于实际应用中的可折叠印刷电路板，在聚酰亚胺膜上绘制导电线（100%石墨烯片，厚度为 300nm，宽度为 5mm），在计算机软件上设计图案并重复喷墨打印 30 次，发光二极管（LED）通过串联方式连接并通过 27.0V 直流电源（DC 电源）进行供电。同时，带电的发光二极管（LED）通过施加电压的方式可以实现连通，这也说明了石墨烯可以应用于基于图形的印刷电路的导电路径。

石墨烯基薄膜还可被用作宽带（WB）偶极天线的电极。使用喷墨打印（IJP）可以成功地在无须任何添加剂的条件下制作出具有多种不同线宽的预图案化的氧化石墨烯薄片（GO），并可通过还原反应将其进一步转化为少层石墨烯片层。为了阐明如何实现在没有油墨扩散的情况下形成轮廓分明的图案，研究者在石墨烯薄片层表面打印了一条点间距为 70mm 的虚线，并用万用表的两极分别连接虚线两端来测量电流（图 2-7）。从万用表指针示数可以看出该虚线的电流为零，这一结果与实线的电流不同，这表明虚线的每个点的电化学性质都是彼此不同的。通过适当的方式可以合成带有不同图案的石墨烯薄片，同时可以保证石墨烯片层表面的墨没有发生扩散的现象。使用图案化的石墨烯片层制得电极的偶极天线的回波损耗曲线（RL 曲线）。结果表明，基于石墨烯片的宽带偶极天线可以具有 500MHz 的带宽和 96.7%的高发射功率效率，可用于通过射频等信号接收设备识别（RFID）标签，如在机场对旅客进行扫描从而来检测其随身携带的物品，以及通过医疗植入通信服务（MICS）对人体传感网络进行监测等。

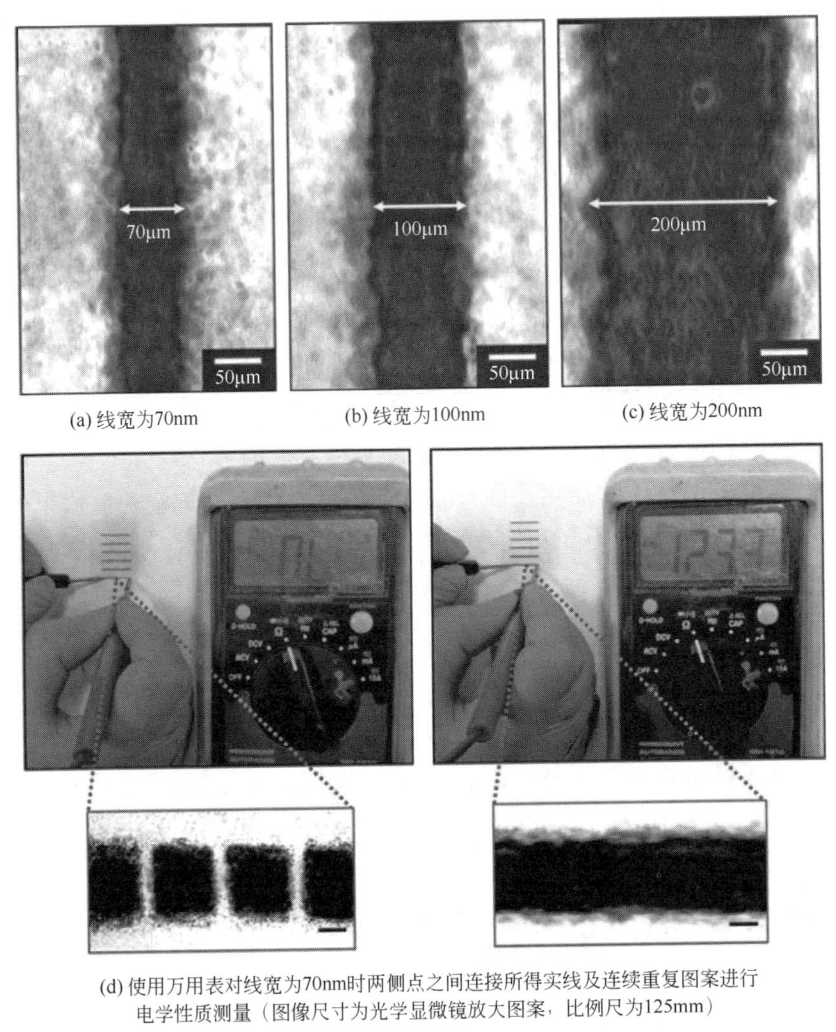

(a) 线宽为70nm　(b) 线宽为100nm　(c) 线宽为200nm

(d) 使用万用表对线宽为70nm时两侧点之间连接所得实线及连续重复图案进行电学性质测量（图像尺寸为光学显微镜放大图案，比例尺为125mm）

图 2-7　不同线宽下经过图案化修饰的石墨烯薄膜的光学显微镜图像

近年来，已经有文献证明通过喷墨打印的方法（IJP 方法）可以将柔性透明石墨烯膜应用于制备声学驱动器的电极。更重要的是，通过调节石墨烯片层图案的形状和尺寸可以在一定程度上调控该声学驱动器所产生的立体声音高度和声色宽度，这一特性也使得石墨烯片层有望成为调控声学驱动器最有潜力的材料之一。针对具有不同电极厚度（60nm、90nm 和

120nm）的石墨烯基薄膜扬声器的声学响应，通过上述结果可以知道，总频率响应会随着膜厚度的增加而增强，此效果在中频范围内会表现得尤为突出和明显。此外，负载柔性石墨烯膜电极的声学驱动器在所有频率上的响应强度均高于同一频率下负载的 3,4-乙烯二氧噻吩聚合物:聚苯乙烯磺酸盐（PEDOT:PSS）电极的声学驱动器的响应强度。尤其是厚度为 60nm 的石墨烯基聚偏二氟乙烯膜在三倍频率范围内的响应强度在相同条件下可以比现有商用薄膜高出 10dB。这一结果意味着，在相同的驱动电压下石墨烯基换能器所产生的声级至少可以实现比商用换能器高 3.1 倍的效果。此外，对厚度为 120nm 的石墨烯基换能器在平坦和弯曲两个不同条件（半径为 6cm）下的频率响应进行了评估。与平坦状态相比，弯曲条件下的低音频和中音频频率响应会明显增强。该结果可以通过在弯曲条件下的聚焦声波来解释。而由于透明、超薄、轻便的扬声器的功耗较低，使得新型的基于石墨烯的声学驱动器有望实现在不使用大功率电压放大器的情况下运行。

2.4.12　晶体管

场效应晶体管（FET）是微图案化石墨烯片的潜在应用之一。由于石墨烯不需要掺杂其他元素即可具有明显的导电性，使得石墨烯与其他传统半导体有着明显不同的地方，从而促使其可以成为一类独特的通道材料。此外，石墨烯还会出现自掺杂现象，也在一定程度上决定了其所具有的特殊性。所谓的自掺杂现象是指石墨烯自身中的电场效应，即可以通过调整外部电场或栅极电压来控制电荷载流子的类型和浓度。目前，已经有科学家研究开发出了具有单个背栅的石墨烯负载的场效应晶体管（FET 器件），并且证明石墨烯负载的场效应晶体管的迁移率的实验数据要比相同条件下硅（Si）负载的场效应晶体管的迁移率高一个数量级。

使用 μCP 可以制备出具有图案化的单个石墨烯片层并以此作为源极和漏极的有机场效应晶体管（OFET）。通过二甲基硅氧烷压模（PDMS 压模）的方式可以将单个石墨烯片表面所具备的几何形状的图案转移到多种不同的衬底上。以单晶红荧烯作为活性通道，石墨烯片层器件可表现出 p 型特性。转化的红荧烯基晶体管的最高迁移率可以达到 10.3cm^2(V·s)，同时该晶体管所具备的开/关比大约可以达到 10^7。针对这一结果可以解释为，在 20V 的栅极电压下实验结果所表现出的高达 100mA 的电流的主要原因是由于单层石墨烯和红荧烯晶体之间存在着低肖特基势垒，从而致使其产生了极好的输出曲线。此外，在制备石墨烯基电极的基础上，还有科学家通过真空沉积技术制备了底部接触构型的铜酞菁（CuPc）薄膜有机场效应晶体管（OFET）。在这项研究中，由于铜酞菁（CuPc）具有极其出色的化学稳定性、较高的场效应迁移率和相对优越的反应活性而被选作为有机活性层。当铜酞菁（CuPc）薄膜与石墨烯及金属铝（Al）同时相接触时，石墨烯可以充当铜酞菁（CuPc）的角色作为有机场效应晶体管（OFET）器件中的电极并发挥相应的作用。以上结果也证实了石墨烯可以成为一种极好的适用于有机电子产品的电极材料。因此，基于石墨烯电极的铜酞菁（CuPc）薄膜器件可以表现出很高的性能，其迁移率为 $0.053cm^2/(V \cdot s)$，开/关比为 10^5，为石墨烯在低成本和轻量的有机场效应晶体管（OFET）领域的应用提供了极大的希望。

最近，Ahn 等报道了一种使用低温印刷工艺在可拉伸橡胶基板上制造基于全石墨烯的场效应晶体管（FET）阵列的较有前途的方法。将包括沟道区和 S/D 电极在内的所有器件组件转移到衬底上，然后以避免高温工艺的方式印刷栅绝缘体和栅电极。值得注意的是，基于石墨烯的晶体管是在没有传统金属电极的橡胶基板上制造的。所有器件都是在高导通电流的低压区域（2V）内工作的，但是离子凝胶栅极电介质的超高电容可以实现所有器件在低电压和高电流环境下操作。离子凝胶栅极的比电容在 10Hz 下测得为 $5.17\mu F/cm^2$，比相同条件下典型的厚度为 300nm 的 SiO_2 电介质的比电容值（$10.8nF/cm^2$）大得多。基于石墨烯的晶体管所制得的单片器件可以显示出若干优点，例如良好的机械拉伸性、光学透射率，简单方便的器件设计方式，以及在一定程度上对通道与 S/D 界面的接触进行改善等。

2.4.13 化学/生物传感器

近年来，随着人们对微型化、可靠且高度灵敏的传感器的开发给予了越来越大的关注，已经有多篇文献发表了可以开发出基于各种纳米材料的用于化学和生物学领域的多种传感器。石墨烯的发现为该领域开辟了一个全新的方向，石墨烯的引入可能会因其良好的导电性而有望获得超灵敏和超快的化学/生物传感器。随着表面吸附程度的变化，传感器的比表面积和约翰逊噪声也会随之发生变化。基于石墨烯的化学/生物传感器的传感机制为基于吸附分子与石墨烯片之间的电荷转移而产生的。随着分子吸附到石墨烯表面上，在吸附位置上实现了以石墨烯作为供体或受体的电荷转移，从而改变了费米能级、载流子密度及石墨烯的电阻。尽管这种现象及机理在其他材料中也能够实现，但由于石墨烯具有高电导率、低噪声等优越性质，使得石墨烯的电阻变化是可以进行随时检测的。由于以上这些特性，已有研究人员开发出多种基于石墨烯材料的传感器，并将其广泛应用于化学及生物等领域。

例如，通过使用喷墨打印技术可以制造出坚固耐用的基于石墨烯的柔性传感器，并可以将还原氧化石墨烯（rGO）的图案转移到柔性 PET 基板上。当用于喷墨打印的还原氧化石墨烯/聚对苯二甲酸乙二醇酯（rGO/PET）膜暴露于吸电子蒸气中时，会使得该薄膜的电导率急剧增加。石墨烯/聚对苯二甲酸乙二醇酯（rGO/PET）传感器的传感性能主要取决于 NO_2 蒸气在还原氧化石墨烯（rGO）表面上的有效吸附率。通常情况下，NO_2 是一类具有吸电子能力的强氧化剂。因此，电子从还原氧化石墨烯（rGO）表面转移到吸附的 NO_2 蒸气中会导致石墨烯/聚对苯二甲酸乙二醇酯（rGO/PET）传感器中空穴浓度增加及导电性增强。具体表示的是传感器灵敏度变化与 NO_2 气体浓度变化之间的关系，结果表明传感器的灵敏度在 10×10^{-6} 至 500×10^{-9} 的范围内是呈线性增加的。但是，该传感器的信号恢复时间及响应时间相比都较慢，这与先前的研究表明在石墨烯表面上 NO_2 蒸气具有强烈的化学吸附能量是相符的。但是，石墨烯/聚对苯二甲酸乙二醇酯（rGO/PET）传感器的电导率随着有机蒸气（例如 CH_3OH、C_2H_5OH、$C_6H_5OH_3$ 及 NH_3）浓度的饱和而表现出下降趋势。这种现象结果也与其他基于还原氧化石墨烯的传感器性能的相关研究非常吻合。因此，可以认为石墨烯/聚对苯二甲酸乙二醇酯（rGO/PET）传感器可以实现可逆地选择检测一般的吸电子蒸气，例如 NO_2、Cl_2 等。为了检测过氧化氢（H_2O_2），基于石墨烯的微图案图形薄膜也可以用作无酶电化学传感器的工作电极。通过喷墨打印方法，在 Ar/H_2 气体氛围下进行退火，可以制得结合 Pt 电极、Ag/AgCl 电极及石墨烯基工作电极的电化学传感系统。同时，通过使用二茂铁（Fc）修饰电极也可以制造出石墨烯基工作电极。制得的二茂铁-还原氧化石墨烯（Fc-rGO）修饰电极可以表现出极为出色的电催化性能，产生这一现象的主要原因是由于在二茂铁（Fc）和还原氧化石墨烯（rGO）之间的π-π键堆叠及由于二茂铁-还原氧化石墨烯（Fc-rGO）复合物中石墨烯电极与溶液之间由于协同效应所产生的增强的电荷传输。

尤为特别的是，带有蛋白质的微图案化石墨烯片层与生物科学应用有非常密切的关系，例如可以将其应用于生物分子传感器、单细胞传感器及组织工程等方面。Curtis 等证明了对外延石墨烯进行非共价化学修饰可使其应用于蛋白质固定及微图案化。使用双功能分子 1-吡啶酸二酰亚胺酯（PYR-NHS）可以使得石墨烯片层产生蛋白质交联化学修饰。1-吡啶酸二酰亚胺酯（PYR-NHS）结构中的芳族芘基可以通过π堆叠与石墨烯的基面产生强烈的相互作用。使用 μCP 方式可以在蛋白质上对蛋白质进行微米级的空间图案化，图 2-8 所示即为用葡萄糖氧化酶微图案化的经 PYR 处理的 EG 的荧光图像。

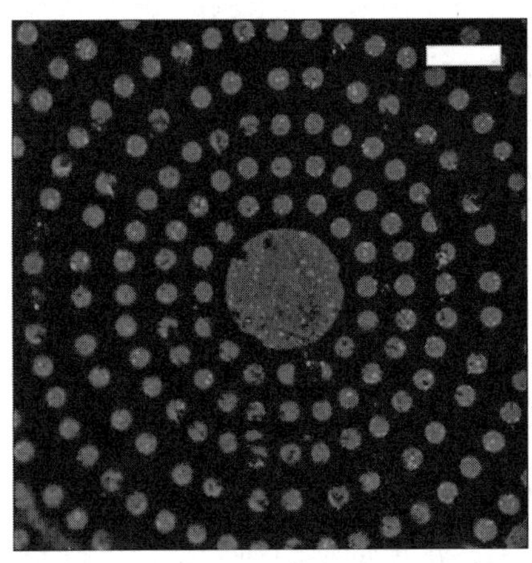
(a) 用1-吡啶酸二酰亚胺酯(PYR-NHS)处理的外延石墨烯上的葡萄糖蛋白酶(比例尺寸为20nm)

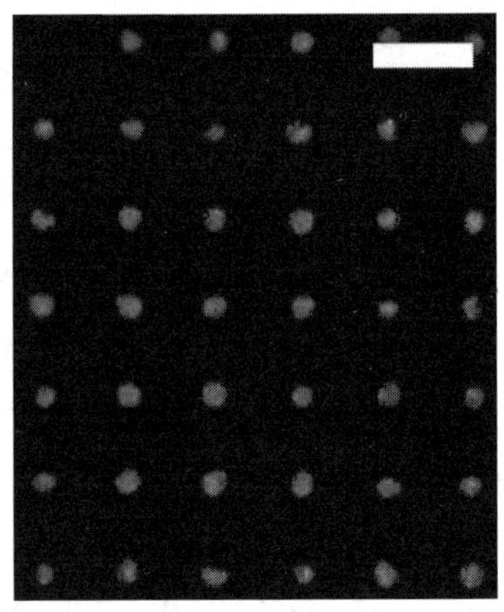
(b) 用1-吡啶酸二酰亚胺酯(PYR-NHS)处理的外延石墨烯上的层黏连蛋白(比例尺寸为10nm)

图 2-8　微图案化蛋白质

2.4.14　超级电容器

基于碳材料的超级电容器（也称为电化学电容器和超级电容器）具有诸如高电容能量密度和低材料成本等优势。尤为特别的是，石墨烯所表现出来的高电导率、高比表面积和出色的机械性能，在一定程度上甚至可以与碳纳米管（CNT）媲美，并表现出更好的性质。单个石墨烯片层的比表面积为 $2630m^2/g$，这一数值远大于活性炭和碳纳米管的比表面积。而石墨烯所具备的这些优异的特性使其极有可能成为制备超级电容器最有潜力和希望的材料之一。此外，石墨烯所具备的良好的机械强度和柔韧性使其完全有可能应用于保形电极材料，尤其是柔性超级电容器等方面。基于以上观点，微图案化的石墨烯片层已经被逐渐应用于柔性超级电容器等相关领域。

通过在水合氧化石墨烯薄膜上直接激光刻写微型超级电容器的方式，研究者们已经逐渐开发出一种基于石墨烯的超级电容器的简便制造方法。这种技术可以将氧化石墨烯表面进行图案化，并形成各种几何形状的微米级分辨率的还原氧化石墨烯-氧化石墨烯-还原氧化石墨烯（rGO-GO-rGO）结构。同时，还可以获得具有还原结构的氧化石墨烯的面内电极和常规夹心电极，并且可以被图案化。此外，所制得的激光图案器件［还原氧化石墨烯-氧化石墨烯-还原氧化石墨烯（rGO-GO-rGO）］在不使用外部电解质的情况下还可以展示出出色的电化学性能。氧化石墨烯中所存在的大量的滞留水的离子传输特性类似于 Nafion 膜中离子传输特性，这一特性会使其同时成为良好的离子导体兼电绝缘体，并在电解质和电极隔板等部分起着一定的作用。根据上述结果可以知道，通过将石墨烯改性并负载可使所得的微型超级电容器器件具有良好的循环稳定性，并且其储能能力也明显优于现有的薄型薄膜超级电容器。

Lee 及其同事还使用喷墨打印（IJP）方法研究了基于石墨烯的超级电容器电极。通过研究发现，分散在水中的亲水性氧化石墨烯可以使得氧化石墨烯被成功应用于喷墨打印过程中并实现稳定墨水的作用，其横向空间分辨率为 50mm。导电石墨烯电极可以通过对可印刷的氧化石墨烯图案进行热还原而形成（图 2-9）。同时很多研究均已证明，石墨烯的引入会使得超级电容器电极中微尺度纳米结构能够进行可图案化处理，从而实现对超级电容器，特别是柔性微超级电容器指间电极阵列的新颖设计。如图 2-9 所示，对喷墨打印的石墨烯电极的电容性进行测试可知，其在 0.01～0.5V/s 的扫描速率下可以表现出近似于矩形的伏安（CV）曲线，这一结果首先可以证明该石墨烯电极是具有一定电容性的。在 50mV/s 的恒定扫描速率下对石墨烯电极进行电容性测试后可知，在经历了 1000 个伏安

(CV)循环后，石墨烯电极的比电容值从125F/g降低到121F/g（相当于实现了96.8%的电容保持率）。同时其充电/放电曲线也呈现出线性特性，从而可以从另一方面再次证明了石墨烯电极的电容行为。

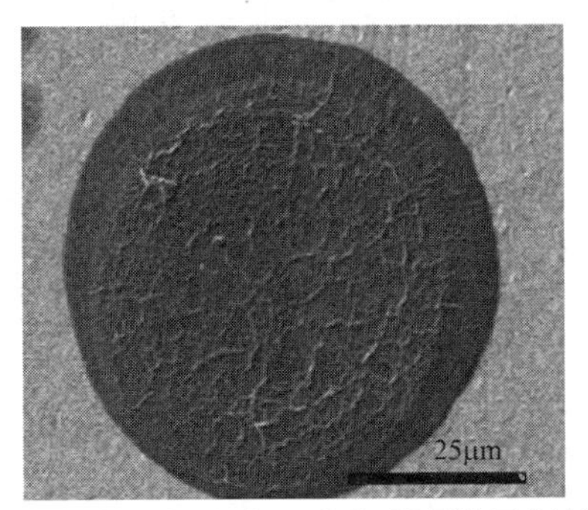

(a) 经过20次印刷后在钛(Ti)箔表面印刷的圆形氧化石墨烯点的扫描电子显微镜图，空间分辨率为50mm

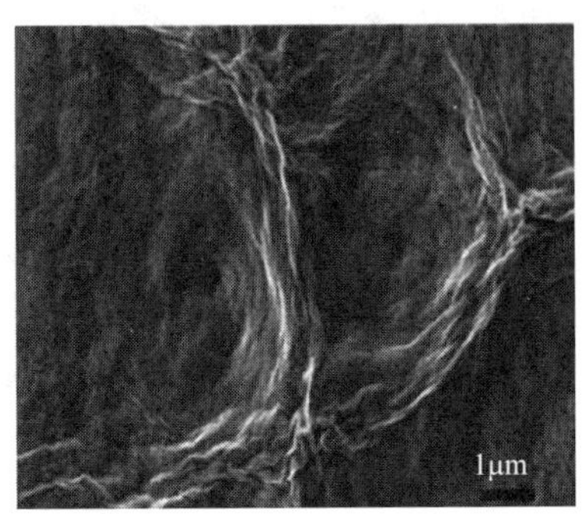

(b) 将IPGE印刷在钛表面后形成的扫描电子显微镜图，用于电化学评估

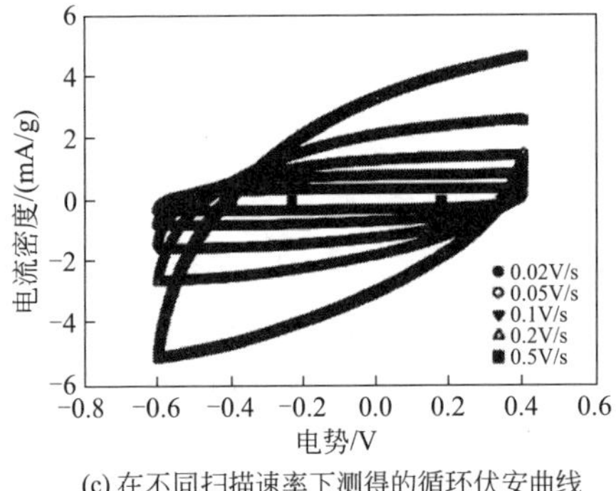

(c) 在不同扫描速率下测得的循环伏安曲线

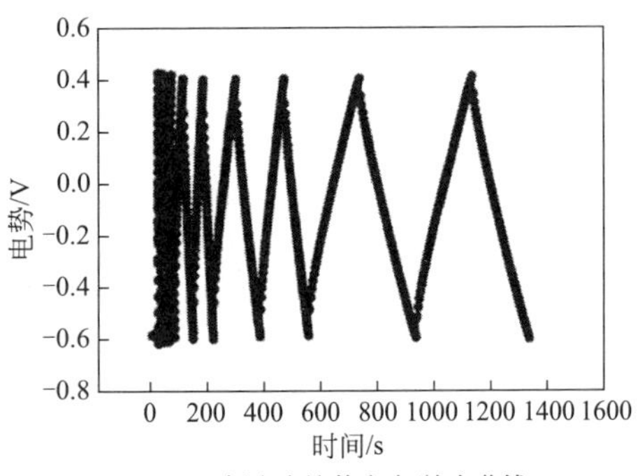

(d) 恒定电流的充电/放电曲线

图2-9 图案化氧化石墨烯应用于超级电容器的检测结果

此外，一种非常有趣的用来开发基于石墨烯的电极的方法为通过在纤维素纸上直接对石墨进行构图来获得的。剪切剥离法的引入可以在某种程度上增加用于超级电容器的石墨的表面积，而纸的粗糙表面结构又会使石墨材料更易于剥落和黏附，从而使得极易在纸类材料和石墨烯材料表面形成连续的输送路径，并为该双层结构的形成提供了极具优势的吸附面积。根据这一方法，可使石墨在纸上进行图案化从而得到具有大量边缘结构的多层石墨烯。而通过这一方法制成的纸质超级电容器具有稳定的长循环性能，实验测试表明其在15000次循环后仍然具有90%的容量保持率，同时具有2.3mF/cm^{2}的高面积电容。此外，由于成本低、环境友好、大尺寸且扩展性好等一系列特性，这种无溶剂沉积技术可被广泛应用于集成纸

质能源设备的开发及制造。

石墨烯由于其具备的一系列前所未有的特性而被科学家们认为是科学研究领域的一大奇迹。到目前为止，石墨烯已被应用于传感器、生物成像、生物医学、基因组学和蛋白质组学、药物输送、实时监测和肿瘤疗法以及电子组件。因此，如何进一步扩展并充分发挥及实现石墨烯的各种应用潜力，选择一种合适的合成方法来制备石墨烯以达到预期效果就显得尤为重要。

2.5 石墨烯的制备

为了充分发挥石墨烯的各种优势特征，完美展现石墨烯在不同研究及生产等领域的应用潜力，首先要控制石墨烯类纳米材料的大小、厚度及形貌。因此，急需开发针对不同结构需求来合成出符合目标要求的高质量石墨烯的方法。尽管这是一个十分重要的挑战，但随着近年来科学家们的不断努力和尝试，已经开发出许多不同的合成方法。迄今为止，可以将石墨烯的合成分为自上而下和自下而上两种不同类型的合成方式（图 2-10）。

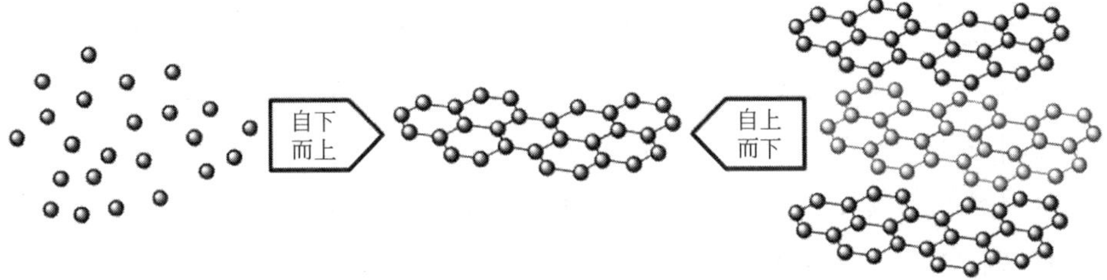

图 2-10 自上而下法和自下而上法合成石墨烯示意图

所谓的自上而下合成方式主要是通过以石墨为原材料通过剥离或者分离的方式最终获得不同结构的单个石墨烯片，自下而上方式主要指的是从含碳的碳源来合成不同结构的石墨烯。通过自上而下方式剥离或分离获得层叠结构的石墨烯的过程需要克服石墨烯片层间的范德华力，而在范德华力的作用下又会使得分离开的石墨烯片层极其容易发生复合，这也成为了通过分离或剥离方式合成石墨烯的重要问题之一。尽管通过自上而下方式合成的石墨烯质量较高，但是这类方法通常存在着产率低、步骤繁杂等缺点，目前难以实现量产。

通常情况下，自下而上合成方式操作方法相对简单，并且需要在较高温度下才能反应，对生产设备要求较高，所制得的石墨烯的质量也会受到多种因素的影响。除此之外，通过自下而上方式制得的石墨烯结构中通常含有较多的缺陷，如果想要采用自下而上方式的话，必须要不断提高石墨化生产水平才能够提高材料的质量。通过自下而上方式除了可以形成石墨烯粉体之外，也可以在某些基底上生长出大面积的石墨烯。

2.5.1 自上而下方式

自上而下的合成方式中最常用的是通过 Staudemaier、Brodie 和 Hummers 方法对石墨进行合成，作为石墨烯的合成碳源一般多为石墨材料，例如零维的富勒烯、一维的碳纳米管以及三维结构的石墨等。自上而下合成方式一般是通过快速加热处理的方式可以使得氧化石墨发生膨胀，再通过进一步操作使其制成单层或几层石墨烯，或者是先将石墨纳米片在水溶液中进行超声处理，再通过剥离的方式获得单个的氧化石墨烯。

2.5.1.1 机械裂解法

最著名的机械裂解法也可以被称为“透明胶带”或“微机械剥离”方法，实现了对单层石墨烯的分离和表征。是适用于实验研究及分析石墨烯的最常用的一种方法，是通过使用胶带或者其他机械方法将石墨剥离，从而使得石墨各层分开，再通过重复裂解的方式最终获得单、双和少层石墨烯的一种物理方式。制备石墨烯的基础是独创的简单且获得诺贝尔奖的机械裂解技术，也被称为“透明胶带”技术。

继 Novoselov 等对石墨烯的发现之后，还可以将相同的剥离方法应用于制备 $NbSe_2$、MoS_2、$Bi_2Sr_2CaCu_2O_x$ 和 h-BN 等在内的许多其他层状化合物。在此过程中，可以通过从初始 h-BN 样品进行剥离获得硼氮纳米片层（BNNSs）并将其进一步按压于目标基底物质上。对最初获得的颗粒进行重复的剥离-按压过程可以使得更多的纳米片通过剥离的方式成为单层水平。而这一方式也被许多研究者应用于研究薄硼氮纳米片层（BNNSs）材料等方面。

通过光学显微镜，利用石墨烯与 300nm 厚度的二氧化硅（SiO_2）之间的折射率变化，可以判断并进一步分析出来 SiO_2/Si 衬底上的石墨烯厚度及层数。由于原材料天然石墨缺陷少、质量高，且在剥离过程中对石墨的原始结构不容易造成破坏，因此通过这种方法可以得到结构较好的石墨烯。但是，通过这种方法制得石墨烯的效率极低，因此使得这种方法仅适用于研究石墨烯的基本性能，而不适合在商业或工业应用中使用。

2.5.1.2　电化学剥离法

在早期的研究中，对石墨烯的电化学剥离法是通过在电化学装置中使用石墨作为牺牲电极，随着电极的反应，牺牲电极中的石墨会被剥落而分散在电解液中，再从电解液中收集被剥落的材料。目前，实验中经常使用的电解质包括表面活性剂及 H_2SO_4-KOH 溶液，不同的电解质成分在石墨电极剥落的过程中起着不同的作用。如表面活性剂结构中的疏水性基团与石墨烯的对位环可以发生相互作用，结构中的亲水性基团可以使石墨烯片层在水中稳定存在，从而可以防止石墨烯再次发生聚集，电解质中的表面活性剂很难被完全去除，且表面活性剂的存在也会影响石墨烯的电性能及电化学性能。此外，很多研究表明硫酸可以成为以石墨为电极剥落获得石墨烯过程中的良好电解质。针对这一现象，科学家分析主要是由于在石墨烯合成过程中，在石墨烯片层之间可以嵌入 SO_4^{2-} 。而在这一过程中，需要在电解质溶液中添加 KOH 从而可以降低在电解质反应过程中极易出现的高氧化现象，有必要在电解液中添加 KOH，以用来降低单一 H_2SO_4 电解质溶液反应过程中极易发生的高水平氧化。当 KOH 及 H_2SO_4 两种成分共同存在于电解质溶液中时，通过电化学剥离过程会产生不同厚度的石墨烯片层的混合物，并通过离心的方式以不同转速分离出各层石墨烯。

2.5.1.3　石墨嵌入化合物剥离法

随着研究者们对电化学剥离方法的不断改进，也有研究表明可以通过对石墨电极进行原位扩展，再将该电极进行超声处理从而达到剥落的效果来实现石墨烯的合成。对石墨电极的原位扩展是通过在石墨层间嵌入锂盐进而形成石墨层间化合物（GICs）的方式来实现的。现阶段石墨层间嵌入多采用两种方式：溶剂辅助和热剥离。溶剂辅助法指的是将插层石墨置于溶液中进行超声处理以促进剥离过程的产生。已有文献报道表明 *N*-甲基吡咯烷酮（NMP）中的碱金属可以促使膨胀石墨进行自发剥离。将嵌入锂盐的石墨层间化合物置于二甲基甲酰胺（DMF）和碳酸亚丙酯的混合溶剂进行超声处理可以获得大于70%的少层石墨烯。除了采用扩展层溶剂分子的嵌入方法之外，还可以通过溶剂引发气体排出的过程来促进剥离。由于锂可以与水发生反应进而生成氢气进而有助于石墨烯的剥落，将嵌入锂盐的石墨层间化合物置于水溶液中进行超声处理可获得约80%的少层石墨烯，将嵌入锂盐的石墨层间化合物置于乙醇中进行超声处理，可以在反应过程中生成氢气和碱金属乙醇盐，最终得到石墨烯。

据报道，石墨层间化合物的热膨胀效应最早报道于1916年。到20世纪60年代末，利用石墨层间化合物进行高温膨胀可以制得膨胀石墨，将膨胀石墨压缩成箔再设计为垫片和密封剂等材料。石墨层间化合物的加热通常会导致石墨插层热分解进而生成气态物质，从而可以将各层分开。在这之后，研究者们才开始对膨胀石墨表现出浓厚的兴趣。加热石墨层间化合物会导致插层物质热分解，而生成的气体可以破坏石墨层间的范德华力，从而使得石墨剥离形成膨胀石墨。膨胀石墨也可以称为片状石墨、脱落石墨，常常被应用于包括绝热、密封和复合材料等在内的很多工业领域，被很多人认为是石墨烯的前体。最常见的石墨膨胀方法是先将石墨用强酸插层，制得石墨层间化合物，再通过快速加热或者微波辐射的方式将其进行剥离。据报道，将膨胀石墨置于乙醇中或者在NMP中进行超声处理可以获得单层及少层石墨烯，但是在DMF中循环进行插层-剥离和超声的处理过程可以获得超过50%的单层及双层石墨烯。此外，还有实验证明将氯化铁（$FeCl_3$）、硝基甲烷（CH_3NO_2）及离子液晶（ILC）共同嵌入石墨可获得热剥离石墨层间化合物。在这一过程中，氯化铁（$FeCl_3$）可以在较低温度（约100℃）及微波辐射处理条件下相对促进硝基甲烷（CH_3NO_2）的嵌入。需要这样的处理条件主要是由于硝基甲烷（CH_3NO_2）所在电解液的黏度在较高温度下（700℃）会有所降低，因此需使用温和加热的方式促进离子液晶插层。此外，将超临界二氧化碳所产生的超临界相二氧化碳插入石墨片层，可使其在加压的同时发生迅速膨胀进而形成二氧化碳，可以使其插入石墨层中迫使石墨层分开进而发生剥离。

已有文献表明，通过一定方法可以将膨胀石墨制得石墨烯。通过在乙醇中研磨膨胀石墨，在 NMP 中超声处理，或在 DMF 中超声处理后重复进行插层和剥离等方式都会生成 50％以上的单层和少层石墨烯。通过将蠕虫石墨在 NMP 中进行超声处理充分分散后可以制得少层石墨烯，从少层石墨烯的形貌及成分分析可知，石墨烯的片层较平整，组分中有较多的碳元素和铜元素。此外，还有研究者将氯化铁（$FeCl_3$）和硝基甲烷（CH_3NO_2）共同插入石墨来制备得到石墨层间化合物。在 $FeCl_3$ 溶液中加入 CH_3NO_2，并对其进行微波辐射，使 $FeCl_3$ 可以在较低的温度分解，CH_3NO_2 在加热后其黏度明显降低，从而使得离子可以插入到石墨片层中制得石墨烯。基于类似的原理，超临界二氧化碳也被用于通过其在超临界相中二氧化碳的嵌入来去除石墨，然后在减压条件下快速膨胀以形成气态 CO_2，这样也可以使得石墨层分开生成石墨烯。

2.5.1.4　溶剂剥离法

2008 年，有两个独立的研究小组分别报道了在溶剂中通过超声处理可以对未修饰的天然石墨片层进行剥落。在这两篇文章报道后，又有很多研究者针对石墨片层剥离的“最适合”溶剂的选择及相关调控做出了很多研究。为了获得结构稳定、浓度较高、分散性好的石墨烯薄片分散液，需要对石墨烯加工条件进行不断优化及调控。通过对获得石墨烯的 40 多种不同溶剂的分散性进行研究及分析可以得知，性能最好的溶剂为 Hildebrand 溶液参数为 23MPa，Hansen 溶液参数为 18，表面张力接近 40mJ/m^2。但如果就分散单层石墨烯的百分比而言，NMP 当之无愧为最好的溶剂，如果以 NMP 作为溶剂的话，获得的单层及少层石墨烯的百分比最高，可以达到（0.0085±0.0012）mg/mL。

由于石墨烯价格不贵且危险性很低，即使溶液中石墨烯分散体的浓度很高也不会有危险发生，因此科学家们在不断尝试各种方法来提高溶液中石墨烯的浓度。简单地增加超声处理的时间或者用超声探头而不是声音浴进行超声处理都可以使得溶液中石墨烯的浓度有所增加。针对石墨烯来说有很多适合的溶液，且这些溶液的沸点都较高，如 NMP 的沸点就已经超过了 200℃，这就使得这些溶液在形成薄膜或形成涂层时难以去除。针对溶液中石墨烯浓度较低的情况，通过对溶液中低沸点溶剂的超声时间进行延长可以使得溶液中石墨烯的浓度有所增加，最高可达到 0.5mg/mL，而这一数值相当于对已报道的 NMP 溶液进行超声处理 460h 才能达到的浓度。但值得注意的是，虽然延长超声时间可以在一定程度上改善石墨烯在溶液中的分散性，但是石墨烯浓度增加的同时也伴随着石墨烯片层尺寸的减少及石墨烯结构缺陷浓度的增加。对未修饰的天然石墨片层进行剥离的另一种方式就是对包含水性表面活性剂的溶液进行超声处理，从而可以避免该过程的成本增加及有害溶剂的产生。此外，表面活性剂可以降低表面活性剂涂膜片层表面的排斥势能屏障，从而减少溶液中石墨烯发生聚集。这些结果对包含离子和非离子表面活性剂的石墨烯分散体研究有着非常重要的意义。已有文献报道对碳酸钠溶液进行超声处理约 400h 可以使得溶液中石墨烯浓度达到 0.3mg/mL，但是与表面活性剂溶液中电化学剥离一样，溶剂剥离法也有表面活性剂难以去除等缺陷。

2.5.1.5 石墨氧化物剥离法

随着针对石墨烯的研究越来越深入，通过对氧化石墨进行剥离和还原从而获得石墨烯的方法就显得越来越重要了。从前的氧化石墨都是通过用强酸或强氧化物对石墨进行氧化来获得的，主要方法包含有 Straudenmaier 方法、Brodie 方法及 Hummers 方法三种方法。而尽管科学家们对上述三种方法都进行了改进，但是目前只有 Hummers 方法至今仍被广泛使用。Dreyer 等已经通过多种不同模型对氧化石墨的结构进行了描述及讨论，其中最为大家所接受的模型是 Lerf-Klinowski 模型（图 2-11）。从 Lerf-Klinowski 模型中可以看出，氧化石墨具有明显的层状结构，同时在其基面上有羟基和环氧基，在片层边缘有羧基和羰基。这些含氧官能团都能使得氧化石墨表现出亲水性质，并且层之间的官能团的存在也使其层间距比石墨的层间距更大。

石墨烯是通过将氧化石墨进行剥离获得氧化石墨烯，再对氧化石墨烯进行还原而得到的。由于这一系列过程并不能使得石墨烯被完全还原，所以得到的石墨烯通常可被称为是“还原氧化石墨烯”或者“功能化石墨烯”，而不能被称为是“石墨烯”。与石墨相比，氧化石墨通过热处理或者通过在水中超声处理等过程更容易被剥离得到。所得到的氧化石墨烯也可通过热处理或化学方法进行进一步的还原。对氧化石墨烯的还原方法有很多，而氧化石墨烯由于其官能团的存在，破坏了石墨烯层的 sp^2 杂化，从而使得石墨烯表现出良好的绝缘性，而对其结构进行有效的还原就可以称为恢复石墨烯良好电学性能的重要步骤。那么，围绕氧化石墨烯化学还原

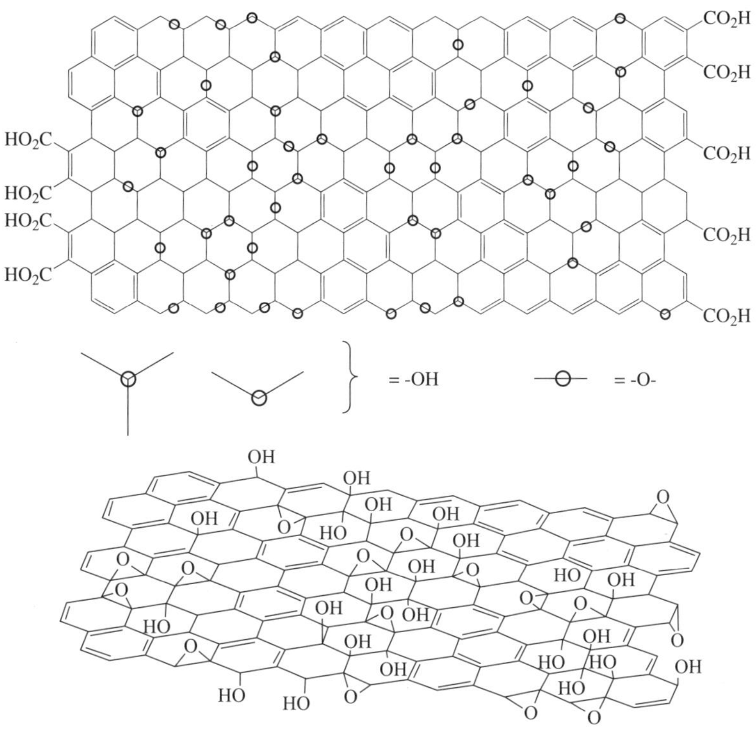

图 2-11　Lerf-Klinowski 模型

的一个重要问题就是氧化石墨烯片层经过化学还原会增加其本身亲水性，使其更容易发生团聚和沉淀，从而使其很难实现最终的完全还原。值得注意的还有，及时在过程中实现氧化石墨烯的完全还原，所获得的还原氧化石墨烯由于氧化过程所带来的高缺陷程度，也使得其特性没有办法与石墨烯相比。

2.5.1.6　电弧放电法

在高纯度石墨电极之间所引发的直流电流的电弧放电可以被广泛应用于包括富勒烯和碳纳米管在内的碳纳米材料的合成中。此外，近年来电弧放电法已被广泛应用于在许多不同缓冲气体氛围下合成少层石墨烯。而且通过实验证明，缓冲液中的氢气存在对终止悬空碳键有着非常重要的影响，还可以抑制石墨片层结构的滚动及关闭。而通过对多种不同的缓冲气体进行筛选，以氦气和氢气的混合物作为缓冲气氛可以产生最高结晶性材料。

2.5.1.7 碳纳米管解离法

通过对单壁或多壁碳纳米管进行一系列破解可以合成石墨烯或少层石墨烯，该操作过程可以是添加强氧化剂的湿化学方法，也可以是诸如激光照射、等离子刻蚀的物理方法。这种裂解所产生的“石墨烯纳米带”的管壁直径是由碳纳米管的带宽所决定的。石墨烯纳米带可以被认为类似于一维材料，这种纳米带所具备的不同性能是由于其带宽及边缘结构（扶椅形或者锯齿形）所决定的。碳纳米管的解离一般是通过 C—C 键的缺陷位置所产生的不规则切割而引发的。近年来，对结构完整的纳米带的合成通常是通过对碳纳米管进行解压缩来完成的，而这一反应通常优先发生在其卷曲边缘位置，通过处理碳纳米管获得石墨烯，这在一定程度上使得石墨烯可以逐渐改变碳纳米管的使用或者对其进行取代。

在特殊制备的 SiO_2（300nm)/Si 基板上通过光学显微镜识别的石墨烯层，利用了石墨烯与 300nm 厚的二氧化硅之间的折射率变化。由于所需的有限的石墨加工，这些片材是高质量的，但是该方法缓慢且劳动强度大，因此所生产的材料仅保留用于研究石墨烯的基本性能，而不是用于商业用途。

2.5.2 自下而上方式

2.5.2.1 碳化硅的表面生长

除了上面提到的方法外，还有一些其他方法并未广泛应用于石墨烯合成中。SiC 表面的超高真空（UHV）退火是另一种无须任何化学修饰即可合成石墨烯的方法。碳化硅（SiC）在高温加热后，由于硅的蒸发点更低，使得硅（硅原子）可以从碳化硅（SiC）表面进行优先升华，而后使得碳原子能够在基面上进行重新排列，最终在碳化硅（SiC）表面上形成石墨烯，石墨烯的形成是进而将多余的碳原子向后移动使其形成石墨化来实现的。这一过程通常是在较高温度（>1000℃）及高真空（UHV）条件下进行的，已经有实验证明在氩气或少量乙硅烷环境下会在一定程度上降低硅的升华速度。因此如果想要产生并获得高质量的石墨烯，需要使得反应条件在较高温度环境下，或者可以通过脉冲电子辐照等方式来促使硅（Si）升华。使得该反应在更高温度下进行，从而可以得到质量更好的石墨烯片层。除此之外，还可以通过脉冲电子辐射诱导等方法实现 Si 优先升华，从而获得高质量石墨烯。

近来已有研究表明，在立方相的碳化硅（SiC）及六方相碳化硅（4H-SiC 或 6H-SiC）上均可以进行石墨烯的合成。石墨烯可以与碳化硅（SiC）一同形成近似对称的结构，这一对称结构可以是富含硅的碳化硅（SiC）（0001 面），也可以是富含碳的碳化硅（SiC）（0001′面），石墨烯在上述两种碳化硅（SiC）表面都可以进行生长。在上面两种情况下，石墨烯和“分散的”碳化硅（SiC）之间会存在着明显的界面层，通过观察界面层可以发现两种不同结构的界面层反应有所不同。而在这两种界面层反应中，研究者对富硅表面石墨烯形成的现象及产生原因研究得较多也更深入。在富硅表面上石墨烯是沿着单一方向［与碳化硅（SiC）表面呈 30°旋转角度］进行生长的，而且可以表现出规则的博纳尔叠加。通过这一基底产生的石墨烯的相对质量较高，但是由于碳化硅（SiC）表面的凹陷会产生类似台阶的结构，这一结构会使得生长的石墨烯层数在 2 层以下时其均匀性不是很好。相反地，在富碳表面生长的石墨烯会表现出一种旋转堆积的情况，而每一个旋转都可以与碳化硅（SiC）或者底层的石墨烯片层相结合形成对称结构。在富碳表面上生长的石墨烯的电导率要比在富硅表面生长的石墨烯的电导率高，研究者认为这种特性的产生原因正是由于这种特殊的旋转结构引起了石墨烯片层的电流解耦，并导致了单层石墨烯的团聚特性的发生。石墨烯在富碳表面上的生长温度比富硅表面的生长温度要更低，而其生长速率会随着石墨烯的厚度而逐渐降低，这就意味着当石墨烯的层数超过 10 层的时候，在富硅表面的生长率将与富碳表面的生长率差不多。跟富硅表面一样，富碳表面对碳化硅（SiC）表面十分敏感，碳化硅（SiC）表面存在偶然性氧化物（如 Si_2O_3）会影响石墨烯的均匀性。此外，也有研究发现，若在较低温度环境下，在富碳表面上生长的石墨烯材料的粒径会受到明显的影响。

而针对石墨烯在碳化硅表面的生长条件即是科学研究的重点之一。其中有一种解决办法是在低温条件下（700～800℃），在碳化硅（SiC）表面沉积一层薄薄的镍金属，从而可以在退火完成前在其表面沉积一层镍薄膜，最终在镍薄膜表面形成石墨烯。在这一方法中，实验过程所需的温度较低，实验中所使用的过渡金属镍也会在一定程度上降低实验成本，从而可以使其转移到绝缘基板上以使其可以应用于电子应用领域。

在碳化硅（SiC）表面生长的石墨烯可以应用于电子设备或者电子组件等领域，这样就使得石墨烯无须从基底上分离开来即可进行下一步使用。然而，石墨烯和碳化硅之间所存在的相互作用在一定程度上阻碍了石墨烯直接从碳化硅上转移下来的过程。商业化的碳化硅价格通常比较昂贵，尤其是大片层的碳化硅薄膜价格会更高。因此，如何在商业应用过程中降低成本就成为了该方法的瓶颈。立方碳化硅的生产成本较低，针对在立方碳化硅表面进行石墨烯的生长的研究仍处于起步阶段，亟须下一步详细研究。

2.5.2.2 化学气相沉积法

在过去的几年中，科学家们逐渐开发出一种更有前途的方法用来合成石墨烯，并且可以同时克服剥离石墨烯易产生结构缺陷的缺点。这种方法就是化学气相沉积（CVD）。化学气相沉积（CVD）是指含碳气体在高温下发生热分解反应，并在过渡金属基底上生成石墨烯的过程。为通过含碳气体的高温热解形成石墨烯的一种方法，已被广泛用于在过渡金属基体上生长石墨烯薄膜等工业生产等方面，该方法也是石墨烯合成方法研究中极具代表性的一个非常重要的领域。

目前，该方法可以用于生产大面积、高质量的单层和多层石墨烯，同时可以保证制得的石墨烯具有其本身的常规特性。在这一特定过程中，硅或者过渡金属通常充当基底材料具有传导碳溶解性。这一反应过程的第一步通常是将碳溶解在基底上，根据已有文献报道，基底所在的化学气相沉积反应室处于高真空环境，温度范围通常在850～1000℃，并填充不同比例的氢气和氩气混合气体，从而可以保证在此环境氛围下可以将有机材料或氧化物层全部去除。在环境压力氛围下，在石英管中将基底加热60min，然后通入CH_4和H_2混合气体，并以100℃/min的速率使反应室降至室温。从而通过该过程将碳原子扩散并结合到基底表面，并且形成石墨烯薄膜。

在CVD方法中，石墨烯的生长可以分为含碳金属表面催化反应或者分离两种方法。对于表面催化的反应，含碳物质的分解与石墨烯的形成都发生在金属表面，这种生长方式也可以被描述为单层石墨烯的“自限制”。对于分离方法而言，石墨烯是通过溶解在金属中的碳的扩散而形成在金属表面。产生这一现象是由于在较低温度下碳在金属中的溶解度降低而使其析出而产生的，通过分离方法生成的石墨烯的层数则取决于溶解的碳量和冷却速率等多方面因素。

根据金属的不同，化学气相沉积石墨烯的生长可以归类为通过金属表面催化或分离等方法进行。对于表面催化反应，含碳物质的分解和石墨烯的形成发生在金属表面。一旦金属表面被石墨烯所覆盖，石墨烯的生长可以描述为单层石墨烯的“自限制”。而对于分离方法而言，石墨烯是通过将溶解在金属中的碳扩散到金属表面而形成的。由于在较低温度条件下，金属中碳的溶解度降低，通常在冷却时会发生扩散从而形成石墨烯。通过分离方法制得的石墨烯的层数的影响因素较多，如金属中溶解的碳量以及温度、冷却速率等。

通常情况下，铜可作为用于化学气相沉积的一种易于获得且成本较低的过渡金属。当使用铜作为基底时，大部分铜基底表面均可被单层石墨烯覆盖，而其余位置的石墨烯厚度也可达到 2～3 层。可以生产这种层数的石墨烯的主要原因是由于铜的碳溶解度较低，并且石墨烯结构及层数与反应时间或加热及冷却速率无关。此外，基底材料的选择也不限于铜材料，其他一些过渡金属（如镍）等也可以被广泛应用于制备石墨烯。与铜材料相比，金属镍作为基底的相对碳溶解度更高一些，因此所获得的石墨烯薄膜的厚度和洁净度在很大程度上取决于冷却速率以及溶解在镍中的碳浓度和镍层的厚度。此外，已有实验结果表明，当合成条件温度为 1000℃、冷却速率为 4℃/min 时，通过化学气相沉积制得石墨烯的合成条件最佳。

随着研究的深入，已经证实石墨烯可以生长在多种金属上。其中包含 8～10 族过渡金属（Fe）以及多种合金（Co-Ni 不锈钢）。化学气相沉积生长的最佳条件会因金属的种类不同而异，同时还取决于系统中不同的环境因素（如压力、温度以及环境中裸露的碳含量），这些因素都会不同程度地影响石墨烯片层的质量和厚度。此外，根据石墨烯与金属相互作用的强度不同，也会影响石墨烯的褶皱程度、在金属表面石墨烯的缺陷密度以及将石墨烯转移到其他任意基底的难易程度。大规模的化学气相沉积合成石墨烯具有很多基本特性，在该合成方法中金属的利用也会对该方法的发展潜力有极大的影响。此外还有一些其他因素，如最终成本、可利用率，甚至是在石墨烯转移过程中金属表面所发生的刻蚀都可以作为一些最重要的因素，对石墨烯的合成过程产生一定的影响（图 2-12）。迄今为止，针对铜和镍两种金属的研究最为广泛，通过使用多晶铜箔可以生长出对角线长度高达 30in（1in＝0.0254m）的石墨烯薄膜并可以实现转移。有研究者认为，石墨烯在铜上进行化学气相沉积生长是通过金属表面催化机制进行的，所形成的单层石墨烯是在一系列反应条件下生长获得的，而在以镍为基底的情况下石墨烯的生长则通过分离方式进行，尽管这一方法不需要超高压条件，但是其反应过程较难控制。这两方面的研究和总结证明了现有大多数石墨烯片层更倾向于在铜基底上的合成与应用。

图 2-12 石墨烯生长和从金属表面去除示意图

随着研究的深入，人们在铜和镍多晶薄膜的金属晶粒边界均观察到了石墨烯的连续生长状态。这一结果为研究单晶金属上石墨烯的生长机理提供了非常有价值的信息。但是单晶金属无法以大尺寸作为基底进行石墨烯的化学气相沉积，从而使得通过该方法很难得到大尺寸的化学气相沉积石墨烯。针对这一问题，人们逐渐研发出以溅射镀膜或电子束蒸发沉积的多晶箔或薄膜形式存在的多晶金属膜，使其极有可能被应用于大尺寸化学气相沉积石墨烯的生长。而针对化学气相沉积的另一挑战为在多晶膜上晶界位置处石墨烯的生长行为，即使石墨烯在这一位点的生长是连续的，这一位点也会表现为缺陷点。如多层成核石墨烯会降低石墨烯薄膜的性能。目前，研究者正在通过调控金属沉积及退火条件来调控合成过程，从而可以获得高质量的多晶薄膜。

化学气相沉积在金属表面上的生长也存在着一定的缺点，如反应需要苛刻的生长条件，尤其是需要使用 UHV 条件的金属作为基底。而想要改善这一复杂实验过程中的反应条件也是极为不易的。例如，虽然已经证实在大气压条件下，以铜作为基底也可以生长石墨烯，但该石墨烯表面存在斑块现象。这一结果表明了仅通过调控反应压强不能促使单层石墨烯的生长，还需要尝试降低石墨烯生长所需的温度等。近年来，针对石墨烯在多晶金属上的生长条件也进行了很多研究。

由于金属薄膜通常具有导电性，因此如果想要在电子应用方面使用化学气相沉积石墨烯薄膜的话，就需要将石墨烯薄膜从基底转移到绝缘基板上。目前，已有多种化学刻蚀剂可以用于将石墨烯薄膜从金属基底上转移出来，但是在转移过程中对石墨烯薄膜会有一定程度的损坏。针对这一问题，研究者发现通过使用聚合物载体可以防止石墨烯薄膜破裂。一般情况下，先将聚合物通过旋涂的方式涂膜到石墨烯薄膜，然后再对石墨烯薄膜下面的金属基底进行刻蚀，使其转移到新的基材上，最后通过溶解聚合物的方式来获得纯度较好的石墨烯薄膜。此外，通过使用工业上兼容技术（如热压层压和卷对卷转移）的方式证明了石墨烯在柔性基材上的转移，从而实现对大尺寸石墨烯薄膜的转移。针对使用聚合物压膜的转移方式存在着成本较高、试剂浪费等问题，因此后续又开发出通过电化学分层转移，再对少量金属进行刻蚀的方式，从而实现石墨烯薄膜转移与铜基底反复使用两个方面的优势。

此外，值得注意的除了可以通过对反应过程中引入反应炉中的蒸气来进行化学气相沉积外，还可以通过从位于基底顶部的固态碳源中生长出石墨烯。如通过过渡金属介导的无定形碳、纳米金刚石、聚合物及自组装单层（SAMs）膜的石墨化作用。在铜基底上生长的单层石墨烯可以通过热分解饼干、巧克力、青草及螳螂腿等来完成和获得。

除了可以生长石墨烯薄膜，化学气相沉积还可以用来合成石墨烯纳米片。无基底的化学气相沉积合成过程具有以下几个优点：首先，不需要购买或者制备指定的基底；其次，也不需要从基底上将石墨烯去除。此外，由于材料都是在炉外进行收集，因此可以通过连续的方式进行石墨烯的生长，而不再是之前的分批处理。最早的关于无基底石墨烯生长的报道是 Dato 等在大气压下通过乙醇以微波等离子体增强化学气相沉积的方式来制备单层和双层石墨烯。近年来，已有研究证明通过乙醇钠的热分解，以无底物化学气相沉积的方式产生多层石墨烯。这两种方式都可以生长出大量的石墨烯。

石墨烯型碳材料还可以通过等离子体增强化学气相沉积（PECVD）来合成。与热化学气相沉积相比，等离子体增强化学气相沉积是在相对较低温度下进行的。Dato 等通过研究指出，将乙醇溶液滴进氩等离子体，乙醇液滴在基底上蒸发并从基底上解离开来，产生固相物质之前会短时间停留在基底上。目前，等离子体增强化学气相沉积是一种极具发展潜力的石墨烯合成方式，其沉积时间短、生长温度较低，因此可以以合理的生长速率生长出大面积的石墨烯，并且能够生长其他相关纳米材料。有一些研究表明，在大约650℃的条件下进行低生长温度下运行等离子体增强化学气相沉积合成的石墨烯最优化。

通常，铜是用于CVD的一种易于获取且低成本的过渡金属。当使用Cu作为衬底时，大部分铜表面被单层石墨烯覆盖，而其余的石墨烯厚2～3层。这主要是由于其低碳溶解度，并且与生长时间或加热和冷却速率无关。另外，基板材料不限于铜，也可以是其他金属。其他过渡金属（如Ni）也已广泛用于石墨烯制造。与铜相比，Ni衬底具有中等高的碳溶解度，因此石墨烯层的厚度和结晶度在很大程度上取决于冷却比率、溶解在Ni中的碳浓度和Ni层的厚度。此外，有证据表明，最合适的条件是在1000℃的温度和4℃/min的冷却速率下进行合成。

2.5.3 其他方法

除了上述一些方法，石墨烯纳米片的合成还有很多其他的方法。而这些方法的不同就导致了所制得的石墨烯纳米片材料的厚度、形态等性能有所不同。而其中有一种较为著名的方法就是通过钠金属和乙醇溶剂的热产物的快速热解法进行的石墨烯合成。据报道，通过这种方法合成的石墨烯材料具有一种“泡沫状结构”，这种结构是由多个具有孔状结构的石墨烯片层所组成的，再将材料置于乙醇中进行超声处理几分钟即可将石墨烯片层分离成单个薄层。此外，还有其他的许多方法，如通过还原含碳物质生产出少层石墨烯，使用干冰点燃镁，用镁粉煅烧碳酸钙（图2-13），或煅烧硫化铝等方法。

最近Xu等已经提出了一种新型的石墨烯纳米片的合成方法，该方法似乎同时涉及自下而上和自上而下的方法。在这一研究工作中，石墨是通过高温合成并将金属酞菁在450℃的微波加热器中炭化而制得的，最后再通过快速冷却而剥落成石墨烯。

通过自下而上法合成透明的石墨烯薄膜的合成方法为，首先将电绝缘基底（石英，SiO_2/Si）的表面以旋涂的方式使其包裹好聚芳烃（PAHs），再将其置于氯仿溶液中并使其加热到1100℃，这一过程可以使得基底与溶液发生分子融合并生成石墨烯。并且实验证明通过自下而上法合成的透

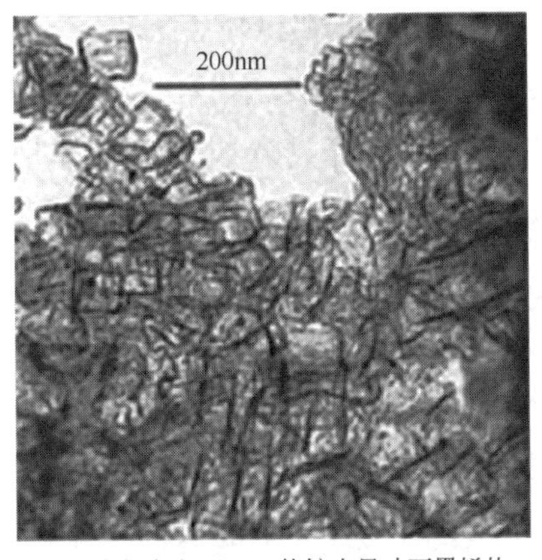

(a) 平均长度为 300nm 的较大尺寸石墨烯片

(b) 平均长度为 200nm 的结晶石墨烯

(c) 高分辨率 TEM 图像，少层石墨烯，层数范围为3~7

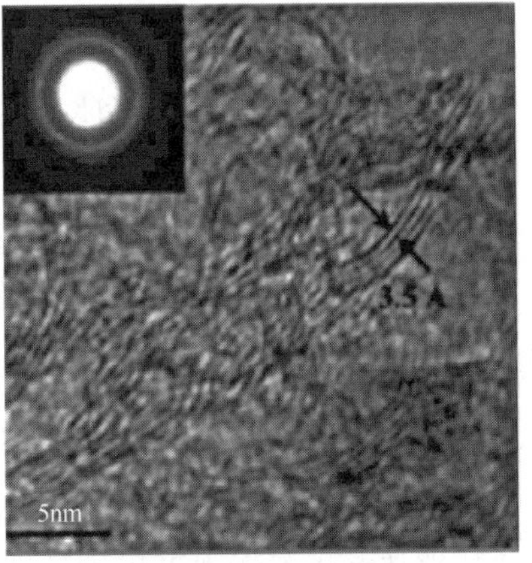

(d) 石墨烯的电子衍射图

图 2-13　通过在干冰中燃烧镁金属产生的几层石墨烯的 TEM 图像（平均长度为 50～100nm 的石墨烯）

明石墨烯薄膜的厚度随聚芳烃（PAH）溶液的浓度而发生相应变化。聚芳烃（PAH）已被用来合成含有多达 222 个碳单元（37 个苯单元）、圆盘直径为 3.2nm 的碳结构物质，因此也被称为“纳米石墨烯”。

通过化学还原的方式对氧化石墨烯（GO）进行剥落获得石墨烯是一种非常经济实用的方法。许多含氧官能团（例如羧基、环氧化物和羟基）都可以促使氧化石墨烯（GO）分散在水或极性有机溶剂中，从而使氧化石墨烯（GO）也表现出极为明显的亲水性。例如，Hummers 法就是一种众所周知的生产单层石墨烯的方法。这种方法的合成过程为：首先，在 H_2SO_4 和 $K_2S_2O_8$ 中洗涤石墨，再用 $KMnO_4$ 和 H_2SO_4 将石墨氧化；然后，对已经氧化的石墨进行数小时的超声波清洗；接着，对氧化石墨进行剥落，获得目标样品；最后，将样品进行离心并通过调节 pH 最终获得中和样品。尽管通过这种方法合成石墨烯会使其失去本身应具有的一些独特的理化性能，例如其电子性能等，但是对氧化石墨烯（GO）还原这一方式在石墨烯的制备领域中仍然起着至关重要的作用。利用了石墨烯与芳族有机物的 π-π 相互作用，使用肼类还原剂，可以有效地使石墨烯恢复到其原始状态。此过程可保持石墨烯的电导率、平整度和光学性质，但与原始石墨烯不同的是，通过这种方式合成的石墨烯包含大量的氧群（即含氧官能团）以及一些不可逆的晶格缺陷。

对氧化石墨进行剥离可以得到氧化石墨烯，再对氧化石墨烯进行还原可以得到石墨烯，因此通过这种方式获得的材料通常被称为还原氧化石墨烯（rGO），而不是石墨烯。这主要是因为通过这种方法制备得到的石墨烯无法实现完全还原。由于氧化石墨比石墨更容易被剥离，因此使氧化石墨通过热处理方法或者在水中超声处理及热还原或者化学还原的方法均可以得到还原氧化石墨烯（rGO）。但由于在还原过程中，石墨烯表面的官能团破坏了石墨烯片层内的 sp^2 杂化结构，使得大多数还原氧化石墨烯（rGO）都成为了绝缘体。针对这一问题，如何能够在实现结构有效还原的同时还能使其恢复所需的电学性能就显得尤为重要。此外，化学氧化还原方法还存在一个关键问题就是，氧化石墨烯在被还原时会变成非亲水性，这样就使其没有办法在水中稳定分散，更易于发生聚集和沉淀。同时，由于在制备氧化石墨时所需的氧化条件较为苛刻，生成产物的缺陷密度较高，也在一定程度上促使了还原氧化石墨烯（rGO）的性质与石墨烯的性质不会完全一致。

Chen 研究小组就针对氧化石墨烯的合成及其合成过程的调控等方面做出了相关的研究，氧化石墨烯及少层氧化石墨烯的合成过程可以通过热退火、溶剂热还原、电化学还原、氢等离子体处理、辐射诱导还原等方法将氧化石墨烯还原为石墨烯。在这些方法中，最常用的还原剂包含有含硫化合物，如 $NaHSO_3$、Na_2SO_3、$Na_2S_2O_3$、Na_2S 等，或肼、硼氢化钠、金属铁、维生素 C、二甲基肼、醇和对苯二酚等，Chen 等通过研究发现，在高温还原过程中，$NaHSO_3$ 的还原能力与肼相比，具有毒性低、不挥发的优点。随着技术的进步及人们的需求不断发展，近来，已经有越来越多的科学家将研究重点集中在开发氧化石墨烯的轻度还原过程。Kaminska 等就针对这一方面提出了一种简便又环保的方法，该方法通过在室温下使用多巴胺来还原氧化石墨烯并同时进行非共价官能化。在相似的条件下，Tung 等也提出了一种基于溶液的还原方法，通过将氧化石墨烯片层直接分散在肼溶液中来合成大量片层结构较好的单层化学还原石墨烯。Cui 等在较低温度（即零度以下温度）下，用新型的氢碘酸和三氟乙酸将氧化石墨烯化学还原成石墨烯。与上述在溶液中进行加工合成的方式不同，Liang 等提出了一种通过气相方法还原氧化石墨烯从而制备柔性石墨烯薄膜的简便绿色方法，这一方法是通过在室温下以少量的钯作为催化剂通过氢气有效地还原固体氧化石墨膜，最终获得石墨烯薄膜。此外，对氧化石墨采取热膨胀的处理方法也可以成为一种合成功能化单层石墨烯的有效方法。McAllister 团队对热膨胀机理进行了详细分析，他们认为氧化石墨的剥落通常发生在氧化石墨表面的环氧基团和羟基基团等部位，此时基团的分解速率超过逸出气体的扩散速率。Peng 等引入了一种在恒定电势下还原氧化石墨烯的电化学方法，通过调节电流、电压、还原时间及前体（氧化石墨烯），可获得尺寸和厚度可控的高质量电化学还原氧化石墨烯膜。此外，Kumar 等还报道了一种更为简洁的还原方式，通过紫外线和 KrF 准分子激光辐射诱导氧化石墨烯从而使其还原。根据研究结果发现，通过日光或紫外线长时间照射的方式可以使得氧化石墨烯更好地发生还原反应；而在短时间的激光照射下，还可以获得结构几乎完整的石墨烯片层，其片层结构上的含氧官能团几乎是可以忽略的。

显然，氧化石墨的剥落和随后的化学还原处理有利于实现石墨烯的批量生产、功能化以及溶液加工。由于含氧基团的形成，会使得超声处理及后续的还原过程不完全，因此，采用这种方法会不可避免地将大量缺陷引入石墨烯骨架中，而这些缺陷还会导致还原后的氧化石墨烯的电子性能下降。根据现有几个研究小组实验结果可知，原始石墨可以在不同的溶剂［例如 *N*，*N*-二甲基甲酰胺（DMF）、邻二氯苯、*N*-甲基吡咯烷酮（NMP）、苄胺、离子液体及表面活性剂等溶剂］环境下进行剥落，最终生成无缺陷的石墨烯单层。Hernandez 等通过实验证明了在 *N*-甲基吡咯烷酮等有机溶剂中对石墨进行分散及剥离后，会使其表面能水平与石墨烯相当。而由于溶液与石墨烯之间相互作用可以与石墨的剥离所需能力达到平衡，从而可以实现石墨的剥落。但是采用该方法合成石墨烯的问题之一是，有效溶剂通常需具有较高的沸点，这样的性质又会使得该有机溶剂很难实现完全去除。根据 O'Neill 等的研究，石墨烯在低沸点高浓度的溶剂（如氯仿和异丙醇）中也可以实现剥离，且所获得的石墨烯厚度小于 10 层。除了这些剥离方法外，还可以通过对石墨进行剥离-再次相互作用-膨胀的过程制备出高质量的高产石墨烯，研究结果表明用发烟硫酸作为氧化剂处理石墨，会使得石墨达到膨胀却不过度功能化的效果。而通过对石墨进行氟化作用、热膨胀及后续的激光激发等一系列处理所获得的石墨烯，可以很好地分散在有机溶剂或含有十二烷基苯磺酸钠作为表面活性剂的水溶液中。还有一种更简便的用来剥离氧化石墨的方法，即通过使用激光激发而不需要其他任何化学还原剂。此外，报道了单个石墨烯纳米片在无须还原剂的情况下可以完成合成的一种方法。根据他们的研究结果可以证实，氧化石墨和激光转换石墨烯在将激光辐射能转换为可用热能方面有很好的性能。更具体地说，Sokolov 等发现通过对氧化石墨进行连续波（532nm）或脉冲（532nm 和 355nm）激光激发处理获得的石墨烯可以具备石墨烯的特征。根据 Sokolov 等的研究结果表明，初始激发会导致石墨烯材料中产生电子-空穴等离子体，与含氧官能团有关的应变会导致激子和空穴的俘获。激子的产生和空穴的俘获产生的声子耦合会导致有效的加热和材料的去除，也会导致膨胀等离子羽流。最后，可以实现气相及表面上的石墨烯纳米颗粒及石墨烯纳米片层的形成和生长。合成石墨烯的另一个碳源是碳纳米管（CNT），尤其是用来合成石墨烯纳米带（GNR）时。对碳纳米管的化学解压缩可以通过酸反应、等离子体处理，液体 NH_3 与 Li 嵌入-剥离中通过氧化方式纵向拉开多壁碳纳米管（MWCNTs）可以获得高产出率的单层或少层石墨烯纳米带。但是，由于过度氧化，这些从内管衍生而来的狭窄的碳纳米管及宽带的基层平面上连续性结构区域部分都容易发生破损。由此就会导致所获得的石墨烯的孔洞形状和尺寸无法实现均一性，也会进一步对石墨烯的电子性能产生不利的影响。为了克服这些缺点，就需要针对上面的问题，通过改变实验参数如酸度比、时间及温度等提出一种改进的实验方法。通过实验可以发现，当 H_2SO_4 浓度足够高

［约 90%（体积分数）］时，将反应温度升高至 60℃对氧化石墨烯纳米带的形成及剥离都非常重要。此外，在反应体系中加入［10%（体积分数）］的第二种酸溶液（如磷酸或者三氟乙酸）可以进一步提高氧化石墨烯纳米带的质量。根据 Dai 小组的研究，单个石墨烯纳米带的原子结构、拉曼光谱及电子传输特性都可以通过对多壁碳纳米管进行超化学解压缩而实现。同时他们发现所获得的石墨烯纳米带大部分都具有弯曲而光滑的边缘，而且其中多数石墨烯纳米带的层数为两层。

石墨烯的电学和化学性质可以通过外来原子和官能团的化学掺杂来调节。采用 CVD 方法合成掺氮石墨烯一般都需要过渡金属作为催化剂才能实现，这样的话就可能会对所得到的产物有所污染进而影响产物性质。已有文献表明，可以通过一种简单、无催化剂的热退火方法，将低成本的工业材料三聚氰胺作为氮源，即能够实现大规模合成掺氮石墨烯。这种方法可以完全避免过渡金属催化剂的污染，更利于研究掺氮石墨烯的内部催化性能。通过对所得产物进行 X 射线光电子能谱分析可以得知，掺氮石墨烯中氮元素的含量可以达到［10.1%（原子分数）］。进一步对 N1s 图谱进行高分辨扫描分析可以看出，所得掺氮石墨烯中的氮原子主要以吡啶氮形式存在。通过电化学测试可以清楚知道，该掺氮石墨烯对碱性电解质中的氧还原反应（ORR）有着极为优异的电催化活性，且该催化活性与氮原子的掺杂水平及结构类型均有直接关系。该方法制备得到的掺氮石墨烯极有可能被应用于燃料电池和生物传感器等电子设备相关领域。全氢化石墨烯和部分氢化石墨烯材料所具备的性质与石墨烯不同。有实验表明，在液氨中将元素钠作为电子给体，将甲醇作为还原剂中的质子供体，通过对氧化石墨进行 Birch 还原，即可制备出氢质量百分比为 5%的高度氢化的石墨烯。此外，他们还研究了氧化石墨的制备方法对氢化率的影响，同时使用 $NaNH_2$ 代替单纯元素 Na 作为对照实验。通过电子显微镜、红外光谱、X 射线光电子能谱、室温和低温拉曼光谱、X 射线荧光光谱、电感耦合等离子体发射光谱、可燃元素分析和电阻率测量等对材料进行了详细的表征。磁性测量需要大量高度氢化的石墨烯材料。在整个温度范围内甚至达到室温的情况下，氢化石墨烯的氢化比例除了与磁场成比例之外，还表现出微弱的铁磁性，这不仅是由于磁化导致，也可能受到反铁磁性影响。氢化物来源于氢化石墨烯本身，而不是来自金属杂质。

通常情况下，金属薄膜的导电性能较好，可以在许多电子应用中使用CVD合成的石墨烯，但是需要将石墨烯转移到绝缘基板上。已有实验证明使用化学刻蚀的方法将石墨烯从金属薄膜上转移出来会对石墨烯膜产生一定损害。同时，也有使用聚合物支持体来对石墨烯金属薄膜进行刻蚀，这样可以将聚合物旋涂在石墨烯表面，再刻蚀下面的金属，然后将石墨烯置于新的基底上，最后将聚合物溶解即可以产生纯石墨烯。但这种方法生产成本较高。近年来，也有实验通过电化学分层传递的方法进行刻蚀，但被刻蚀的金属量很少，这样就会使得铜基底在随后的生长反应中可以重复使用。

根据文献报道，通过特定的实验方法制备得到的石墨烯适合于某些特定应用。如在SiC基底上生长出的宽带隙石墨烯，正适用于制造不需要转移的具有半导体性质的石墨烯器件。相反，在金属上生长的石墨烯有良好的欧姆接触性能，因此可以应用于焊接发射等方面。此外，石墨烯薄膜还可以通过对石墨烯进行旋涂、滴铸造、电泳沉积等方式来制备。然而，由于石墨烯片层边缘处的缺陷之间接触不良，使得这些薄膜材料比在SiC或其他过渡金属上生长的大面积石墨烯的导电性能差。因此，通过这些方法制得的石墨烯并不适用于对导电性要求较高的应用方面。

Li等采用燃烧合成方法，以二氧化碳气体为碳源、金属镁粉为还原剂，在管式炉中成功制备了介孔石墨烯。与传统方法相比，该方法具有快速、省时、节能耗等优点。将该材料用于超级电容器的电极材料，表征其性能可知该电极材料，具有优异的超级电容特性，主要是由于该材料所具有的三维连通结构及优异的导电性。这两个优异特性保证该材料可以具有较大的双电层电容和极高的功率密度。从而保证其在具有较大能量密度的同时，也具有较高的功率密度输出，这一特性可以缩小传统电容器和电池之间的差距。此外，该材料在进行了一百万次循环之后，还可以保持90%的电容率，因此可以说明该材料具有良好的循环稳定性，同时具有在大速率充放电情况下仍可稳定供能的潜质。

2.6 石墨烯的铁磁性

近年来，纳米材料中的磁性已经逐渐成为纳米科学及纳米技术领域内研究的新兴领域。在现阶段的技术应用中，磁性材料主要都是基于d元素和 f 元素。近年来，也有研究表明，有一些低维材料具有铁磁性。这一特性是让很多研究者意想不到的。通过减少材料的维度可以降低电子的跳跃倾向，而导致其磁性降低。此外，在一些低维材料中可以发现，库仑相互作用及带宽比也有助于低维材料中磁性的发现。

2.6.1 石墨烯铁磁性的研究现状

通过对石墨烯铁磁性能方面的研究表明，其可以在轻质、高强度、高热导率的磁性材料方面有极大的发展可能。有研究表明，载体掺杂石墨烯具有较强的抗磁敏感性，而且，该磁化率的敏感性随着电子或者空穴载体掺杂的增加而迅速减小。Chen 和 Oleg V. Yazyev 的研究表明，通过对石墨烯以点缺陷方式的改性可以使得碳纳米材料的磁性可以从铁磁性过渡到反铁磁性，从而使其具备铁磁性能。Birch 等将氧化石墨进行还原从而可以得到末端氢化修饰的石墨烯，并测得该石墨烯在室温条件下具有较弱的铁磁性，饱和磁化强度为 0.006emu/g。此外，也有人发现，利用肼将氧化石墨烯进行部分还原后可使其具有室温铁磁性。检测得知，该还原氧化石墨烯的室温饱和磁化强度为 0.02emu/g。

此外，有研究表明，还原氧化石墨烯样品在 300K 环境下的饱和磁化强度为 0.79emu/g，当退火温度为 500℃时，该还原氧化石墨烯的饱和磁化强度增加为 1.99emu/g。同时也有研究表明，利用磷酸通过简单的化学激活方法得到的氧化石墨烯经过热处理后，可以使其在室温下具有较强的铁磁性，且居里温度较高，甚至可以超过 700K，矫顽力小于 20Oe。近年来，原位掺杂已经逐渐成为调节石墨烯电子及铁磁性能的有效手段。据报道，石墨烯嵌入碳（GSEC）薄膜经过 100eV 低能辐照后可使其具有明显的室温铁磁性，其室温饱和磁化强度为 0.26emu/g。

据报道，通过真空退火方式在高温下在衬底上可以合成掺氮石墨烯。Du 等将还原氧化石墨烯在氨气中进行退火，从而制得掺氮石墨烯。这种方法制得的掺氮石墨烯使得在低温下的饱和磁化强度明显增加。Li 等指出，每一个吡咯氮结构的氮原子都可以提供 $0.95\mu_B$ 的净磁矩，但吡啶氮结构的氮原子对石墨烯结构边缘的自旋极化几乎没有影响。基于化学计量的全卤芳烃的脱卤作用及过渡金属的吡啶前体可以通过 sp^2 杂化的碳原子来实现对石墨烯的氮掺杂，从而使其具备一定的室温铁磁性。

Khurana等提出了一种热处理的方法，来实现对石墨烯的铁磁性进行调控。在通过化学途径合成的石墨烯样品中，可以观察到温度依赖的缺陷诱导的铁磁性。石墨烯铁磁性的起因可能是由在合成过程中产生的缺陷所引起的。这些缺陷在500℃下影响最为明显，但在600℃下急剧下降至最低。这一研究结果进一步证实了其早期的实验结果。并进一步证明了热处理对通过自我修复机制重建石墨烯的表面状态有非常大的影响。因此，需要精确地调整温度来从缺陷或几乎无缺陷的石墨烯中获得所需形式的石墨烯。正是由于石墨烯所表现出来的温度依赖铁磁性，其与半导体和溶液相结合的能力可使其在材料科学中具备广泛的影响，这些性质可使石墨烯材料成为许多应用的主要选择，如自旋电子器件和基于磁存储器的器件。

Sun等研究了氧化石墨烯（GO）的磁性转变。结果表明，微米级的GO薄片在室温下表现出弱铁磁性及显著的抗磁性。然而，当GO薄片的横向尺寸从微米尺寸减小到纳米尺寸时，可以观察到氧化石墨烯的铁磁性能从主要的抗磁性转变为铁磁性。通过化学法或热还原法将GO还原后，石墨烯的磁性能只表现为铁磁性的逐渐增强。当温度为2K时，微米尺寸和纳米尺寸的GO薄片都表现出明显的顺磁性。使用羟基、羧基、氨基和硫代官能团对石墨烯衍生物中磁性的类型转变均有一定的影响。结果表明，所有的氧化石墨烯衍生物在室温下均表现出了显著的抗磁性和微弱的铁磁性。根据实验结果可以表明，对不同官能团来说，磁矩的影响能力顺序为—SH>—OH>—COOH>—NH_2。此外，也有研究发现，在5K时同时含有硫醇、羟基和羧基官能团的石墨烯中，可以同时表现出抗磁性、顺磁性和铁磁性三种性质。而氨基石墨烯则可表现出明显的顺磁性，这一性质与GO中的低温磁性相类似。这些结果表明，石墨烯衍生物中可以同时存在抗磁性、顺磁性和铁磁性三种磁性，且这三种磁性状态之间可以进行相互转换，而产生这种现象的原因则是由石墨烯的边缘、空位、化学掺杂和官能团等几方面引起的。此研究结果可能会对目前石墨烯相关材料磁性的争议提供一定的数据支持。

Gonzalez-Herrero等通过研究吸附在石墨烯上的孤立氢原子，证明了吸附在石墨烯上的氢原子可以提供剩余的电子磁矩，费米能级处能产生约20mV的电压。通过扫描隧道显微镜（STM）进行观察，并用第一原理计算可知，这种自旋极化状态发生在与化学吸附氢的碳原子相反的碳亚晶格上，而这种距氢原子几纳米远的原子调制自旋结构可使得长距离的磁矩之间也发生直接耦合。因此可以通过使用 STM 尖端以原子精度操纵氢原子，从而调控所选择石墨烯区域的磁性。

2.6.2　石墨烯铁磁性的产生原理

石墨烯及其他相关的二维碳材料的铁磁性能通常是由其结构中不同类型的缺陷、结构错位、悬挂键及碳边缘末端等原因引起的。通常情况下，石墨烯类材料中的铁磁性通常被认为是由于材料内部的磁矩通过媒介（如电子载体）等进行非直接性的耦合而引起的。这类通过媒介而产生磁矩的作用被称为 Ruderman-Kittel-Kasuya-Yosida（RKKY）相互作用。而在石墨烯类碳材料中所发生的 RKKY 现象与传统的金属二维材料中的 RKKY 相互作用有所不同。在石墨烯缺陷位置发生的 RKKY 耦合振荡是由于其结构中的亚晶格中的耦合作用而产生的。而这些缺陷位置的结构也包含具有 zigzag 及 armchair 结构边缘的纳米片和在两个亚晶格中的相同数量的碳原子以及包含上述结构的石墨烯。

如果缺陷区域的缺陷密度较大，就会使得缺陷的铁磁发生耦合。同时邻近位置区域的磁矩则会随着缺陷密度的增加而明显增加。因此，缺陷不但可以提供剩余磁矩，还能对石墨烯铁磁性能发挥着重要的作用。

但是，这些磁矩之间是否会产生相互作用及怎样产生相互作用仍然是很多研究学者一直争议的问题。因此，我们无法清楚地分析为什么在氮掺杂材料中会发生如此强的交换作用而产生强铁磁性，也不能解释是什么原因使掺氮石墨烯具有较高的居里温度。Li 等通过自旋极化密度函数理论的第一原理计算，研究了用单价和二价吸附物修饰的石墨烯磁性和磁耦合机理，分析了吸附浓度和吸附物质的电负性对石墨烯的磁性和电子特性的影响。对于单价化学吸附而言，磁性来源于由吸附引起的 π 电子的不稳定性，这就会导致能隙有一较窄的分裂，并使石墨烯片上相邻的碳原子上的自旋方向反向平行。当吸附位点之间的距离小于 1nm 时才会有产生磁矩的可能。相反地，二价物的化学吸附可以引起远距离的磁耦合，这主要是由于小局域非键合 π 电子（自旋极化）之间的相互交换作用，并以在费米能级附近的导电 π 电子为媒介，这一交换作用类似于过渡金属中的 s-d 相互作用。

Yazyev利用第一原理研究了单个碳原子缺陷对石墨烯磁性的影响。在该研究中主要考虑了两种缺陷：氢吸附缺陷和空位缺陷。从结果可以看出，缺陷的引入会导致其扩展态从而引起磁性。通过分析计算结果可以看出，一个氢原子吸附缺陷会引起的磁矩约为 $1\mu_B$，一个空位缺陷可引起的磁矩为（1.12～1.53）μ_B，该数值与缺陷浓度有直接关系。两个磁偶极矩之间的耦合可以是铁磁性，也可以是抗磁性，这主要是取决于缺陷在石墨烯晶格的六角格上的不同位置所引起的（图 2-14）。同时也可以证明，石墨样品经过辐照后会表现出较高的居里温度，这一性质主要与缺陷引入的本征磁偶极矩有关。

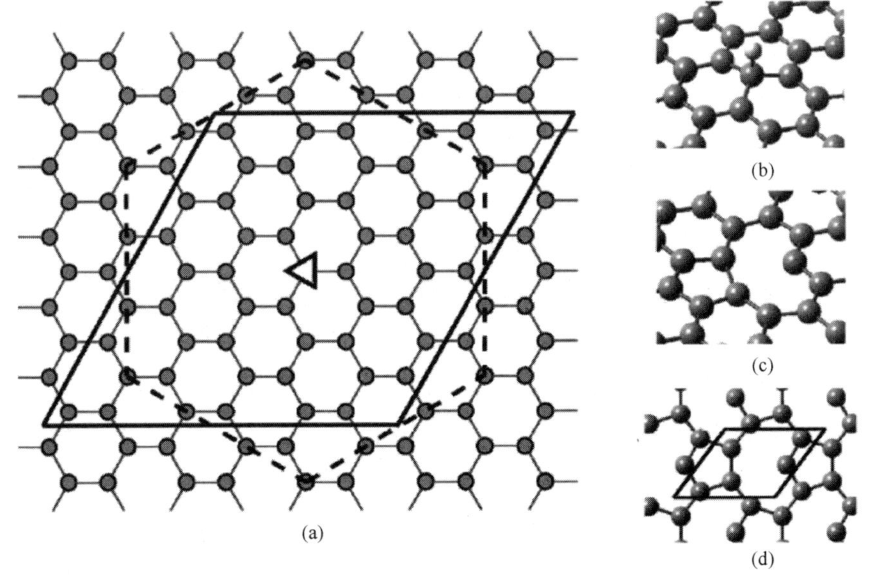

图 2-14　石墨烯中六角晶格缺陷的定义及点缺陷类型

Magada等使用基于扫描隧道显微镜的纳米制造技术制备了具有精确晶体边缘取向的石墨烯纳米带。同时提出了不同于缺陷随机分布的，可以实现在原子尺度范围内对缺陷分布可以进行精确控制，从而可以得到具有特定晶体学取向的石墨烯边缘。其中也包括可以产生强大且稳定磁性石墨烯的单个晶格所形成的边缘。所谓的扶手椅形的纳米带表现出了明显的量子限制间隙，但具有边缘结构的纳米带则可表现出 0.2～0.3eV 的电子带隙，这种通过标记电子相互作用诱发的旋转顺序可以用来区分它们不同的结构边缘。此外，也有研究表明，当带宽增加时，可以使得石墨烯类材料的磁性能表现出由半导体到金属的转变，从而表明相反的带边缘之间的磁耦合能够从反铁磁性向铁磁性结构转变。同时，也有研究发现，具有可控锯齿形边缘结构的石墨烯的铁磁性能在室温下也可以保持稳定。这一研究发现增强了科学家们对石墨烯的自旋电子设备在室温下运行的希望（图 2-15）。

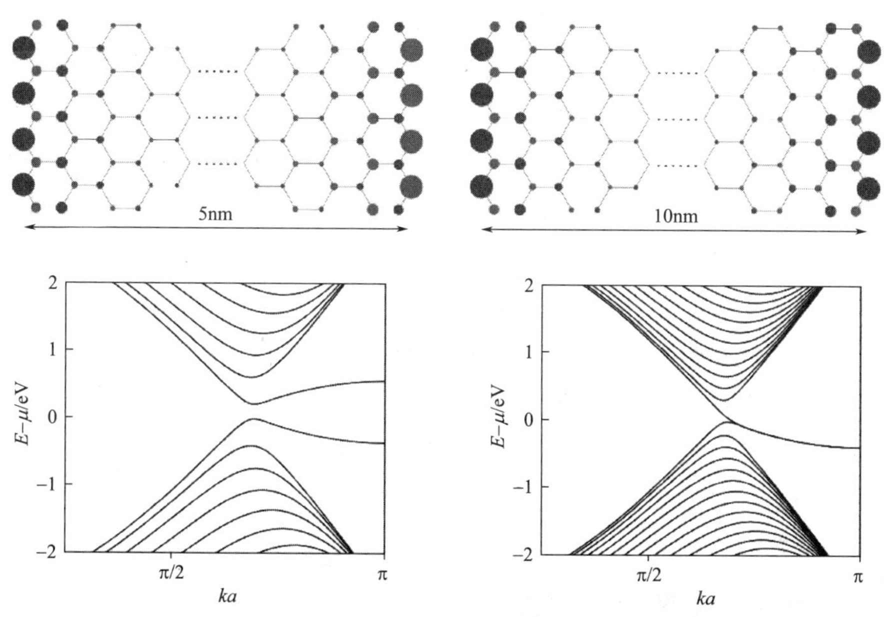

图 2-15　锯齿形石墨烯纳米带电子结构与磁性能的关系

Santos 等使用密度函数理论研究了不同的共价结合方式所产生的 sp^3 缺陷对石墨烯的电子和磁性的影响。研究结果发现，由于磁性的产生与吸附物无关，因此多数 sp^3 型缺陷均能够诱导铁磁性的出现。当层与层之间建立了弱极性的单共价键时，石墨烯中就会出现 $1.0\mu_B$ 的局部自旋磁矩。这种效应类似于 H 吸附，它可以在碳层中饱和一个 p_z 轨道。吸附物之间的磁耦合对化学吸附的石墨烯中亚晶格结构表现出了强烈的依赖性。分子吸附在相同的亚晶格上，铁磁性的交换作用随着距离增加非常缓慢地衰减，而吸附在相反的亚晶格处则没有发现吸附物的磁性。如果几个 p_z 轨道通过大分子的吸附同时饱和，则可以获得类似的磁性能。这些结果都可能会为采用化学方法来设计石墨烯衍生物的磁性能开辟出一条崭新的道路。Lin 等研究了关于芳香族自由基吸附到石墨烯上的计算，揭示了共价分子官能化对石墨烯的磁性和结构性能的影响。研究结果表明，被电子施主或受主基团官能化的芳香族基团（如苯基）的吸附可以产生带隙和两个相互依赖的自旋的中间状态，一个位于原始石墨烯的费米能量之上，另一个位于原始石墨烯的费米能量之下，从而产生了一个净磁矩。由于自由基和石墨烯之间的相互作用，发现吸附位点上的碳原子被提升出石墨烯平面，并且其 p_z 轨道被从 π 键系统中去除掉后，使得另一个亚晶格中的电子不成对，从而导致了非零磁矩的出现。但整个系统的能带对不同的吸附物并不敏感，中间态与分子轨道的排列无关，因此使得所研究的各种基团的磁矩是相同的。Yndurain 等使用基于密度泛函理论的 ab initio 方法，研究了石墨烯中不同点缺陷的磁性。分别考虑原子氢、原子氟和单点空位，这三种缺陷具有完全不同的磁性能。局域自旋磁矩在氢杂质中是很好定义的，而单氟吸附原子不会引起具有明确定义的磁矩，除非氟浓度至少为 0.5%。在这种情况下，每个缺陷的感应磁矩为 $0.45\mu_B$。这种行为被解释为由于氟和石墨烯之间的电荷转移。接近空位的 π 电子产生磁矩的情况与前两种情况不同，感应磁矩的大小随着缺陷的稀释而减小，孤立空位的情况下变为了零。在三种情况下，空穴掺杂抑制 π 态磁矩的形成。

2.7 本书的主要研究内容

石墨烯自从被发现以来，一直以其优异的性能吸引着众多研究者的目光。本书将主要研究以下几个方面的问题。

(1) 研究自蔓延高温合成法制备石墨烯及掺氮石墨烯的制备工艺，并对合成得到的少层石墨烯及掺氮石墨烯的结构和形貌进行分析。通过扫描电子显微镜（SEM）、透射电子显微镜（TEM）、拉曼光谱、X 射线光电子能谱（XPS）及 X 射线衍射（XRD）等表征手段，分析不同碳源、不同氮源及不同反应物比例对石墨烯结构的调控影响。

(2) 研究自蔓延高温合成法制备得到的少层石墨烯及掺氮石墨烯的铁磁性能。分析石墨烯在室温下的饱和磁化强度及矫顽力与石墨烯元素组成及其价键结构的相互关系。

(3) 研究石墨烯及掺氮石墨烯在不同温度下进行真空热还原-高温氧化处理后微观结构及元素组成的变化。

第3章

实验材料及方法

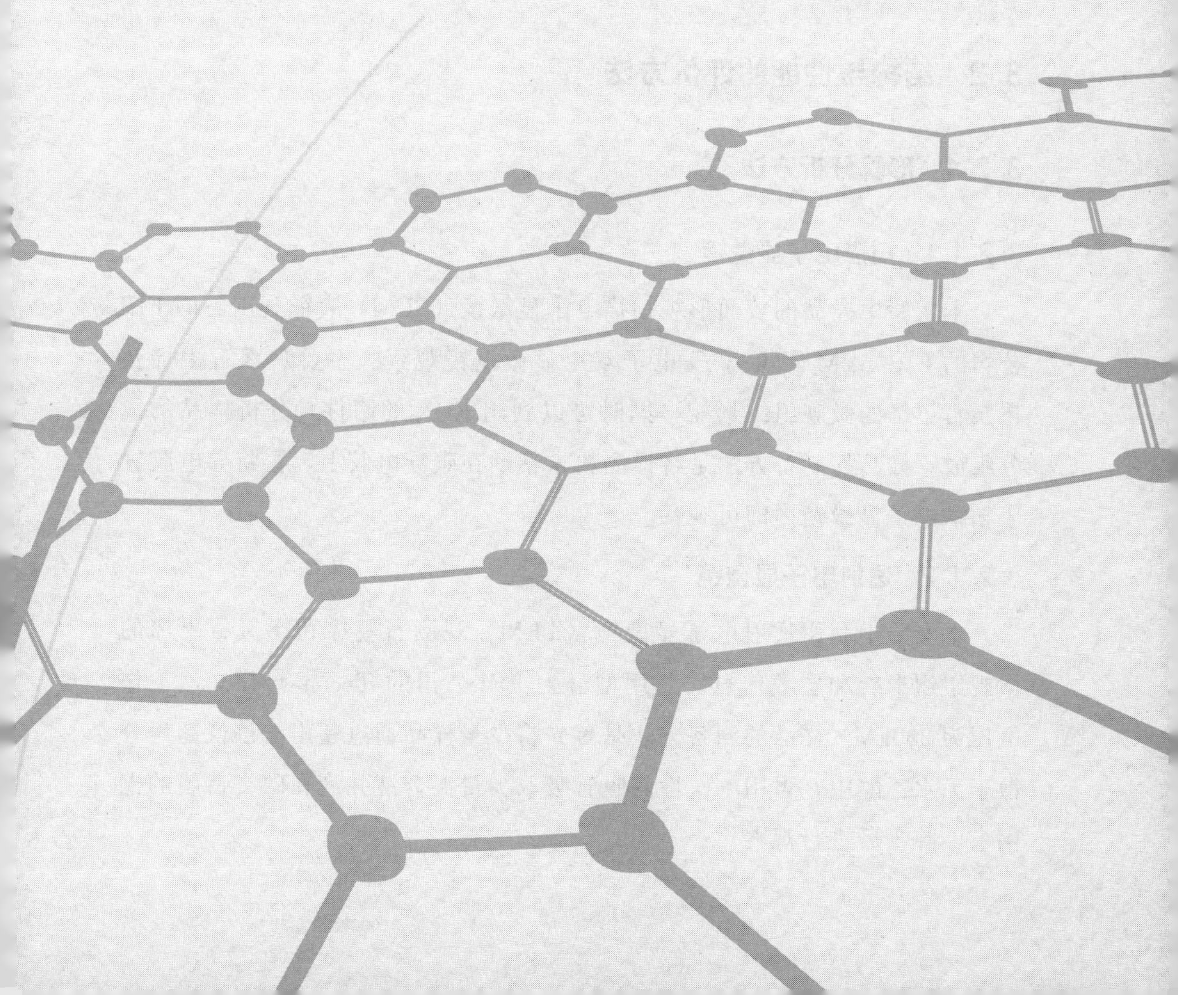

3.1 实验材料

实验所用试剂及纯度见表 3-1。

表 3-1 实验试剂及纯度

试剂	纯度/%	厂家
镁粉	≥99.5	北京德科岛金科技有限公司
碳酸钙	≥99.5	国药集团化学试剂有限公司
尿素	≥99.0	国药集团化学试剂有限公司
无水乙醇	≥99.7	天津市天力化学药剂有限公司
盐酸	≥99.0	西陇化工股份有限公司

3.2 结构与性能的评价方法

3.2.1 形貌分析方法

3.2.1.1 扫描电子显微镜

本实验中样品的表面形貌扫描电子显微镜（SEM）表征利用美国 FEI 公司的 FIB/SEM 聚焦离子/电子双束显微电镜观察。主要观察石墨烯及掺杂石墨烯的微观组织形貌，同时可以利用 EDX 的附件，分析样品的成分组成。样品的制备方法是将样品粉末粘贴在碳导电胶上，再将导电胶置于扫描电子显微镜内即可观察。

3.2.1.2 透射电子显微镜

本实验中利用透射电子显微镜（TEM）观测石墨烯和掺氮石墨烯的微观组织形貌和层数信息。所用型号为 FEI 公司的 Tecnai G2F30，工作电压为 200kV。样品的制备方法是首先将少量样品通过超声振荡仪超声分散于无水乙醇中，再用一次性的吸管吸取少量混合液并滴在碳支持膜的铜网上，晾干后进行观察。

3.2.2 结构分析方法

3.2.2.1 X 射线衍射仪

本实验中主要用 X 射线衍射（XRD）来分析石墨烯及掺杂石墨烯的物相组成、结晶程度以及晶面问题。所用仪器为荷兰 Philip 公司的 X'Pert 型的 X 射线衍射仪。辐射源为 Cu Kα（λ=1.54178nm），管电流和管电压分别为 40mA 和 40mV，扫描步长为 0.05°，步长间隔为 0.5s，扫描范围为 10°～90°。

3.2.2.2 X 射线光电子能谱

本实验样品的 X 射线光电子能谱（XPS）是由美国 Thermo Fisher-Scientific 公司生产的 ESCALAB 250Xi 型 X 射线光电子能谱仪测得，采用 Al Kα 光源，光斑尺寸为 400μm。根据扫描结果，进行元素成分和含量的分析，并对特定元素进行定性和定量分析。

3.2.3 光谱分析方法

3.2.3.1 傅里叶变换红外光谱

本实验中所有样品的傅里叶变换红外光谱（FTIR）均是由 Bruker Tensor 27 FT-IR 光谱仪测得。其中通过溴化钾压片法进行测定的具体步骤如下：首先，将少量待测样品加入干燥的溴化钾粉末中进行研磨，使两者混匀磨细，然后将样品倒入模具中，压成直径为 20mm、厚度为 1mm 的样品片，进行检测。

3.2.3.2 拉曼光谱

在对碳材料的分析中，拉曼光谱（Raman spectrum）一般会包含 D 峰、G 峰和 2D 峰三个特征峰，其中 D 峰和 G 峰的强度比（I_D/I_G）可以用来衡量材料中的碳缺陷密度，D 峰和 2D 峰的强度比（I_{2D}/I_D）可以用来衡量碳材料中片层的相对薄厚。

本实验中样品的拉曼光谱是由美国必达泰克（B&W Tek）公司生产的 BWS435-532SY 型共聚焦显微拉曼光谱仪测得，激发光源入射波长为 532nm，测试波数范围为 500～3000cm^{-1}。

3.2.4 理化性能评价方法

3.2.4.1 超导量子干涉仪

超导量子干涉仪（SQUID）是一种将磁通转化为电压的磁通传感器，能测量微弱的磁信号，其磁场由超导磁体提供，磁信号的探测系统是由一个或者两个约瑟夫结组成的超导线圈构成。基本原理是基于超导约瑟夫森效应和磁通量子化现象。通过射频共振回路也可以测得 SQUID 中电流的变化量：

$$\Delta I = \frac{\Delta \phi}{L}$$

公式中的 L 为 SQUID 的电感。当一个小的磁通量子数被给定后，设计探测线圈与 SQUID 耦合后，样品的磁矩就能被准确地测量。

3.2.4.2 氮气吸附测试

氮气吸附测试主要是用于表征石墨烯及掺氮石墨烯的比表面积以及孔径分布参数。本书中的氮气吸附测试采用的是日本麦奇克拜尔有限公司（MictrotracBEL）生产的 Belsorp mini II 型比表面积和孔隙度分析仪。样品首先要在 150℃下真空脱气 4h，然后在液氮温度（77.4K）下测试石墨烯对氮气的吸附-脱附等温线。然后采用 BET 法计算石墨烯的比表面积。

3.2.4.3 热重分析法

样品的热分解行为以及样品中的某种物质的含量测试是通过热重分析法（TGA）进行表征的。所选用的热重分析仪型号为 STA449 F3（德国 NETZSCH 公司）。测试条件为在氮气或者空气环境下，升温速度为 10K/min，起始温度为 300K，终止温度视材料的分解情况而定。

3.2.4.4 差示扫描量热法

差示扫描量热法（DSC）可测定多种热力学和动力学参数，如比热容、焓变、反应热、相图、反应速率、结晶速率、高聚物结晶度及样品线度等。试样在热反应时发生的热量变化，曲线离开基线的位移，代表样品吸热或放热的速率；曲线中的峰或谷所包围的面积，代表热量的变化。测试条件为 N_2 气氛保护，扫描速度为 10K/min，将样品放置于坩埚中，以 10K/min 的速度进行升温，直至反应结束。此时就会出现明显的放热峰。

第4章

少层石墨烯的自蔓延高温制备及表征

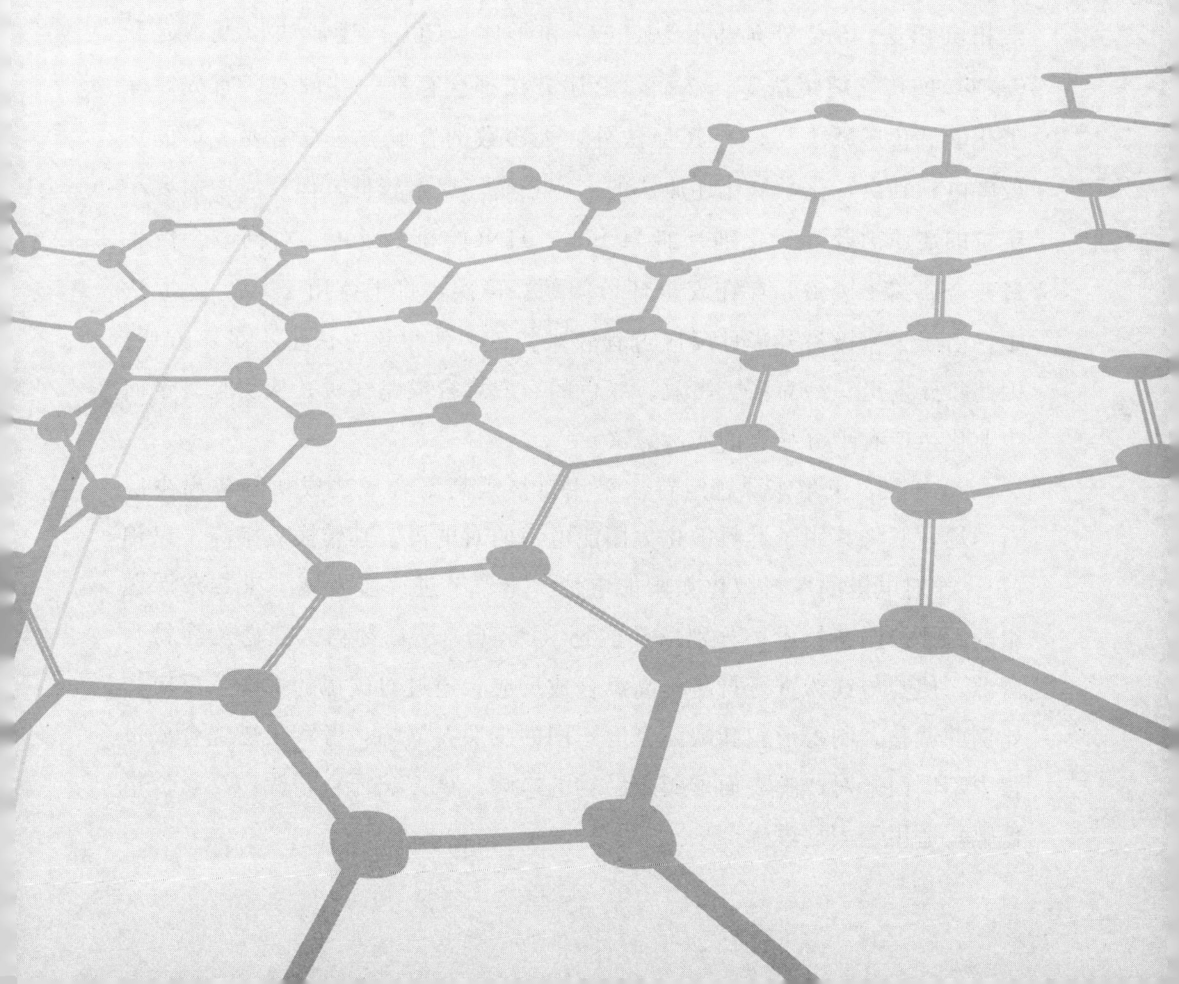

4.1 引言

石墨烯是平面单层碳原子紧密结合在一起所形成的二维材料，现已被认为是构建所有石墨材料（包裹成富勒烯、卷制成碳纳米管或者堆积成石墨）的基本单元。石墨烯的厚度仅为0.33nm，是世界上最薄的二维材料。由于石墨烯具备很多独特的物理及化学特性，因此使得石墨烯在纳米电子学、能量的储存及转换、化学和生物传感、复合材料及生物技术等领域有了广泛的应用前景。

为了满足石墨烯在科学研究和工业应用等方面的迫切需求，现阶段可将石墨烯的制备方法分为自上向下和自下向上两种方法。自上向下法的种类很多，如微机械剥离石墨、液相剥离石墨、激光剥离高度有序石墨、化学氧化还原法及对石墨进行 H_2O_2 的离子刻蚀等；自下而上法主要有化学气相沉积法、SiC 外延生长法、CO 和干冰（CO_2）还原法以及 Mg 和 $CaCO_3$ 的传统煅烧法等。然而，上述方法都会存在一些缺点。首先，除了化学氧化还原法及 CO_2 还原法外，大多数的合成方法都需要大量的热或者电；其次，化学氧化还原法的产率较高，成本较低，但反应中需要一定量的还原剂及强氧化剂（如 H_2SO_4、HNO_3 和 $KMnO_4$），同时会产生过渡金属离子废液，存在安全环境问题；再次，将干冰用于 CO_2 还原法中，由于干冰极易升华且反应过程较难控制，使得该方法也不足够方便。因此，开发出一种简洁、高效、绿色的石墨烯合成路线对其从实验室走向工业化生产有十分显著的实际意义。

2016 年，王黎东课题组首次采用自蔓延高温合成法成功制备出少层石墨烯，并将其用于燃料敏化太阳能电池的对电极，其转换效率高于以铂（Pt）作对电极的燃料敏化太阳能电池。本章节进一步发展了王黎东课题组的石墨烯制备技术，分别以碳酸钙（$CaCO_3$）、葡萄糖、蔗糖及淀粉为碳源，使其与镁粉进行自蔓延高温合成反应，通过对碳源的选择及反应物比例的调整，制得形貌和缺陷密度不同的少层石墨烯，考察了燃烧合成过程中不同因素对产物表面形貌及结构的影响。该方法原料来源广泛，价格低廉，适用于大规模生产。

4.2　以镁粉和碳酸钙为原料自蔓延高温制备少层石墨烯

4.2.1　反应物配比及反应装置示意图

本章节中自蔓延高温合成法所采用的原材料为镁粉（Mg）及碳酸钙（$CaCO_3$），其反应方程式为：

$$2Mg + CaCO_3 \longrightarrow 2MgO + CaO + C(\text{石墨烯}) \tag{4-1}$$

该反应中反应物 Mg 和 $CaCO_3$ 的摩尔化学计量比为 2∶1，为了进一步探索反应物物质的量比例对产物结构及性能的影响，本章节选用了反应物 Mg∶$CaCO_3$ 比例分别约为 1∶1、1∶2、1∶4 三个不同比例通过自蔓延高温合成少层石墨烯，具体反应物配比如表 4-1 所示。

表 4-1　燃烧合成法反应物配比

镁粉/g	碳酸钙/g	产物名称
8	33.3	G1
16		G2
32		G3

自蔓延高温合成反应装置如图 4-1 所示。具体合成方法如下，按照表格中不同反应物比例，准确称取粉体质量。首先，将不同比例的镁粉与碳酸钙在研钵中充分研磨使其混合后放置于坩埚内；然后，将坩埚放置在充满 CO_2 气体的钢容器中，用加热的电阻丝将粉体引燃，随后反应物将自发进行自蔓延高温合成反应。在自蔓延高温合成过程中粉体会剧烈燃烧，并伴随大量烟雾。从反应物被引燃直至自蔓延高温过程完成结束约 4min，得到粗产物。

粗产物的酸洗方法如下：对自蔓延高温制得的粉体进行准确称重，将其放置于抽滤瓶中，并将该抽滤瓶放置于磁力搅拌器上，使其可以一边搅拌一边缓慢滴加盐酸。将配好的体积分数为 20%的稀盐酸（HCl）倒入梨形漏斗中，旋转梨形漏斗的二通活塞，使 HCl 溶液缓慢滴入抽滤瓶中。同时打开磁力搅拌器和真空泵，从而使粉体可以与盐酸溶液充分反应。待反应完全结束后，将抽滤瓶中的盐酸溶液继续倒入烧杯中浸泡 48h，从而

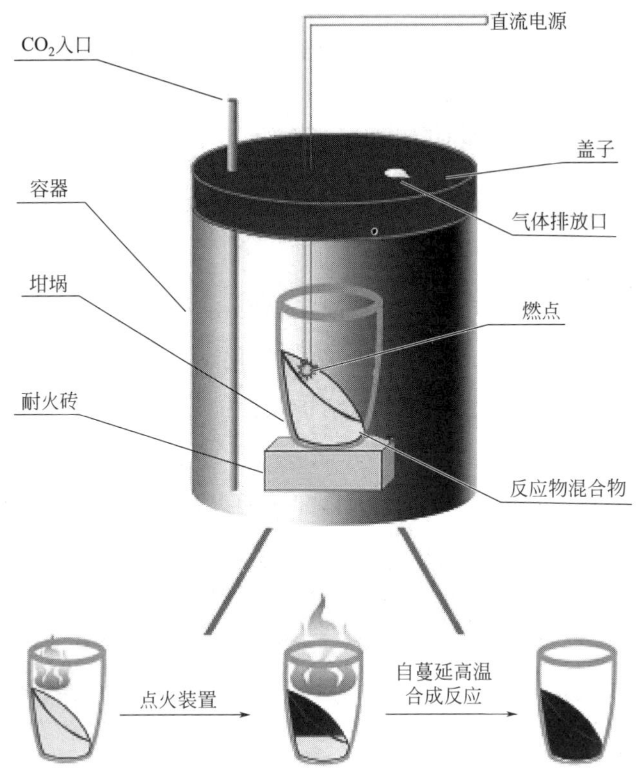

图 4-1　自蔓延高温合成法反应装置及过程示意图

可以使得产物中的杂质能够反应完全。48h 之后，将静置的混合溶液通过砂芯抽滤装置进行清洗过滤。首先用去离子水清洗黑色产物 2～3 次直至滤液 pH 值呈中性，然后再用无水乙醇对粉末进行清洗以去除粉末中多余的水分，每次清洗后都要将烧杯放入超声振荡仪中进行超声处理，以使之能够充分分散均匀。最后将经过水洗、醇洗之后的粉体放置在真空干燥箱中真空干燥 24h，温度为 90℃。干燥好之后粉体进行称重保存，进行后续研究。

4.2.2　自蔓延高温合成制备石墨烯的热力学分析

自蔓延高温合成（SHS）的热力学分析主要是计算反应体系的放热量以及反应放热使体系能达到的最高温度，即反应绝热温度。参加反应的各物质在常温下的标准摩尔生成焓（ΔH_0）、标准摩尔吉布斯自由能（ΔG_0）

可以通过热力学手册查到。

反应方程式为：

$$2Mg + CaCO_3 \longrightarrow 2MgO + CaO + C(\text{石墨烯}) \quad (4\text{-}2)$$

	2Mg	$CaCO_3$	2MgO	CaO	C(石墨烯)
$\Delta H_0/(kJ/mol)$	0	−1206.8	−601.8	−635.1	0
$\Delta G_0/(kJ/mol)$	0	−1129.1	−569.3	−603.3	0

根据反应方程式，计算得出室温下该反应的生成焓和吉布斯自由能：

$\Delta H_0 = -631.95kJ/mol$

$\Delta G_0 = -612.8kJ/mol$

由计算结果可知，该反应的吉布斯自由能变化为负值，依据热力学判据，可以得知，该反应在室温条件下，是可以自发进行的。

为了进行体系绝热温度的理论计算，我们先做如下假设。

① 反应放出的热量全部用来加热产物，且有 100%的反应效率，最后只有生成物没有反应物。

② 反应在绝热条件下发生。

4.2.3 少层石墨烯的组织形貌分析

(1) 微观形貌分析

扫描电子显微镜（SEM）成像原理是当电子束扫描样品表面时会激发出二次电子，用探测器收集产生的这些二次电子，就可以获得样品表面结构信息。因此，我们借助 SEM 来观察石墨烯的表面形貌。

图 4-2 给出了以不同比例的 Mg 粉和 $CaCO_3$ 为原料，采用自蔓延高温合成法制备的石墨烯的微观形貌结构扫描电镜图。其中图 4-2(a) 和 (b) 为镁粉与碳酸钙比例小于化学计量比合成的石墨烯（G1）的形貌图，图 4-2(c) 和 (d) 为镁粉与碳酸钙比例为化学计量比合成的石墨烯（G2）的形貌图，图 4-2(e) 和 (f) 为镁粉与碳酸钙比例大于化学计量比合成的石墨烯（G3）的形貌图。由 SEM 图结果可以看出，以不同比例镁粉与碳酸钙为原料，通过自蔓延高温合成法所制备出的石墨烯均呈现为弯曲片状结构的微观形貌，同时也包含有很多尺寸较小的石墨烯片层。

通过对比不同比例原料所合成的石墨烯结构结果可以看出，以偏离化学计量比原料合成的石墨烯（G1 和 G3）的片层聚集程度要比以标准化学计量比原料合成的石墨烯（G2）的片层聚集程度更明显，从片层尺寸大

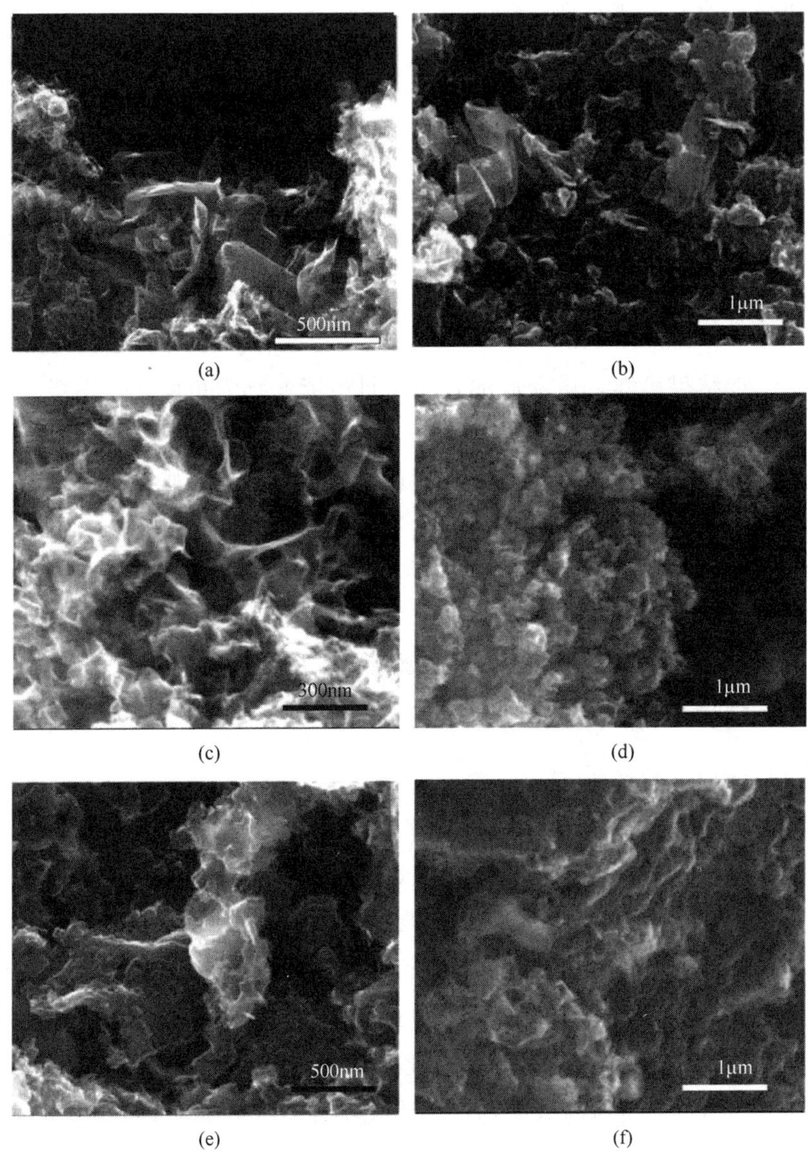

(a) (b) (c) (d) (e) (f)

图 4-2 镁粉和碳酸钙自蔓延合成石墨烯样品扫描电子显微镜图

小来看，偏离化学计量比石墨烯（G1 和 G3）的片层直径尺寸要比化学计量比石墨烯（G2）小，石墨烯片层结构中的褶皱状部分也更明显。针对扫描电镜中不同原料比例合成的石墨烯片层尺寸来看，高化学计量比石墨烯（G3）的片层直径尺寸为 20～100nm，标准化学计量比石墨烯（G2）的片层直径尺寸为 60～150nm。

总结不同反应物比例对产物结构的影响可以看出：低化学计量比石墨烯（G1）片层中少层石墨烯的含量较少且片层尺寸较小；标准化学计量比石墨烯（G2）的表面形貌及结构更为完整、缺陷较少，且石墨烯片层的褶皱结构分散较均匀；高化学计量比石墨烯（G3）多为有缺陷结构的少层石墨烯，分散较好。以上这些结果也与后续检测中 X 射线衍射及拉曼光谱结果相一致。通过对比可知，不同比例反应物为原料对少层石墨烯的结构和形貌有一定影响：标准化学计量比的反应物制得的石墨烯结构更为完整，多为连续的褶皱的 3D 形状，且片层尺寸更大，缺陷最少；其他两个偏离化学计量比（无论低化学计量比或高化学计量比）的反应物制得的石墨烯片层尺寸较小，而且结构中缺陷较多。产生这一结果的原因是由于化学计量比的镁粉和碳酸钙可以在平稳反应速率前提下进行充分反应，且反应后没有剩余副产物。平稳的自蔓延反应速率可以促使石墨烯片层均匀稳定地生长，而不会发生聚集或有缺陷的情况。

通过 X 射线能谱分析可以对样品表面的形貌组成进行分析。表 4-2 和图 4-3 为两种不同比例反应物合成的石墨烯（G2 和 G3）的能谱分析结果，其中图 4-3(a)、(c) 以及表 4-2 第一行为标准化学计量比原料合成石墨烯（G2）的 SEM 电镜图及所选区域的能谱分析结果，图 4-3(b)、(d) 以及表 4-2 第二行为高化学计量比原料合成石墨烯（G3）的 SEM 电镜图及所选区域的能谱分析结果。从能谱分析结果可以看出，两种不同化学计量比原料合成的石墨烯（G2 和 G3）的主要成分都是 C 元素和 O 元素，此外还含有少量的 Ca 和 Mg。

表 4-2　G2 和 G3 样品的 EDX 结果元素组成

样品	C 含量(原子分数)/%	O 含量(原子分数)/%	Ca 含量(原子分数)/%	Mg 含量(原子分数)/%
G2	91.79	7.12	0.43	0.66
G3	89.77	10.04	0.11	0.07

具体来看，表 4-2 中分别列出两种不同比例原料所制备得到的石墨烯（G2 和 G3）的 X 射线能谱（EDX）分析结果中各元素的具体组分。从结果中可以看出，两种不同比例原料合成的石墨烯样品中的主要元素均为 C 元素，且含量均在 90%（原子分数）左右，O 元素含量分别为 7.12%（原子分数）和 10.04%（原子分数），同时也都含有小于 1%（原子分数）的 Ca

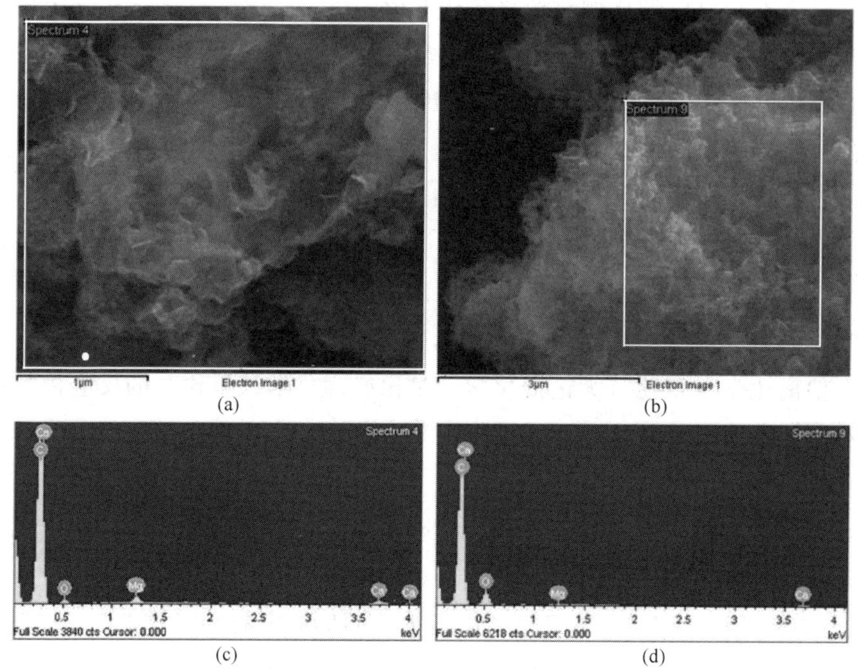

图 4-3 镁粉和碳酸钙自蔓延高温合成石墨烯样品能谱分析

和 Mg 元素。比较两个样品中的元素含量可以看出，高化学计量比石墨烯（G3）样品中的 C 元素含量比标准化学计量比石墨烯（G2）样品中的 C 元素含量小，O 元素含量比标准化学计量比石墨烯（G2）样品中 O 元素含量大，这一结果也与 XPS 结果相一致。由此可以进一步证明当反应物原料的比例符合标准化学计量比时，所得到的少层石墨烯中碳含量最高，氧含量最低，但是其他杂质（如钙、镁）含量较高。

针对这一结果我们分析，石墨烯的生长原理是以钙、镁元素产生的氧化镁、氧化钙为模板在其表面进行延展性生长，当反应物比例符合标准化学计量比时，石墨烯所形成的片层结构更为完整，甚至可以完全包裹氧化镁、氧化钙颗粒，当对反应粗产物进行盐酸清洗的时候没有办法将石墨烯片层中的氧化镁、氧化钙完全溶解，因此使得标准化学计量比反应物生成的石墨烯中钙、镁含量比偏离化学计量比产物中的杂质含量高。

为了进一步研究和分析利用自蔓延高温合成法制备出的石墨烯的结构及其表面形貌，接下来我们分别对不同反应物比例制得的少层石墨烯（G1、G2 和 G3）通过透射电子显微镜（TEM）对其微观结构进行表征。

图 4-4 为不同比例原料合成的少层石墨烯（G1、G2 和 G3）在不同倍数下的透射电子显微镜（TEM）检测结果，其中图 4-4(a)、(c) 和 (e) 为低倍数下的透射电子显微镜（TEM）图，图 4-4(b)、(d) 和 (f) 为高倍数下的透射电子显微镜（TEM）图。此外，高倍数图片中图 4-4(d) 和 (f) 是通过高分辨透射电子显微镜（HRTEM）观察得到的。从图 4-4(a)、

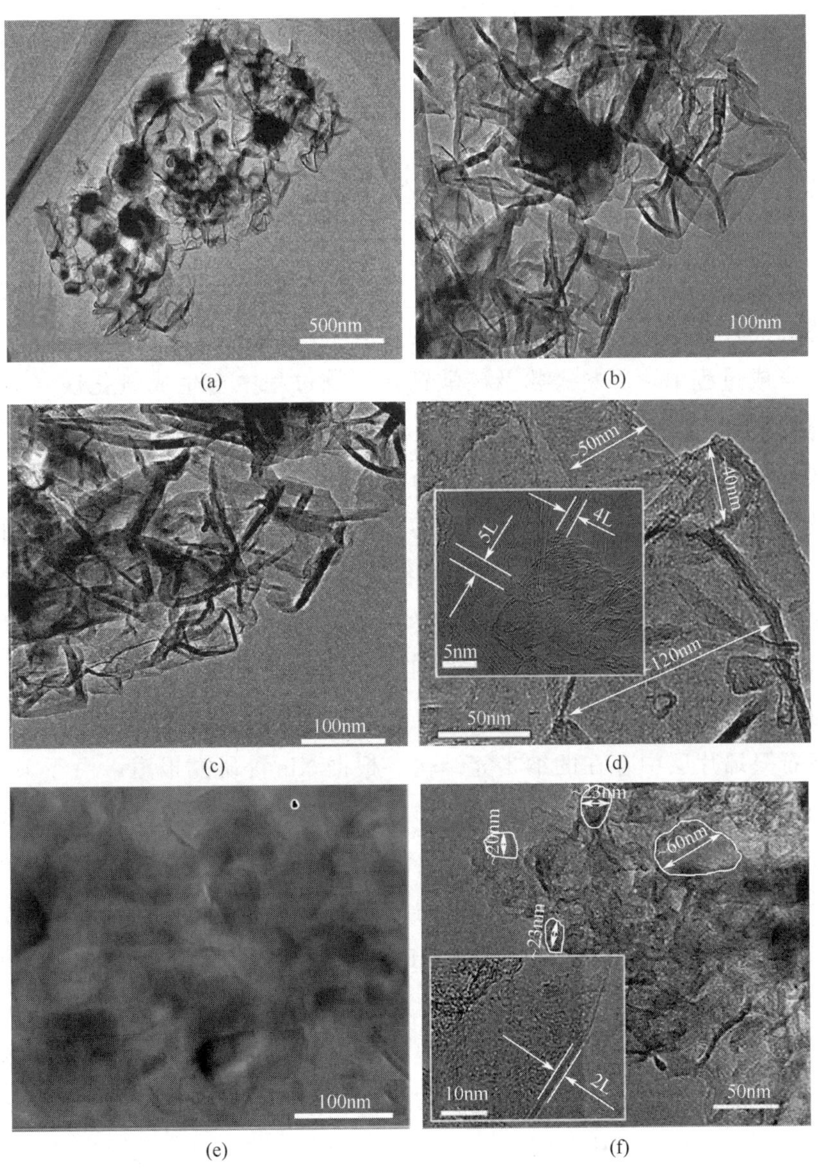

图 4-4 镁粉和碳酸钙自蔓延合成石墨烯样品透射电子显微镜图

(c) 和 (e) 可以看出，在低倍数观察条件下，石墨烯的表面并不是一个完全平整的片层，在其表面会有波纹状的褶皱形状结构存在，而针对这一褶皱结构的形成，我们猜测石墨烯片层正是通过这些褶皱来维持其结构自身稳定性的。从图 4-4(d)、(f) 可以观察到，标准化学计量比原料合成的石墨烯 (G2) 片层直径尺寸为 50～150nm，高化学计量比原料合成的石墨烯 (G3) 片层尺寸较小，只有 20～60nm。同时在不同化学计量比原料合成的石墨烯结构中均可以明显看出，在石墨烯片层结构中有大量的边缘存在，这些边缘的层数一般为 2～8 层。测量片层间的层间距约为 0.34nm，与石墨 (002) 的层间距 (为 0.335nm) 极为接近。这一结果也可以从另一方面证明通过自蔓延高温合成法可以成功制备得到少层石墨烯。

此外，在图 4-4(a)、(b) 和 (c) 三个结果中，可以很明显地观察到石墨烯的片层结构有很多纳米笼结构。对于这一结果我们分析，在自蔓延高温合成过程中，原料镁粉及碳酸钙在燃烧过程中会生成氧化镁 (MgO) 和氧化钙 (CaO)，而氧化镁 (MgO) 和氧化钙 (CaO) 作为自蔓延高温合成反应过程中的伴随产物在合成石墨烯的过程中充当了模板的作用，合成的石墨烯片层会在氧化镁 (MgO) 和氧化钙 (CaO) 颗粒表面进行生长，并将其全部或部分包裹。而氧化镁 (MgO) 和氧化钙 (CaO) 则为石墨烯片层的结构和形状提供模型，在后续对反应物及反应产物进行的盐酸 (HCl) 清洗过程中，盐酸 (HCl) 可以与氧化镁 (MgO) 及氧化钙 (CaO) 反应生成 $MgCl_2$ 及 $CaCl_2$ 溶液而被分离去除，从而使得产物中只留下石墨烯片层中存在的纳米笼结构。根据 Xie 等研究报道，由于碳纳米笼的比表面积很大 (约为 $2053m^2/g$)，使得具有碳纳米笼结构的石墨烯具有较好的电化学特性。而采用原位氧化镁 (MgO) 模板法以苯作为前驱体合成碳纳米笼的方式，使得所制得的碳纳米笼经电化学工作站测得，当电流密度为 0.1A/g 时比电容为 260F/g，当电流密度为 10A/g 时比电容为 178F/g，此外实验测得当电流密度为 10A/g 时可以持续循环 10000 次充放电并保持稳定。因此，通过高温自蔓延制得的具有碳纳米笼结构的少层石墨烯也将有望被应用于储能、催化剂载体等相关方面。

(2) 微观组织结构分析

对石墨烯进行微观组织结构分析手段主要包括 X 射线衍射 (XRD)、

拉曼光谱等。X 射线衍射（XRD）检测结果中峰的位置可以体现出材料中成分，而峰的宽度可以表示材料的晶体层间距。图 4-5 为不同比例的镁粉（Mg）与碳酸钙（$CaCO_3$）通过自蔓延高温合成法制备得到的少层石墨烯（G1、G2 和 G3）的 X 射线衍射（XRD）测试结果，从测试结果可以看出，每个比例的反应产物都具有较强的石墨峰（002），说明合成产物混合物经过酸洗、水洗及醇洗过程后，反应产物中含有一定的石墨成分。同时在结果中还能观察到有较宽的杂质峰，经过与图谱对比分析得知该杂质峰分别归属于 MgO（JCPDS No. 45-0946）和 CaO（JCPDS No. 48-1467）。此外，石墨烯（100）面的峰位对应于 43.2°，这两个峰位也都是石墨烯的特征峰。

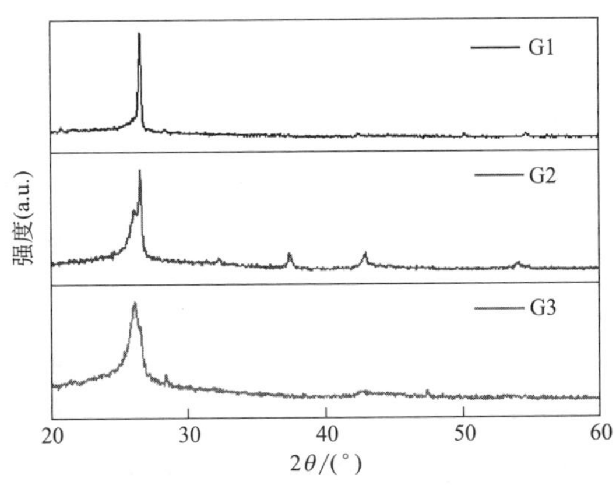

图 4-5　镁粉和碳酸钙自蔓延合成石墨烯样品 X 射线衍射图谱

通过比较图 4-5 中不同反应物比例的反应物所制得的少层石墨烯的 X 射线衍射图谱中特征峰的宽度之间的区别可以看出，与低化学计量比反应物制得的少层石墨烯（G1）相比，标准化学计量比反应物制得的少层石墨烯（G2）的石墨峰表现出明显的宽化现象，从而可以表明标准化学计量比反应物制得的少层石墨烯（G2）的晶面间距较小，层数较薄。针对这一结果的产生原因我们分析认为，当镁粉（Mg）与碳酸钙（$CaCO_3$）比例为 2∶1 时，镁粉（Mg）与碳酸钙（$CaCO_3$）能够充分接触混合，在 CO_2 气体氛围中能够完全燃烧，同时释放出较多的热量，而这些热量能够进一步促使碳酸钙（$CaCO_3$）被还原成碳（C），从而生成产量更高、片层质量更好的石墨烯粉体。

根据上述不同比例反应物合成少层石墨烯的 X 射线衍射（XRD）图

谱分析可以看出，在自蔓延高温合成石墨烯的过程中，多数的镁粉（Mg）和碳酸钙（$CaCO_3$）都参与了反应，产物主要有 MgO、CaO 和石墨烯。通过图 4-5 可以看出，经过盐酸（HCl）清洗纯化过程后，可以使得反应产物中多数杂质被去除。其中只有在标准化学计量比石墨烯（G2）样品的图谱中可以看到较小的 MgO 和 CaO 峰，在偏离化学计量比石墨烯（G1 和 G3）两个样品的图谱中杂质峰几乎不能看见。由此可以说明，在偏离化学计量比石墨烯（G1 和 G3）两个样品中，杂质元素的含量较小，在标准化学计量比石墨烯（G2）样品中，杂质元素的含量要大于偏离化学计量比石墨烯（G1 和 G3）两个样品。对此我们认为在自蔓延高温合成反应中，氧化镁（MgO）和氧化钙（CaO）作为模板使得石墨烯片层包裹在其外面进行成长。在标准化学计量比石墨烯合成过程中，反应物镁粉（Mg）与碳酸钙（$CaCO_3$）的反应比例为符合标准方程式的化学计量比，该比例生成的石墨烯片层结构最为完整且片层尺寸最大，因此会有一定比例的氧化镁（MgO）和氧化钙（CaO）被石墨烯片层包裹在里面，在酸洗过程中磁力搅拌及超声振荡都没有办法将完整的包裹层打开，使得盐酸无法与其中的氧化镁（MgO）和氧化钙（CaO）反应。而对两个偏离化学计量比石墨烯（G1 和 G3）来说，这两个产物的反应物的比例都不是标准化学计量比的，这也使得反应物所进行的自蔓延高温合成过程不能进行完全反应。通过结合拉曼光谱及扫描电子显微镜的结果也可以看出，这两个反应物比例制备得到的石墨烯片层尺寸更小，结构也较不完整，缺陷密度更大。这样就使得在合成过程中生成的氧化镁（MgO）和氧化钙（CaO）不容易被完全包裹在石墨烯片层中，在随后的酸洗过程中，氧化镁（MgO）和氧化钙（CaO）就会与盐酸（HCl）溶液完全反应。因此在 X 射线衍射（XRD）检测结果中，偏离化学计量比反应物制得的少层石墨烯（G1 和 G3）的图谱中几乎不会看到氧化镁（MgO）和氧化钙（CaO）的峰，但是在标准化学计量比反应物制得的少层石墨烯（G2）的图谱中却能看到明显的氧化镁（MgO）和氧化钙（CaO）峰。

拉曼光谱通常可以作为区分质量较好的单层石墨烯、双层石墨烯、薄层石墨烯及块体石墨的主要手段。通常情况下，石墨和石墨烯的拉曼光谱都具有两个特征峰 G 峰（一般位于 $1580cm^{-1}$ 附近）和 2D 峰（一般位于 $2700cm^{-1}$ 附近），G 特征峰一般位于 $1580cm^{-1}$ 附近，该特征峰常用来表

示碳 sp^2 结构，可以反映出石墨或石墨烯的对称性及结晶程度；2D 特征峰一般位于 $2700cm^{-1}$ 附近，该特征峰主要表示源于两个双声子的非弹性散射所引发的振动；位于 $1350cm^{-1}$ 附近的 D 峰是用来表示碳缺陷的特征峰，该特征峰可以间接反映出石墨烯片层的结构完整性。

I_D 与 I_G 的比值通常可以用来表示碳材料的有序程度。I_D/I_G 越小表明石墨或石墨烯的有序程度越高，结构越完整，反之就表明其结构中缺陷越多。另外，对于单层和双层石墨烯来说，其拉曼光谱中的 2D 峰峰强度要高于 G 峰峰强度，而且石墨烯的 2D 峰峰位要比石墨的峰位略向左发生偏移，2D 峰的外形呈现出尖锐且对称的状态。随着石墨烯层数的增加，石墨烯拉曼光谱中的 2D 峰峰位会向右发生偏移。因此通常用 I_{2D}/I_G 来表示石墨烯的厚度，I_{2D}/I_G 的值越小，表明石墨烯的厚度越厚，层数越多。

图 4-6 为不同反应物比例合成的少层石墨烯的拉曼光谱图及其相关参数对比。其中图 4-6(a) 为不同比例镁粉（Mg）和碳酸钙（$CaCO_3$）经过自蔓延高温合成反应后制备出的少层石墨烯的拉曼光谱图。从图中可以看出，通过这种方法制得的少层石墨烯的 2D 峰（$2680cm^{-1}$）位置与石墨的 2D 峰（$2715cm^{-1}$）相比发生了向左偏移；并且 2D 峰的形状尖锐且对称性也很好，从这一点也可以证明，以镁粉（Mg）和碳酸钙（$CaCO_3$）为原料通过自蔓延高温合成法制备得到的产物为少层石墨烯。

接下来我们对石墨烯的层数及缺陷程度进行了比较和分析，图 4-6(b) 为对图 4-6(a) 中 I_D、I_G、I_{2D} 数值进行总结分析得到的 I_{2D}/I_G 和 I_D/I_G 值所进行的总结的结果。首先从 I_D/I_G 值来看，低化学计量比反应物制得的石墨烯（G1）的 I_D/I_G 数值最大，说明该反应物比例合成的石墨烯缺陷程度最高；标准化学计量比反应物制得的石墨烯（G2）的I_D/I_G 值略低于高化学计量比原料合成的石墨烯（G3）。由此可以看出，在以不同比例的镁粉（Mg）和碳酸钙（$CaCO_3$）为原料制备得到的石墨烯中标准化学计量比原料合成的石墨烯（G2）的缺陷最少，结构完整程度最高。通过比较 I_{2D}/I_G 的值可以看出，低化学计量比反应物制得的石墨烯（G1）的 I_{2D}/I_G 最小，说明该比例制得的石墨烯层数最厚，且片层尺寸也都比较大。标准化学计量比原料合成的石墨烯（G2）和高化学计量比原料合成的石墨烯（G3）的 I_{2D}/I_G 大小相当，说明这两个比例合成的石墨烯层数差不多。但是相同比例下标准化学计量比原料合成的石

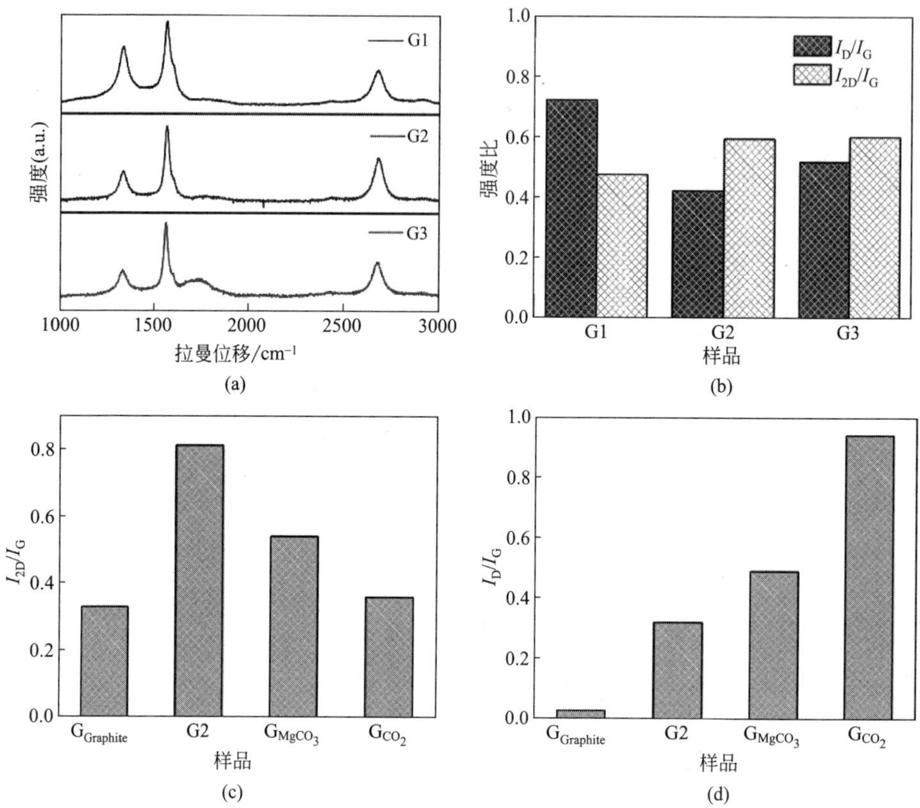

图 4-6 镁粉和碳酸钙自蔓延合成石墨烯样品拉曼光谱图

墨烯（G2）的 I_D/I_G 值更小，说明该比例合成的石墨烯缺陷更少。综上，通过对比三个不同反应物比例合成的石墨烯的 I_D/I_G 值和 I_{2D}/I_G 值，可以得知反应物比例为标准摩尔化学计量比时合成的产物质量最好，其缺陷密度更小，且层数更薄。

对上述几个不同比例反应物合成的产物进行比较，我们发现反应物比例为标准化学计量比所合成的石墨烯（G2）从组分、结构、片层质量等方面综合来看最好，因此我们将反应物比例为标准化学计量比镁粉（Mg）和碳酸钙（$CaCO_3$）通过自蔓延高温合成法所合成的石墨烯（G2）分别与石墨（$G_{Graphite}$）、CO_2 与镁（Mg）燃烧合成的石墨烯（G_{CO_2}）及镁粉（Mg）与碳酸镁（$MgCO_3$）燃烧合成的石墨烯（G_{MgCO_3}）的层数及缺陷程度进行比较。图 4-6(c) 和 (d) 为分别将标准化学计量比镁粉（Mg）和碳酸钙（$CaCO_3$）合成的石墨烯（G2）与石墨（$G_{Graphite}$）、CO_2 与镁

（Mg）燃烧合成石墨烯（G_{CO_2}）及镁粉（Mg）与碳酸镁（$MgCO_3$）燃烧合成石墨烯（G_{MgCO_3}）的 I_D/I_G 和 I_{2D}/I_G 相比较的结果。标准化学计量比镁粉（Mg）和碳酸钙（$CaCO_3$）合成的石墨烯（G2）的 I_{2D}/I_G 为0.81，石墨（$G_{Graphite}$）的 I_{2D}/I_G 为0.33，CO_2 与镁（Mg）燃烧合成石墨烯（G_{CO_2}）的 I_{2D}/I_G 为0.36，镁粉（Mg）与碳酸镁（$MgCO_3$）燃烧合成石墨烯（G_{MgCO_3}）的 I_{2D}/I_G 为0.54，从对比结果可以看出，标准化学计量比镁粉（Mg）和碳酸钙（$CaCO_3$）合成的石墨烯（G2）的 I_{2D}/I_G 远高于其他几种材料合成的石墨烯 $G_{Graphite}$（0.33）、G_{CO_2}（0.36）、G_{MgCO_3}（0.54），由此可以说明标准化学计量比镁粉（Mg）和碳酸钙（$CaCO_3$）合成的石墨烯（G2）的层数要比 $G_{Graphite}$、G_{CO_2}、G_{MgCO_3} 薄；而根据比较不同原材料所制得的石墨烯的 I_D/I_G 可以得知，标准化学计量比镁粉（Mg）和碳酸钙（$CaCO_3$）合成的石墨烯（G2）的 I_D/I_G 为0.32，石墨（$G_{Graphite}$）的 I_D/I_G 为0.03，CO_2 与镁（Mg）燃烧合成石墨烯（G_{CO_2}）的 I_D/I_G 为0.96，镁粉（Mg）与碳酸镁（$MgCO_3$）燃烧合成石墨烯（G_{MgCO_3}）的 I_D/I_G 为0.48，标准化学计量比镁粉（Mg）和碳酸钙（$CaCO_3$）合成的石墨烯（G2）的 I_D/I_G 比 $G_{Graphite}$（0.03）高，但是比 CO_2 与镁（Mg）燃烧合成石墨烯（G_{CO_2}）的 I_D/I_G 和镁粉（Mg）与碳酸镁（$MgCO_3$）燃烧合成石墨烯（G_{MgCO_3}）的 I_D/I_G 小，由此可以说明标准化学计量比镁粉（Mg）和碳酸钙（$CaCO_3$）合成的石墨烯（G2）的缺陷密度比石墨（$G_{Graphite}$）大，但是比 CO_2 与镁（Mg）燃烧合成石墨烯（G_{CO_2}）和镁粉（Mg）与碳酸镁（$MgCO_3$）燃烧合成石墨烯（G_{MgCO_3}）低。

综合上面几项结果及分析，可以看出以镁粉（Mg）和碳酸钙（$CaCO_3$）为反应物利用自蔓延高温合成法制备得到的少层石墨烯产物质量较高，层数较薄，有序度也很好。但是想要进一步比较不同反应物比例合成的石墨烯层数及结构之间的区别，还需要借助透射电子显微镜（TEM）来分析。

为了进一步确定自蔓延高温合成法制备石墨烯样品中各元素的组成、含量以及化学键类型，我们对石墨烯样品进行了X射线光电子能谱（XPS）表征。对少层石墨烯进行X射线光电子能谱（XPS）表征之前要在氩气（Ar）环境下对石墨烯表面进行刻蚀，刻蚀时间为120s。

表4-3为不同比例镁粉（Mg）和碳酸钙（$CaCO_3$）为原料合成的少

层石墨烯的 X 射线光电子能谱（XPS）列表，给出了不同比例的镁粉（Mg）和碳酸钙（$CaCO_3$）制备得到的石墨烯样品中各元素组成及相应的含量。从表 4-3 中可以看出：低化学计量比反应物合成的石墨烯（G1）中碳（C）元素含量为 94.18%（原子分数），镁（Mg）元素含量为 1.11%（原子分数），钙（Ca）元素含量为 1.01%（原子分数），氧（O）元素含量为 3.70%（原子分数）；标准化学计量比反应物合成的石墨烯（G2）中的碳（C）元素含量为 96.58%（原子分数），镁（Mg）元素含量为 1.03%（原子分数），钙（Ca）元素含量为 0.38%（原子分数），氧（O）元素含量为 2.01%（原子分数）；高化学计量比反应物合成的石墨烯（G3）中的碳（C）元素含量为 91.66%（原子分数），镁（Mg）元素含量为 1.81%（原子分数），钙（Ca）元素含量为 1.39%（原子分数），氧（O）元素含量为 5.14%（原子分数）。根据上述结果可以看出，不论是低化学计量比、标准化学计量比，还是高化学计量比，反应物通过自蔓延燃烧合成法制得的少层石墨烯（G1、G2 和 G3）中的主要元素均为碳（C）元素，且碳（C）元素含量均在 90%（原子分数）以上，其他杂质元素［如镁（Mg）、钙（Ca）和氧（O）元素］含量均较少，约为 2%（原子分数）。根据比较和分析表格所列出的各比例反应物合成的石墨烯中的具体成分结果可以看出，以标准化学计量比反应物合成的石墨烯（G2）组分中碳（C）元素含量最高，氧（O）元素、镁（Mg）元素及钙（Ca）元素含量最低。根据分析化学反应过程，样品中镁（Mg）元素和钙（Ca）元素在反应结束时都是以氧化镁（MgO）和氧化钙（CaO）形式存在的，石墨烯中氧（O）元素除了为氧化镁（MgO）和氧化钙（CaO）提供氧（O）原子以外，如还有剩余成分氧（O）原子，可以考虑其与石墨烯表面碳原子形成某些含氧官能团。

表 4-3 不同比例的 Mg 粉和 $CaCO_3$ 制备得到的石墨烯样品中各元素组成及相应的含量

样品	C 含量(原子分数)/%	O 含量(原子分数)/%	Mg 含量(原子分数)/%	Ca 含量(原子分数)/%
G1	94.18	3.70	1.11	1.01
G2	96.58	2.01	1.03	0.38
G3	91.66	5.14	1.81	1.39

低化学计量比反应物合成的石墨烯中碳（C）元素含量为 94.18%（原子分数），氧（O）元素含量总量为 3.70%（原子分数），镁（Mg）元素含量及钙（Ca）元素含量分别为 1.11%（原子分数）和 1.01%（原子分数）。氧（O）元素为镁（O）元素和钙（Ca）元素提供形成两种氧化物［氧化镁（MgO）和氧化钙（CaO）］所需氧（O）元素含量为 2.12%（原子分数），而此时石墨烯中氧（O）元素含量总量为 3.70%（原子分数），除形成氧化镁（MgO）和氧化钙（CaO）外还有其他形式氧（O）元素，含量为 1.58%（原子分数）。根据分析可知，其他形式的氧（O）元素多以石墨烯表面含氧官能团形式存在，因此我们分析此低化学计量比反应物合成的石墨烯结构中含氧官能团中氧（O）元素所占比例为 1.58%（原子分数）。用同样的方法分析其他两个比例反应物合成的石墨烯可知，对标准化学计量比反应物合成的石墨烯来说，碳（C）元素含量为 96.58%（原子分数），氧（O）元素含量总量为 2.01%（原子分数），镁（Mg）元素含量及钙（Ca）元素含量分别为 1.03%（原子分数）和 0.38%（原子分数）。含氧官能团中氧（O）元素所占比例为 0.60%（原子分数）；而在标准化学计量比反应物合成的石墨烯中，碳（C）元素含量为 91.66%（原子分数），氧（O）元素含量总量为 5.14%（原子分数），镁（Mg）元素含量及钙（Ca）元素含量分别为 1.81%（原子分数）和 1.39%（原子分数）。含氧官能团中氧（O）元素所占比例为 1.94%（原子分数）。综合分析上述结果可知，在三种不同比例反应物合成的石墨烯（G1、G2 和 G3）中都含有少量的碳氧官能团，且标准化学计量比反应物合成的石墨烯（G2）中碳（C）元素含量最高［96.58%（原子分数）］，氧（O）元素含量最少，仅为 2.01%（原子分数），明显少于低化学计量比反应物合成的石墨烯（G1）［3.70%（原子分数）］和高化学计量比反应物合成的石墨烯（G3）［5.14%（原子分数）］，且其含氧官能团的含量［0.60%（原子分数）］比低化学计量比反应物合成石墨烯（G1）［1.58%（原子分数）］和高化学计量比反应物合成石墨烯（G3）［1.94%（原子分数）］少。

针对上述结果可以说明，反应物的比例可以直接影响石墨烯的元素组成及微观结构，其中以标准化学计量比反应物制得的石墨烯的氧含量最少，同时其结构中的含氧官能团最少。而以偏离化学计量比反应物制得的石墨烯的氧含量要明显增加，同时其结构中的含氧官能团也更多。由此可以说明，偏离化学计量比反应物合成的石墨烯的缺陷密度也比标准化学计量比反应物合成的石墨烯的缺陷密度大。而这一结果也可以通过红外分光光谱仪等表征得到进一步证实。

由于上述不同比例反应物合成的石墨烯中标准化学计量比反应物合成的石墨烯具有结构更完整、缺陷更少等优点。因此，为了更好地分析石墨烯结构中的元素组成及其相应的元素价键结构，主要针对标准化学计量比反应物合成的石墨烯进行 X 射线光电子能谱（XPS）分析。图 4-7 为标准化学计量比反应物制得的石墨烯（G2）的 X 射线光电子能谱（XPS）相关检测结果。图 4-7(a) 为标准化学计量比反应物制得的石墨烯（G2）的 X 射线光电子能谱（XPS）表面分析全谱，从该 X 射线光电子能谱（XPS）全谱结果中可以观察碳（C）元素在石墨烯元素组成上占主要地位，同时还包含一定量的氧（O）元素，以及含量极少的 Mg1s 元素（结合能为 1303.7eV）以及 Ca2p 元素（结合能为 350.14eV）。由此根据上述结果可以证明，标准化学计量比反应物合成的石墨烯样品中含有少量氧化镁（MgO）及氧化钙（CaO）。

彩图

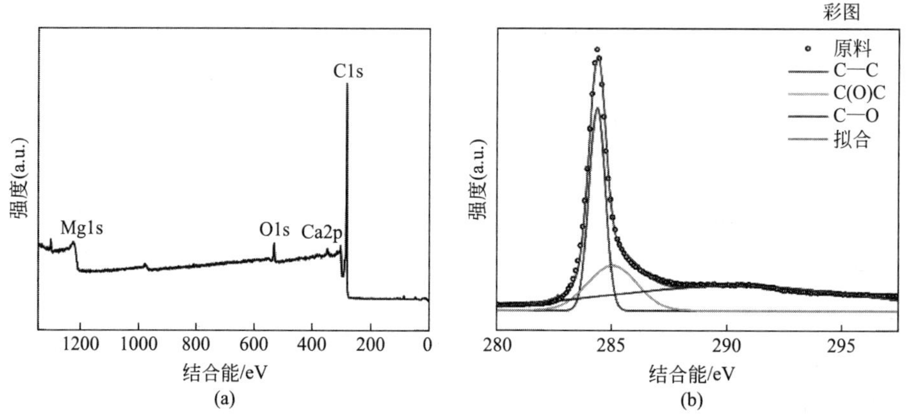

图 4-7　镁粉和碳酸钙自蔓延合成石墨烯样品 X 射线光电子能谱

图 4-7(b) 为对标准化学计量比反应物合成的石墨烯（G2）中 X 射线光电子能谱全谱中 C1s 元素特征峰进行精细扫描得到的 X 射线光电子能谱（XPS）图谱。通过研究该 C1s 特征峰的细节，可以获得更多关于碳（C）元素价态以及碳氧结合官能团种类的相关信息，因此必须进一步对标准化学计量比反应物通过自蔓延高温合成制备的少层石墨烯（G2）样品的 C1s 特征峰进行分峰，从而可以更方便地对各分峰位对应的价键结构

及官能团类型进行分析。从分析结果可以看出，该少层石墨烯结构中碳元素多是以 sp^2（284.4eV）杂化形式存在的，而这一结果也与石墨烯所具备的典型特征峰相符合。通过进一步对标准化学计量比反应物制得的少层石墨烯的 C1s 特征峰进行分峰可以看出，该石墨烯样品中碳元素与氧元素结合共可形成三种不同的含氧官能团：位于 285.5eV 的羟基（C—OH），位于 287.4eV 的羰基（C ═O），以及位于 289.6eV 的羧基（O ═C—OH）。与标准化学计量比反应物合成的石墨烯相类似，通过对偏离化学计量比反应物以自蔓延高温合成法制得的少层石墨烯进行 X 射线光电子能谱检测及分析可以得知，以偏离化学计量比反应物合成的少层石墨烯结构中的碳（C）元素也多是以 sp^2 杂化形式存在的，同时也存在羟基（C—OH）（285.5eV）、羰基（C ═O）（287.4eV）以及羧基（O ═C—OH）（289.6eV）三种不同的含氧官能团。

综合分析 X 射线衍射（XRD）、拉曼光谱及 X 射线光电子能谱（XPS）的结果可以知道，以不同比例反应物通过自蔓延高温合成法制得的少层石墨烯的主要成分均为碳（C）元素，该碳（C）元素多以 sp^2 杂化形式存在。除了碳（C）元素外，石墨烯中还包含少量的氧（O）元素、镁（Mg）元素及钙（Ca）元素，镁（Mg）元素和钙（Ca）元素以氧化镁（MgO）和氧化钙（CaO）两种物质形式存在，氧（O）元素除为两种金属氧化物［氧化镁（MgO）和氧化钙（CaO）］提供氧原子之外，还可与石墨烯片层表面碳原子形成碳氧官能团。碳氧官能团的主要存在形式有三种，分别为羟基（C—OH）（285.5eV）、羰基（C ═O）（287.4eV）以及羧基（O ═C—OH）（289.6eV）。碳元素的存在为少层石墨烯的主要成分，氧化镁（MgO）及氧化钙（CaO）两种颗粒状物质为石墨烯的生长提供了模板，氧元素所形成的碳氧官能团不仅可以影响石墨烯在溶液中的分散性，还会对石墨烯的某些理化性质有一定影响。

（3）热稳定性分析

由于石墨烯的结构与其热稳定性有着非常密切的关系，因此，为了更好地研究石墨烯的结构，我们分别通过热重分析法（TGA）和差示扫描量热法（DSC）对两种不同比例反应物合成的少层石墨烯（G2 和 G3）进行了检测及分析。热重分析法（TGA）是在程序控制温度下，对物质的质量与温度或者时间的关系进行分析的一种方法。通过这种检测方法可以准确地测量物质的质量变化及变化的速率。通过被检测物质在受热时质量所发生的变化，来分析该物质的中间产物的组成、热稳定性、热分解情况及产物的生产情况等。差示扫描量热法也是一种热分析方法，是以样品吸热或者放热的速率为纵坐标，以温度或时间为横坐标，用以测得材料的多种热力学和动力学参数。针对石墨烯的热重分析是通过 Netzsch STA 449 F3 型仪器进行检测的，检测条件为将样品放置于空气环境下以 10K/min 的速度将温度从 300K 升高至 1200K。

图 4-8 为标准化学计量比反应物及高化学计量比反应物合成的石墨烯（G2 和 G3）两个样品的热重分析法（TGA）和差示扫描量热法（DSC）图谱，其中图 4-8(a) 为两个比例反应物合成的石墨烯（G2 和 G3）的差示扫描量热法（DSC）图谱。从差示扫描量热法（DSC）结果曲线可以看出，标准化学计量比反应物合成的石墨烯具有一个强度很高且很集中的放热峰及一个强度较低且平缓的放热峰，对该放热峰进行分峰可以将其拟合为两个不同的子峰，对应的放热峰位置分别为 776K 和 906K。而高化学计量比反应物合成的石墨烯所表现出的放热峰为两个相对平坦且范围较宽的放热峰，通过对其进行分峰拟合可知其放热峰的位置分别为 740K 和 884K。图 4-8(b) 为两个比例反应物合成的石墨烯（G2 和 G3）的热重分析法（TGA）图谱。从热重分析法（TGA）图谱可以看出，两个不同比例反应物合成的石墨烯在温度升高时均表现出质量下降的趋势，但二者质量下降的起始温度及质量的减小速率均有所不同。当温度在 300～750K 范围内时，以标准化学计量比反应物合成的石墨烯（G2）的质量基本没有明显变化，但其质量在温度升高到 750K 之后发生显著降低，当温度为

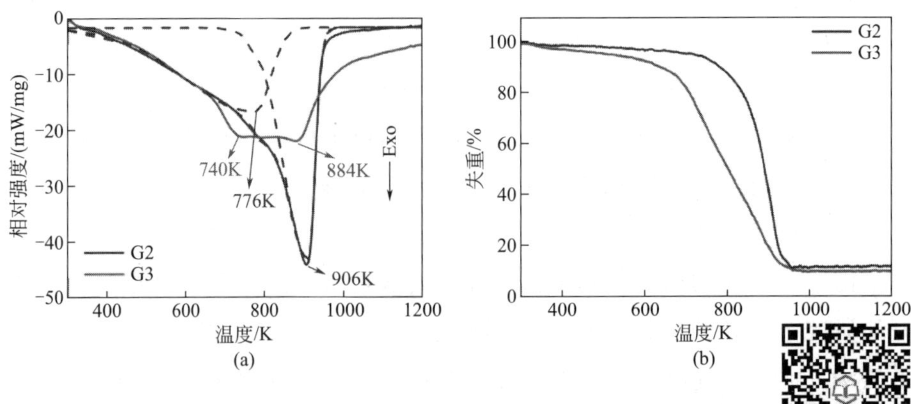

图 4-8　镁粉和碳酸钙自蔓延合成石墨烯样品的 DSC 和热重分析图

900K 时石墨烯的质量已经基本降低到最低值。而对高化学计量比反应物合成的少层石墨烯（G3）来说，当温度在 400～700K 范围内时，该石墨烯的质量表现为缓慢下降的趋势，当温度升高到 700K 时，石墨烯的质量开始随温度升高迅速下降，并与温度呈线性关系，直到温度升高到 900K 时，石墨烯质量降低到最低值。通过比较和分析两个比例反应物合成的石墨烯（G2 和 G3）的差示扫描量热法（DSC）中放热峰位置及热重分析法（TGA）中 TG 曲线的减重阶段，我们可以得知，两个不同反应物比例合成的石墨烯的升温放热过程均包含两个阶段，第一个放热阶段对应于第一个放热峰的位置，分别位于标准化学计量比反应物合成的石墨烯（G2）中的 776K 和高化学计量比反应物合成的石墨烯（G3）中的 740K，第二个放热阶段对应于第二个放热峰的位置，分别位于标准化学计量比反应物合成的石墨烯（G2）中的 906K 和高化学计量比反应物合成的石墨烯（G3）中的 884K。在标准化学计量比反应物合成的石墨烯（G2）的两个放热峰中，第二阶段放热峰的峰强度明显比第一阶段放热峰弱很多。这一结果与热重分析中该石墨烯（G2）的减重过程在第一阶段处于平缓减重状态，第二阶段处于急速减重状态相符合。在高化学计量比反应物合成的石墨烯（G3）中，两个阶段的放热峰强度几乎相等，也可与该石墨烯（G3）的减重过程一直呈现线性减重状态相符合。对于以上结果，我们分析认为，通过自蔓延高温合成法制得的少层石墨烯的热重分析结果通常包含两个减重阶段。第一阶段的减重过程发生在标准化学计量比反应物制得的石墨烯（G2）的 300～830K 和高化学计量比反应物制得的石墨烯（G3）的 300～670K 的温度范围内，此过程的热失重主要是由于石墨烯表面吸附的水和不稳定的含氧基团的去除所引起的。第二阶段的减重过程发生于标准化学计量比反应物制得的石墨烯（G2）的 830～950K 及高化学计量比反应物制得的石墨烯（G3）的 670～950K，这一阶段减重的主要原因可以归结于石墨烯结构中碳骨架燃烧生成 CO 和 CO_2 并释放的过程。综合差示扫描量热法（DSC）和热重分析法（TGA）结果可以看出，以不同比例反应物通过自蔓延高温合成法制备得到的少层石墨烯均有两种不同类型的结构：一种结构对应于石墨烯片层表面的含氧基团和碳缺陷结构，这种结构在相对低温下（低于 650K）容易氧化；另一种结构相对更加稳定，可以在相对较高温度下（高于 650K）完成氧化，这一氧化对象主要归结于自蔓延高温合成法制得的少层石墨烯结构中的无缺陷的碳骨架部分。而且由于两个不同比例反应物通过自蔓延高温合成法制得的石墨烯样品的差示扫描量热法（DSC）曲线中两个放热峰的比例不同，证明该自蔓延高温合成石墨烯在两个阶段的放热程度也有所不同。其中，高化学计量比反应物制得的石墨烯（G3）第一个放热峰（740K）的相对强度（约为－23mW/mg）高于相同条件下的标准化学计量比反应物制得的石墨烯（G2）放热峰（776K）的相对强度（约为－16mW/mg），由此可以表明高化学计量比反应物制得的石墨烯（G3）结构中的含氧基团的稳定性要比标准化学计量比反应物制得的石墨烯（G2）结构中含氧基团的热稳定性低。相对地，对于两个不同比例反应物制得的石墨烯的第二个放热峰来说，标准化学计量比反应物制得的石墨烯（G2）的放热峰（906K）的相对强度约为－44mW/mg，比相同条件下的高化学计量比反应物制得的石墨烯（G3）放热峰（884K）的相对强度（约为－22mW/mg）强很多，由此可以说明标准化学计量比反应物制得的石墨烯（G2）结构中碳骨架的热稳定性要比高化学计量比反应物制得的石墨烯（G3）强很多。而这一结果也与自蔓延少层石墨烯的傅里叶变换红外光谱（FTIR）及X射线光电子能谱（XPS）的结果一致。

4.3 以镁粉和糖类为原料自蔓延高温制备少层石墨烯

4.3.1 反应物原料及配比

本章节中自蔓延高温合成法所采用的原材料为镁粉（Mg）及糖类，糖类主要为葡萄糖、蔗糖及淀粉三种物质。根据4.2章节中的实验结果可以看出，当反应物的反应比例为标准化学计量比的时候，所得到的少层石墨烯的分散程度最好、结构最完整。因此，在本章节及后续章节中，我们所选用的镁粉和碳源（糖类及碳酸钙）的摩尔比例均为标准化学计量比。

当以糖类（葡萄糖、蔗糖、淀粉）为碳源时，其反应方程式分别为：

$$6Mg+C_6H_{12}O_6 = 6MgO+6H_2+6C \tag{4-3}$$

$$11Mg+C_{12}H_{22}O_{11} = 11MgO+11H_2+12C \tag{4-4}$$

$$5nMg+(C_6H_{10}O_5)_n = 5nMgO+5nH_2+6nC \tag{4-5}$$

本章节中碳源种类及反应物质量比例如表4-4所示。

表 4-4　燃烧合成法反应物配比

镁粉/g	碳源/g		产物名称
16	葡萄糖($C_6H_{12}O_6$)	18	G4
16	蔗糖($C_{12}H_{22}O_{11}$)	17.1	G5
16	淀粉[$(C_6H_{10}O_5)_n$]	16.2	G6

该部分所进行的自蔓延高温合成的反应装置如图 4-1 所示。具体合成方法如下，按照表格中不同反应物比例，准确称取粉体质量。首先，将不同比例的镁粉与糖类在研钵中充分研磨使其混合后放置于坩埚内；然后，将坩埚放置在充满 CO_2 气体的钢容器中，用加热的电阻丝将粉体引燃，随后反应物温度升高至着火点从而自发进行自蔓延高温合成反应。在自蔓延高温合成过程中通过研磨及混合的粉体会剧烈燃烧，同时伴随生成大量烟雾。从反应物被引燃直至自蔓延燃烧过程完成结束约 4min，得到粗产物。

粗产物的酸洗方法如下：对通过自蔓延高温合成法制得的粉体进行准确称重，将其放置于抽滤瓶中，并将该抽滤瓶放置于磁力搅拌器上，使其可以一边搅拌一边缓慢滴加盐酸。将配好的体积分数为 20%的稀盐酸（HCl）倒入梨形漏斗中，旋转梨形漏斗的二通活塞，使稀盐酸（HCl）溶液缓慢滴入抽滤瓶中。同时打开磁力搅拌器和真空泵，从而使粉体可以与盐酸溶液充分反应，又不至于使其由于反应过于激烈而溢出。待反应完全结束后，将抽滤瓶中剩余的盐酸溶液继续倒入烧杯中浸泡 48h，从而可以促使自蔓延燃烧合成产物中的剩余杂质能够进一步反应完全。48h 之后，将静置的混合溶液通过砂芯抽滤装置进行清洗过滤。首先用去离子水清洗黑色产物 2～3 次直至所得滤液的 pH 值为中性，然后再用无水乙醇对粉末进行清洗从而可以去除粉末中多余的水分。在上述的每次清洗步骤后都要将装有产物混合溶液的烧杯放入超声振荡仪中进行超声处理，以使得产物的混合溶液能够充分分散均匀。最后将经过水洗、醇洗两个步骤之后所获得的粉体放置在真空干燥箱中真空干燥 24h，干燥温度设定为 90℃。干燥好之后将粉体进行称重保存，进行后续研究。

4.3.2　少层石墨烯的组织形貌分析

（1）微观形貌分析

图 4-9 为分别以葡萄糖、蔗糖、淀粉为碳源，与镁粉（Mg）通过自

蔓延高温燃烧合成法制得的石墨烯（分别命名为G4、G5、G6）的扫描电子显微镜图。其中图4-9(a)、(b)为以镁粉（Mg）与葡萄糖为反应物通过自蔓延高温合成法制得的石墨烯（G4）的形貌图，图4-9(c)和(d)为以镁粉（Mg）与蔗糖为反应物通过自蔓延高温合成法制得的石墨烯（G5）的形貌图，图4-9(e)和(f)为以镁粉（Mg）与淀粉为反应物

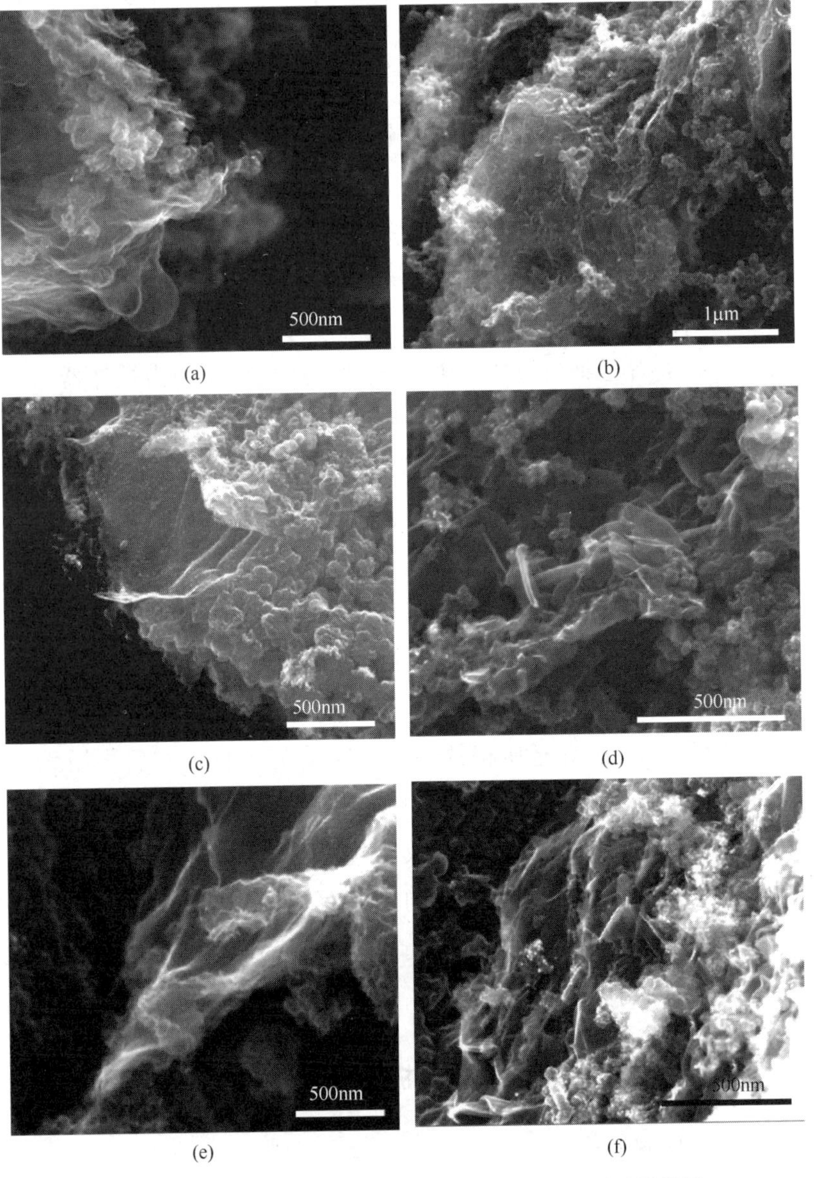

(a) (b) (c) (d) (e) (f)

图4-9　镁粉和糖类燃烧合成石墨烯样品扫描电子显微镜图

通过自蔓延高温合成法制得的石墨烯（G6）的形貌图。

首先，从扫描电子显微镜图整体来看，首先可以确定的是以葡萄糖、蔗糖及淀粉为碳源，使其与镁粉（Mg）通过自蔓延高温合成法制得的石墨烯材料多数都表现为较为聚集的状态，同时进一步观察扫描电子显微镜的图片可以看出有很多石墨烯片层不再表现为波纹状的结构，在一些区域可以发现有类似球状的结构。总体来看，自蔓延高温合成的产物中杂质较少，但产物中的石墨烯结构层次较多，同时伴随有少量聚集情况。从产物结构细节来看，有较多石墨烯片层均为不完整的石墨烯片层结构，有一定含量的缺陷。通过比较不同碳源制得的石墨烯的结构形貌可以看出，以葡萄糖和蔗糖为碳源制得的石墨烯（G4 和 G5）片层均包含有很多褶皱结构，而且片层尺寸相对较大，同时还表现出较为明显的聚集情况；而以淀粉与镁粉（Mg）为反应物通过自蔓延高温合成法制得的石墨烯（G6）片层结构中也有较为明显的褶皱结构，与葡萄糖及蔗糖与镁粉合成的石墨烯（G4 和 G5）结构相比，其片层尺寸更小，且结构缺陷也更为明显。从石墨烯片层边缘厚度来初步判断其层数，可以发现以葡萄糖和蔗糖为碳源，使其与镁粉共同反应合成的石墨烯（G4 和 G5）的层数为 10 层左右，而对以淀粉与镁粉为反应物合成石墨烯的片层层数来看，其层数多表现为 10 层以上，由此可以看出，以葡萄糖和蔗糖为碳源所合成的石墨烯的层数（G4 和 G5）要比相同条件下以淀粉为碳源所合成的石墨烯（G6）的层数少一些。

与上面章节中以碳酸钙（$CaCO_3$）为碳源所制得的石墨烯相比，以糖类为碳源所制得的石墨烯聚集程度更明显，片层结构中缺陷位置更多，且片层厚度也更厚一些。针对这一结果，我们分析认为，由于无结晶水葡萄糖的熔点为 146℃，蔗糖的熔点为 160～186℃，淀粉的熔点为 256～258℃，此三种糖类的熔点均远低于镁粉（Mg）的熔点。因此，当以葡萄糖、蔗糖、淀粉为碳源时，在反应初始的升温阶段，这些低熔点的有机物会先转变为熔融态物质进而包裹在镁颗粒周围，而后随着反应温度的升高，镁粉与包裹在镁颗粒表面的糖类发生了着火反应，并进一步发生了后续的自蔓延燃烧合成反应，进而在镁颗粒表面的糖类有机物（葡萄糖、蔗糖、淀粉）可以发生分解反应生成二氧化碳（CO_2），释放出来的 CO_2 进而与镁（Mg）发生反应最终生成石墨烯。在此过程中，在镁颗粒表面生成的糖类熔融物质及部分熔融物质与镁粉（Mg）合成的氧化镁（MgO）共同起到了模板的作用，因此使得自蔓延燃烧合成的粗产物在经过酸洗过程时去除石墨烯的生长模板［糖类熔融物质和氧化镁（MgO）］后，产物样品会呈现出由石墨烯球组成的类似于葡萄状的三维结构。

通过X射线能谱（EDX）可以对以糖类和镁粉（Mg）为反应物合成的石墨烯表面的形貌组成成分进行分析。图4-10和表4-5分别为以葡萄糖和蔗糖为碳源，与镁粉一起作为反应物合成的石墨烯（G4和G5）的X射线能谱分析结果，其中图4-10(a）和（c）分别为以葡萄糖和镁粉为反应物制得的石墨烯（G4）的扫描电子显微镜（SEM）电镜图及所选中区域的能谱分析结果，图4-10(b）和（d）分别为以蔗糖和镁粉为反应物制得的石墨烯（G5）的扫描电子显微镜（SEM）电镜图及所选中区域的能谱分析结果。从能谱分析结果可以看出，以葡萄糖、蔗糖与镁粉为反应物合成的石墨烯（G4和G5）片层表面的主要成分均为碳（C）元素和氧（O）元素两种，此外，在石墨烯片层表面还包含有一定量的镁（Mg）元素。

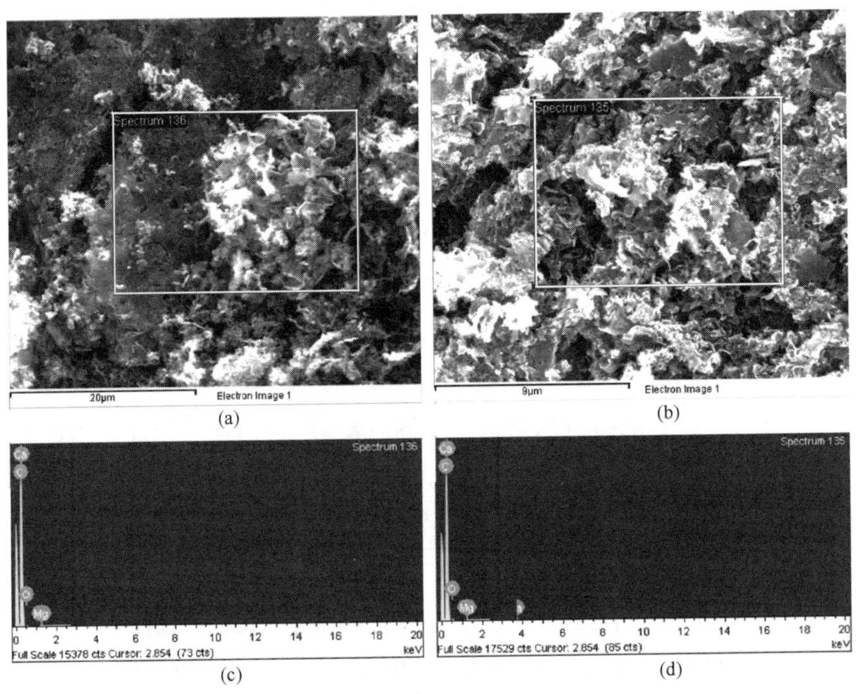

图4-10 镁粉和葡萄糖及蔗糖自蔓延高温合成石墨烯样品X射线能谱分析

表 4-5 葡萄糖和蔗糖与镁粉为反应物自蔓延高温合成石墨烯（G4 和 G5）的 EDX 结果元素组成

样品	C 含量(原子分数)/%	O 含量(原子分数)/%	Mg 含量(原子分数)/%
G4	87.61	10.66	1.41
G5	89.37	9.70	0.77

表 4-5 为以葡萄糖、蔗糖和镁粉（Mg）为反应物通过自蔓延高温合成法制备得到的石墨烯（G4 和 G5）的 X 射线能谱分析结果（图 4-10）中各元素的具体组分列表。从分析结果中可以看出，以葡萄糖和镁粉为原料合成的石墨烯（G4）片层表面中碳（C）元素的含量为 87.61%（原子分数），氧（O）元素含量为 10.66%（原子分数），镁（Mg）元素含量为 1.41%（原子分数）。以蔗糖和镁粉为原料合成的石墨烯（G5）片层表面中碳（C）元素的含量为 89.37%（原子分数），氧（O）元素含量为 9.70%（原子分数），镁（Mg）元素含量为 0.77%（原子分数）。比较并分析上述两个样品中各个元素含量可以看出，以葡萄糖和镁粉为原料合成的石墨烯（G4）样品中的碳（C）元素含量比以蔗糖和镁粉为原料合成的石墨烯（G5）样品中的碳（C）元素含量小，而其氧（O）元素含量却明显大于以蔗糖和镁粉为原料合成的石墨烯（G5）样品，两个样品中的镁（Mg）元素含量均小于 1.5%（原子分数）。而这一结果也与后面 X 射线光电子能谱（XPS）结果相一致。

对于这一结果的产生原因，我们分析认为在以糖类与镁粉为反应物通过自蔓延高温合成法制备石墨烯的过程中，由于三种糖类反应物的熔点均低于镁粉，因此在反应初期阶段，糖类在与镁粉发生燃烧反应前会先产生一定的熔融现象。包裹在镁颗粒表面的糖类会在一定程度上影响反应的发生和进行，从而使得产物中所得石墨烯的碳（C）元素含量偏低、氧（O）元素含量偏高。但是由于镁粉的活性很高，所以不会受到熔融糖类的影响，最终也会实现基本完全反应。

扫描电子显微镜（SEM）是依据电子与物质的相互作用，最终获得被测样品本身的各种物理、化学性质信息，而透射电子显微镜（TEM）则是根据电子在磁场中受到洛伦兹力的作用发生偏转，进而使得电子束聚焦并成像。因此为了更好地观察和了解以糖类和镁粉为反应物合成的石墨烯的具体片层结构，我们进一步通过透射电子显微镜（TEM）对其进行检测。图 4-11 为镁粉（Mg）与葡萄糖、蔗糖及淀粉经过自蔓延高温制备得到的石墨烯的透射电子显微镜（TEM）检测结果。其中，图 4-11(a) 和（b）为不同倍数下以葡萄糖和镁粉（Mg）为反应物制得的石墨烯（G4）的透射电子显微镜（TEM）图，图 4-11(c) 和（d）为不同倍数下以蔗糖和镁粉（Mg）为反应物制得的石墨烯（G5）的透射电子显微镜（TEM）图，图 4-11(e) 和（f）为不同倍数下以淀粉和镁粉（Mg）为反应物制得的石墨烯（G6）的透射电子显微镜（TEM）图。通过观察图 4-11(a)、(c) 和（e）可以看出，在低倍数下对石墨烯进行观察可知，以葡萄糖、蔗糖、淀粉和镁粉为反应物制得的石墨烯（G4、G5 和 G6）都呈现出多褶皱的三维（3D）结构，且在其结构中可以明显看到石墨烯片层具有一定比例的球状结构或笼状结构。出现这种结构的原因是由于在糖类与镁粉进行自蔓延燃烧合成反应过程中，由于糖类分子的熔点普遍偏低，使得糖类分子在燃烧之前会呈现出一定程度的熔融状态，糖类分子便会熔融成为糖类小球状分子，而在石墨烯的合成生长过程中糖类分子及氧化镁颗粒始终充当模板的作用，使得石墨烯片层可以围绕着氧化镁颗粒或糖类分子颗粒进行蔓延生长。而在对粗产物进行酸洗过程后，包裹在石墨烯片层内部的剩余的糖类分子和氧化镁颗粒均可与盐酸（HCl）发生反应而被去除掉，只能留下石墨烯片层。之前也有文献提到过类似结构的石墨烯生长也是需要利用添加氧化镁（MgO）作为模板而获得的，但是在本书中不需要外加模板，只通过反应自身即可形成模板，实现石墨烯的绕模板生长方式。因此，从这方面也可以看出通过自蔓延高温合成法制备石墨烯的这种方法更为方便和简单。

通过进一步具体比较和分析不同糖类与镁粉合成所制得的石墨烯的结构可以发现：首先，从石墨烯片层结构的聚集程度上来看，以葡萄糖、蔗糖两种糖类与镁粉为反应物通过自蔓延高温合成制得的石墨烯（G4 和 G5）的片层聚集程度要比以淀粉与镁粉为反应物合成的石墨烯（G6）的聚集程度更显著；其次，从石墨烯片层的大小尺寸来看，以葡萄糖和镁粉（Mg）为反应物合成的石墨烯（G4）的石墨烯片层呈现出较多的纳米笼形状，每个纳米笼尺寸为 30～50nm，在某些范围区域内纳米笼的聚集程度很高，甚至可以表现出类似于整串葡萄的样子。以蔗糖和镁粉（Mg）

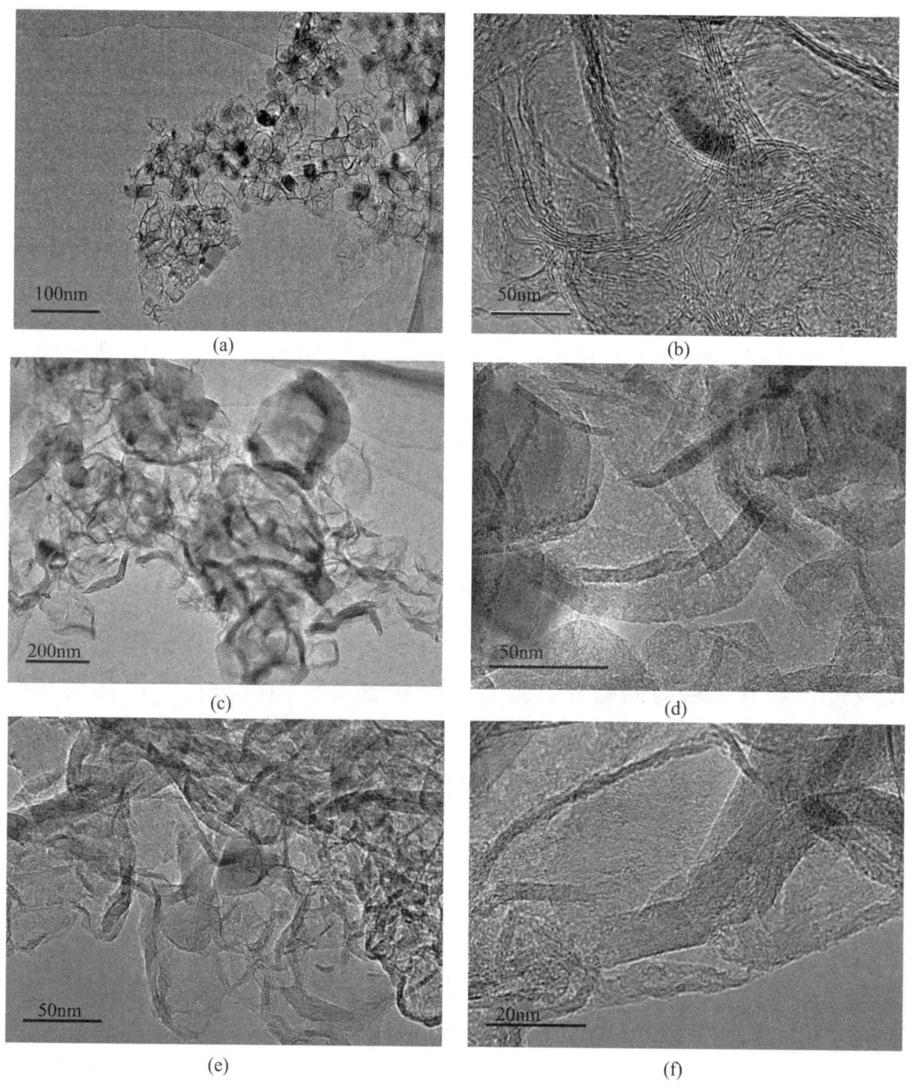

(a) (b) (c) (d) (e) (f)

图 4-11　镁粉和糖类燃烧合成石墨烯样品透射电子显微镜图

为反应物合成的石墨烯（G5）片层结构中的纳米笼形状结构的数量明显少于相同条件下以葡萄糖和镁粉为反应物合成的石墨烯（G4）结构中的纳米笼数量，且纳米笼的尺寸也明显要比葡萄糖和镁粉为反应物合成的石墨烯结构中纳米笼尺寸大，纳米笼结构之间也更加分散。在以淀粉和镁粉为反应物合成的石墨烯（G6）结构中石墨烯片层多数都是褶皱形状的三维结构，很少可见如前两种反应物的纳米笼结构，针对这种现象我们分析，由于淀粉是一类多糖，其熔点在 250℃以上，所以也使得淀粉在反应初期温度较低状态下不会产生熔融现象，只有当温度升高到一定程度时才会熔融黏附于镁颗粒周围，因此，以淀粉和镁粉为反应物制得的石墨烯片层多为褶皱结构而不是纳米笼结构。

石墨烯的厚度、层数及缺陷程度通常需要在高倍数下的透射电子显微镜（TEM）才可观察到，图 4-11(b)、(d) 和 (f) 分别为以葡萄糖、蔗糖和淀粉与镁粉反应合成的石墨烯在高倍数下的透射电子显微镜图。从图中可以看出，三种不同碳源制得的石墨烯片层薄厚相当，层数多为 10 层左右，在某些边缘位置可见有 5～8 层的石墨烯结构，不同碳源制得的产物之间没有明显区别。从石墨烯片层的结构完整性来看，以葡萄糖和蔗糖为碳源，与镁粉反应合成的石墨烯片层（G4 和 G5）中的缺陷程度相当，多数边缘结构完整连续，且缺陷结构明显少于以淀粉与镁粉为反应物合成的石墨烯（G6）。产生这一结果的原因主要是由于淀粉是一类多糖，在其与镁粉的反应过程中分为两个阶段，一个是多糖降解为单糖的过程，另一个就是糖类与镁粉之间反应生成石墨烯的过程，由于这两个反应过程虽有前后时间差异，但又会伴随着反应同时进行，因此会在一定程度上影响石墨烯的合成过程，从而使得石墨烯结构中出现缺陷结构，且缺陷结构明显多于单糖（葡萄糖）和双糖（蔗糖）与镁粉反应制得的产物。

(2) 微观组织结构分析

以糖类和镁粉为反应物制得的石墨烯的微观组织形貌可以通过 X 射线衍射（XRD）、拉曼光谱、X 射线光电子能谱（XPS）等方式来进行检测和分析。图 4-12 为以镁粉和糖类为原料通过自蔓延高温合成法制备的石墨烯的 X 射线衍射（XRD）图谱。其中，图 4-12(a) 为以葡萄糖和镁粉为反应物燃烧合成的产物粉体在进行盐酸（HCl）溶液清洗前的 X 射线衍射（XRD）对比图谱，图 4-12(b) 为分别以葡萄糖、蔗糖和淀粉与镁粉为反应物合成的石墨烯在经过酸洗处理过程后的 X 射线衍射图谱。通过对比图 4-12(a) 和 (b) 两个 X 射线衍射（XRD）图谱可以看出，首先，在图 4-12(a) 中反应粗产物表现出三个比较强的衍射峰，分别位于 25.9°、43.0°以及 62.5°，分别对应的是碳（002）峰位以及产物中氧化镁（MgO）杂质的峰（JCPDS No. 45-0946），与图 4-12(b) 中的葡萄糖与镁粉反应合成的石墨烯（G4）的衍射图谱相对比，可以明显发现位于 25.9°

的碳（002）峰的峰强度明显减弱，其半峰宽也出现了明显变宽的现象，同时还可以看到位于 43.0°的氧化镁杂质峰的强度明显降低，与碳（002）衍射峰相比，将粗产物经过盐酸（HCl）清洗处理过程后可以基本完全去除氧化镁（MgO）杂质峰，同时在 X 射线衍射图谱中还可以发现图谱中出现了明显变宽的石墨（002）峰，位置对应于 25.9°，氧化镁（MgO）的杂质峰强度明显降低，几乎完全消失，由此可以说明以葡萄糖和镁粉为反应物制得的石墨烯在经过酸洗过程前其产物中有一定含量的杂质氧化镁（MgO），经过酸洗步骤后，产物体系中的氧化镁（MgO）含量明显减少，同时还可以发现体系中石墨烯的层数明显减少，没有再次复合成为石墨的现象发生。通过比较葡萄糖、蔗糖和淀粉为碳源制得的石墨烯（G4、G5 和 G6）的 X 射线衍射峰的峰位置及峰强度可以看出，三种碳源反应物制得的石墨烯的衍射峰峰位及峰强度没有明显区别，证明三种碳源合成的石墨烯结构基本相似，均具有较为明显的碳（002）峰及极小的氧化镁（MgO）杂质峰。由此可以说明三种糖类碳源合成的石墨烯在经过盐酸（HCl）清洗及脱水纯化过程后，可以在一定程度上去除产物中的大部分杂质，同时可以使得石墨烯的聚集程度有所减缓，石墨烯没有复合成为石墨，且石墨烯的层数也比清洗纯化前有所减少。

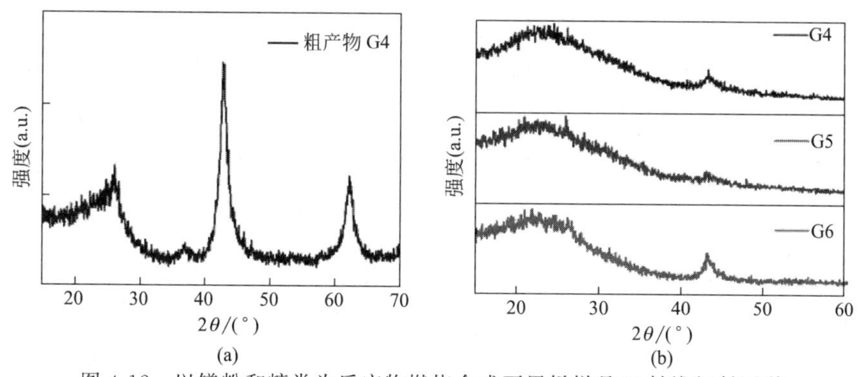

图 4-12　以镁粉和糖类为反应物燃烧合成石墨烯样品 X 射线衍射图谱

可以计算得出垂直于晶面（hkl）方向上的晶粒尺寸大小，D_{hkl} 代表垂直于晶面（hkl）方向的晶粒直径，K 为 Scherrer 常数，其值为 0.89，λ 代表 X 射线（X-Ray）波长，β 代表半峰宽，θ 代表布拉格衍射角。图 4-12(a) 中氧化镁（MgO）的 XRD 峰的半峰宽为 6.27，根据公式可以计算得出氧化镁（MgO）的平均粒径为 7～8nm。

将以葡萄糖和镁粉为反应物合成的石墨烯的透射电子显微镜（TEM）图与X射线衍射（XRD）图谱结合分析可以看出，在图4-11(a)中以葡萄糖和镁粉反应合成的石墨烯具有明显的纳米笼状结构，笼形尺寸直径多数为15～30nm，同时也有些直径尺寸大一点的纳米笼，甚至可以达到50nm左右，由此可以进一步说明，在高温自蔓延燃烧合成过程中，石墨烯片层可以包围着氧化镁（MgO）颗粒进行外延生长，再经过盐酸（HCl）过程，最终形成了很多笼状结构。

图4-13为以葡萄糖、蔗糖和淀粉三类多糖作为碳源经过自蔓延高温合成法制备得到的石墨烯的拉曼光谱图谱及其相关数据的统计。通常情况下，在石墨烯类碳材料的拉曼光谱图谱中有三个主要的特征峰：第一个是位于1570cm^{-1}位置的G峰，是由sp^2杂化碳原子的面内振动所引起的，该峰能够有效地反映石墨烯的层数，但是该峰极易受应力影响；第二个是D峰，位置在1341cm^{-1}，代表的是由碳原子对称环所引起的呼吸振动，D峰通常被认为是石墨烯的无序振动峰，该峰出现的具体位置与激光波长有关，它是由于晶格振动离开布里渊区中心引起的，常用来表征石墨烯样品中的结构缺陷或边缘；第三个是G′峰，也常被称为2D峰，是双声子共振二阶拉曼峰，主要来源于碳原子的共振过程，通常位于2678cm^{-1}，一般用于表征石墨烯样品中的碳原子的层间堆垛方式，该峰的出峰频率也与激光波长有关。图4-13(a)为以葡萄糖、蔗糖、淀粉与镁粉为反应物合成的石墨烯的拉曼光谱全谱，从图中可以看出，三种不同糖类经过自蔓延高温合成反应制备出的石墨烯均具有明显的D峰、G峰及2D峰。三种石墨烯结构中的D峰位置及强度相当，说明以三种糖类为碳源制得的石墨烯的缺陷程度没有明显区别，这一结果也与前面针对三种反应物制得的石墨烯的形貌图相符合。同时通过分析2D峰的位置及强度可以发现，三种糖类为反应物制得的石墨烯在2678cm^{-1}左右均存在一个强度较为明显的2D峰，而石墨的2D峰常位于2714cm^{-1}左右，我们发现石墨烯的2D峰位置与石墨的2D峰相比向低波数方向有所移动，而2D峰的位置及强度通常表示石墨烯的堆垛方式，由此也可以从另一方面来说以葡萄糖、蔗糖和淀粉与镁粉为反应物制得的石墨烯没有发生复合成为石墨烯。而这一2D峰位置的低波数方向移动也可以作为少层石墨烯拉曼光谱的一个典型特征参数。

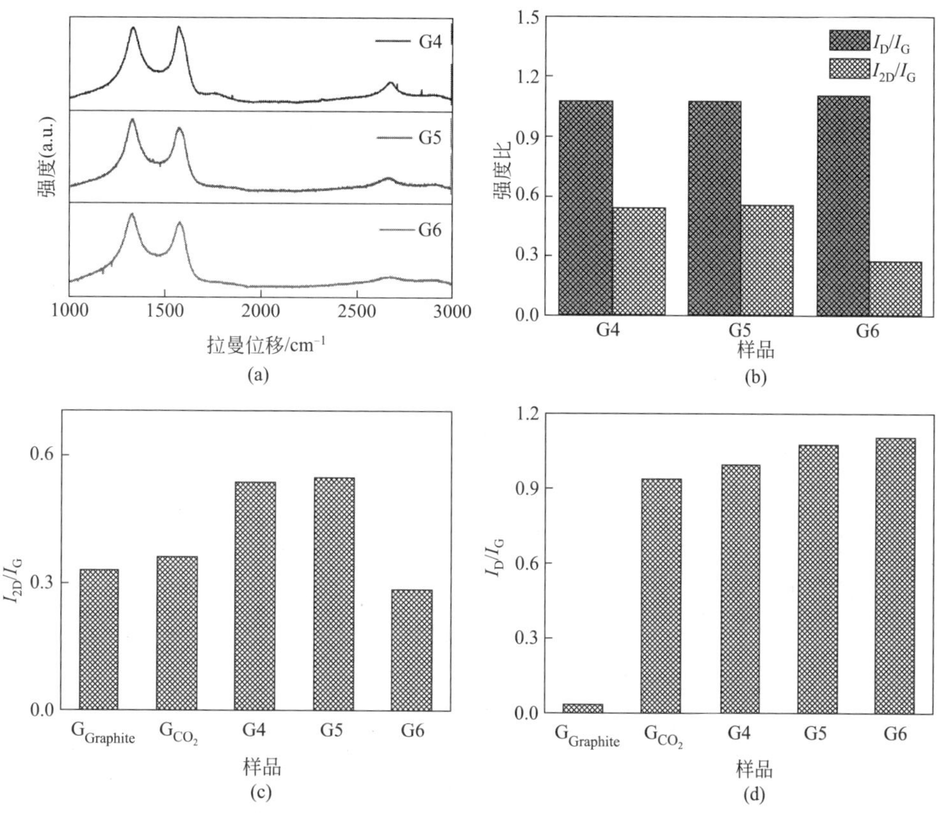

图 4-13　镁粉和糖类燃烧合成石墨烯样品拉曼光谱

为了能够更加准确地分析三种糖类与镁粉合成的石墨烯产物的拉曼光谱，我们将三种碳源与镁粉制得的石墨烯的 D 峰、G 峰及 2D 峰之间的比例分别进行统计和对比。D 峰和 G 峰的比值（I_D/I_G）可以反映碳材料的缺陷密度，比值越低，表明石墨烯结构中的缺陷密度越低。如图 4-13(b) 所示，以葡萄糖、蔗糖和淀粉为碳源制得的三个石墨烯样品的 I_D/I_G 的数值分别为 0.99、1.07 和 1.11，三个比值均接近或者大于 1。其中以蔗糖和淀粉为碳源制得的石墨烯（G5 和 G6）的 I_D/I_G 数值相差不大，且比值均高于以葡萄糖和镁粉为反应物制得的石墨烯（G4）的 I_D/I_G 值。由此可以说明以蔗糖和淀粉为碳源燃烧合成制备得到的石墨烯的缺陷程度相近，且均略好于以葡萄糖为碳源制得的石墨烯，这一结果也与扫描电子显微镜及透射电子显微镜的观察结果相符。此外，三种糖类与镁粉为反应物合成的石墨烯（G4、G5 和 G6）拉曼光谱中的 2D 峰强度相对于 D 峰和 G

峰的强度相比也较弱，该拉曼光谱的三个特征峰的相对强度与还原氧化石墨烯（rGO）的拉曼峰相似，由此可以说明以葡萄糖、蔗糖和淀粉三种糖类与镁粉为反应物利用自蔓延高温合成法制备得到的石墨烯（G4、G5 和 G6）产物缺陷较多，其结构中的缺陷程度与还原氧化石墨烯（rGO）相似。而这一结论也可以通过扫描电子显微镜（SEM）的电镜结果得以证明。拉曼光谱中 2D 峰的位置及其与 D 峰的相对强度比例（I_{2D}/I_G）经常被用来表征和分析石墨烯的层数，因此我们分别统计了三种糖类与镁粉反应得到的石墨烯的 I_{2D}/I_G 的数值，分别为 0.54、0.55 和 0.28，结合图 4-13(b) 中 I_{2D}/I_G 的数值可以看出，以葡萄糖和蔗糖为碳源通过自蔓延高温合成制备得到的石墨烯（G4 和 G5）的 I_{2D}/I_G 数值没有明显区别，由此可以说明这两种碳源制得的石墨烯的层数较为相近，以淀粉和镁粉为反应物制得的石墨烯（G6）的 I_{2D}/I_G 数值为 0.28，该比值明显小于以葡萄糖和蔗糖为碳源制得的石墨烯（G4 和 G5）的 I_{2D}/I_G 数值，由此可以证明以淀粉和镁粉为反应物制得的石墨烯（G6）的片层厚度要比以葡萄糖和蔗糖为碳源制得的石墨烯（G4 和 G5）的片层厚，也可以从另一个方面印证透射电子显微镜对石墨烯片层厚度及层数的观察结果。

图 4-13(c) 和 (d) 为将糖类与镁粉高温自蔓延制备的石墨烯（G4、G5、G6）的 I_D/I_G 和 I_{2D}/I_G 分别与氧化还原石墨烯（$G_{Graphite}$）、二氧化碳（CO_2）与镁燃烧合成的石墨烯（G_{CO_2}）的 I_D/I_G 和 I_{2D}/I_G 相比较的结果。从 I_{2D}/I_G 对比结果可知，以葡萄糖和蔗糖为碳源与镁粉反应制得的石墨烯（G4 和 G5）的 I_{2D}/I_G 值分别为 0.54 和 0.55，高于氧化还原石墨烯（$G_{Graphite}$）(0.33)、二氧化碳（CO_2）与镁燃烧合成的石墨烯（G_{CO_2}）及以淀粉和镁粉为反应物制得的石墨烯（G6）(0.28)，由此可以说明以葡萄糖和蔗糖为碳源与镁粉反应制得的石墨烯（G4 和 G5）片层的厚度要比氧化还原石墨烯（$G_{Graphite}$）、二氧化碳（CO_2）与镁燃烧合成的石墨烯（G_{CO_2}）及以淀粉和镁粉为反应物制得的石墨烯（G6）薄，层数也更少；此外，以三种糖类和镁粉反应得到的石墨烯（G4、G5 和 G6）的 I_D/I_G 值分别为 0.99、1.07 和 1.10，该数值明显高于 $G_{Graphite}$ (0.03)，却与二氧化碳（CO_2）与镁燃烧合成的石墨烯（G_{CO_2}）(0.94) 数值相当，由此可以说明以三种糖类和镁粉反应得到的石墨烯（G4、G5 和 G6）的缺陷密度比氧化还原石墨烯（$G_{Graphite}$）大，与二氧化碳（CO_2）与镁燃烧合成的

石墨烯（G_{CO_2}）差不多。

接下来通过利用 X 射线光电子能谱（XPS）来分析以葡萄糖、蔗糖和淀粉为碳源，以镁粉（Mg）为还原剂通过自蔓延高温合成反应制备得到的石墨烯样品中各元素的价键结构及相应的含量。表 4-6 为通过 X 射线光电子能谱分析得到的三种糖类与镁粉反应合成的石墨烯（G4、G5 和 G6）样品中的元素组成及其含量。从表 4-6 中的检测结果可以看出，三个石墨烯样品的元素组成均包含碳（C）元素、氧（O）元素和镁（Mg）元素三种，其中碳（C）元素含量均在 85%（原子分数）左右，不同样品之间几乎没有明显区别；三种糖类和镁粉合成的石墨烯（G4、G5 和 G6）样品中的氧（O）元素含量在 4%～7%（原子分数）之间，其中以淀粉和镁粉为反应物制得的石墨烯（G6）样品的氧（O）元素含量为 7.07%（原子分数），而其他两种糖类反应得到的石墨烯（G4 和 G5）样品中氧（O）元素均为 4%（原子分数）左右，由此说明以葡萄糖和蔗糖与镁粉反应合成的石墨烯（G4 和 G5）中氧（O）元素含量相当，且明显低于以淀粉和镁粉为反应物制得的石墨烯（G6）中氧（O）元素的含量；同时，三个样品中都含有一定量的镁（Mg）元素，其中以葡萄糖和蔗糖为碳源反应得到的石墨烯（G4 和 G5）中镁（Mg）元素含量分别为 10.87%（原子分数）和 10.2%（原子分数），淀粉和镁粉反应合成的石墨烯（G6）中的镁（Mg）元素含量最少，为 7.09%（原子分数）。针对这一结果，我们分析，与之前扫描电子显微镜及相关能谱分析结果相一致，由于淀粉的熔点要比相同条件下葡萄糖和淀粉的熔点高，因此在反应过程中淀粉对反应过程的影响最小，使得镁颗粒不容易被包裹，所以其产物中镁元素含量最小。

表 4-6　Mg 粉和糖类制备得到的石墨烯样品中各元素组成及相应的含量

样品	C 含量(原子分数)/%	O 含量(原子分数)/%	Mg 含量(原子分数)/%
G4	84.81	4.71	10.87
G5	85.26	4.54	10.2
G6	85.85	7.07	7.09

图 4-14 为以葡萄糖、蔗糖及淀粉与镁粉为反应物制得的石墨烯的 X 射线光电子能谱，其中图 4-14(a) 为以葡萄糖和镁粉为原料通过自蔓延高

温合成法制备得到的石墨烯（G4）的 X 射线光电子能谱（XPS）表面分析全谱，图 4-14(b) 为对以葡萄糖和镁粉为反应物制得的石墨烯的碳（C）峰进行具体模拟分峰结果图。首先，从图 4-14(a) 图谱可以看出该石墨烯样品在经过一系列酸洗、水洗、醇洗等清洗过程后，图谱中仅出现有较为明显的碳（C）元素、镁（Mg）元素及相对少量的氧（O）元素，由此可以说明以葡萄糖和镁粉为反应物合成的石墨烯（G4）样品经过纯化后只包含碳（C）元素、氧（O）元素及镁（Mg）元素，这三种元素中碳（C）元素峰位最强，其次为镁（Mg）元素，氧（O）元素最低。图 4-14(b) 为对以葡萄糖和镁粉为反应物制得的石墨烯（G4）的 C1s 元素进行精细扫描得到的 X 射线光电子能谱（XPS）图谱，从图谱结果可以获得碳元素价态以及碳氧结合官能团种类等信息，从而更加直接方便对 C1s 峰位对应的官能团类型进行分析。从结果可以看出，石墨烯样品中碳元素是以 sp^2（284.4eV）杂化为主，这也与文献中报道的石墨烯典型特征相符合。根据我们前面的分析可知，石墨烯样品中的氧（O）元素的存在方式多为与石墨烯片层表面碳原子结合成相关碳氧官能团；因此，根据对石墨烯样品中 C1s 进行分峰拟合可以得知碳元素与氧元素的结合形式共有三种，可以形成两种含氧官能团，分别为羰基 C ═O（286.2eV）以及羧基 O ═C—OH（289.6eV）。由此可以说明，在以葡萄糖和镁粉为反应物制得的石墨烯中，石墨烯片层结构中多数结构为以 C—C 键相连的，在其结构及边缘表面几乎没有羟基（C—OH）的存在，此外仅有少数的羰基（C ═O）及羧基（O ═C—OH）结构。

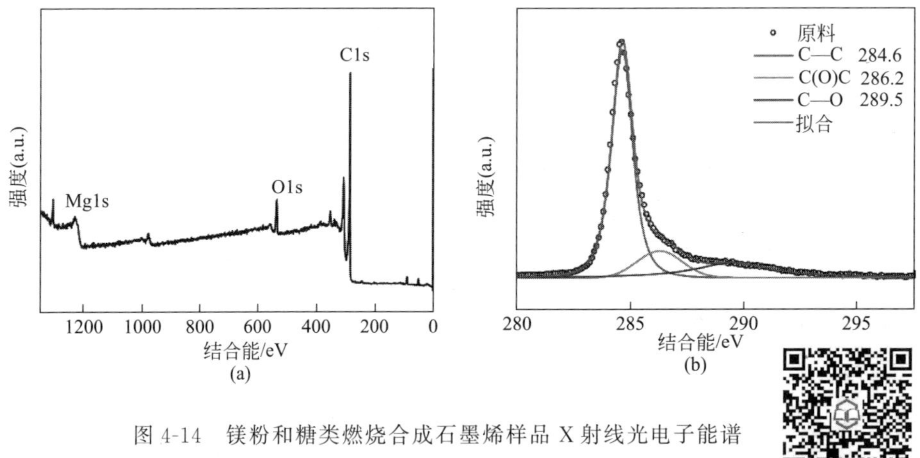

图 4-14 镁粉和糖类燃烧合成石墨烯样品 X 射线光电子能谱

4.4　本章小结

本章以镁和多种碳源为原料，采用自蔓延高温合成法（self-propagating high-temperature synthesis，SHS）制备少层石墨烯。该方法反应过程所需的热能全部来源于反应物自身燃烧所产生的热量，而且具有反应迅速、容易控制、环保节能及成本较低等优点。通过对制备的石墨烯进行结构及形貌表征，具体得出的结论如下。

（1）以不同反应物比例的镁粉与碳酸钙为原料，可以制备出具有褶皱和三维（3D）结构的少层石墨烯。通过对其形貌及组织结构进行检测及分析，了解少层石墨烯的形貌特征、结构特征及其生长机理。从形貌结构来看，以不同碳源和镁粉制得的石墨烯具有明显的三维结构，多数石墨烯片层呈现出纳米笼结构，其褶皱及边缘结构的存在可以有效防止该石墨烯片层发生堆叠而聚集。通过 X 射线衍射（XRD）、拉曼光谱及 X 射线光电子能谱（XPS）表征发现，碳酸钙与镁粉反应物比例的不同可以对石墨烯的微观结构及缺陷程度有明显的影响。通过比较不同反应物比例制得的石墨烯的各项特征指数，可以看出以标准化学计量比反应物制得的石墨烯的结构更完整，石墨烯片层尺寸较大，边缘及片层缺陷较少，杂质含量较低。以偏离化学计量比反应物制得的石墨烯片层直径尺寸较小，层数较薄，但其结构中缺陷更多，由此可以看出以标准化学计量比反应物合成的石墨烯的综合质量最好。

（2）以葡萄糖、蔗糖及淀粉为碳源与镁粉反应同样可合成出少层石墨烯。通过对石墨烯的形貌及能谱进行表征分析可以看出，以糖类与镁粉为反应物制备出的石墨烯在经过清洗和醇化后，石墨烯材料中杂质含量很少，仅有少量的氧（O）元素及镁（Mg）元素，其中以葡萄糖和蔗糖为碳源合成的石墨烯片层的外观形貌表现出一定数量的球状结构，该球状纳米笼尺寸为 7nm 左右，以淀粉和镁粉为反应物合成的石墨烯片层中球状结构较少，且表现为多褶皱结构。通过 X 射线衍射（XRD）、拉曼光谱和 X 射线光电子能谱（XPS）等表征手段对石墨烯组织结构进行表征可知，以葡萄糖、蔗糖和淀粉与镁粉制得的石墨烯的拉曼光谱特征峰的位置及比例与还原氧化石墨烯的特征峰峰位及峰相对强度较为相似，从石墨烯片层组成及成分分析可以看出粗产物在清洗之前有很明显的氧化镁（MgO）杂质峰，且该杂质峰在酸洗、醇洗步骤后明显减少。从成分来看，清洗后的石墨烯中仍含有一定比例的氧（O）元素和镁（Mg）元素，出现这种结果的原因主要是由于糖类的熔点普遍较低，在反应进行初期会形成熔融状态，包裹一定量的镁粉，从而使得产物中包含镁元素。

（3）对以镁粉和碳酸钙及糖类和镁粉反应得到的石墨烯进行进一步价键分析可知，对以这两类碳源制备得到的石墨烯的碳峰（C1s）进行分峰拟合可以看出，该石墨烯碳峰（C1s）可以分为几个峰，分别为位于285.5eV的羟基（C—OH）、位于287.4eV的羰基（C ═O）以及位于289.6eV的羧基（O ═C—OH），根据以上分峰结果，同时结合X射线光电子能谱的结果，可以说明以这两类碳源合成的石墨烯片层除了包含C—C键骨架结构，还包含有一定含量的含氧官能团，而官能团的种类包含有羟基、羧基以及羰基。

（4）从石墨烯层数及片层结构来看，以碳酸钙和镁粉为反应物制得的石墨烯的层数较少，多数比例的石墨烯层数为3～6层，结构也较为完整，缺陷较少，片层尺寸为100～150nm。以糖类为碳源制得的石墨烯的片层厚度要明显比碳酸钙和镁粉合成的石墨烯片层厚，多数石墨烯表现出明显的褶皱和堆叠情况，从片层边缘来看该类石墨烯的片层层数多为7～10层。同时可以看出，不同比例碳酸钙和镁粉对其合成的石墨烯的层数及结构完整性影响不大。以葡萄糖、蔗糖和淀粉为碳源通过高温自蔓延制得的石墨烯的缺陷密度比以碳酸钙为碳源制得的石墨烯的缺陷密度大，在其结构中可明显看出有片层不完整的情况存在。从分散角度来看，以不同比例的碳酸钙和镁粉为反应物制得的石墨烯的分散程度没有明显区别，均为分散程度较好的多褶皱三维结构片状物质。同时，其分散程度要优于相同条件下以糖类为碳源制得的石墨烯。

第5章

掺氮石墨烯的自蔓延高温方法制备及表征

5.1 引言

由于石墨烯具有独特的原子及电子结构，使其可以表现出传统材料所不具有的多种特异的性能，例如较高的杨氏模量（Young's modulus，约1100GPa）、良好的热传导率［thermal conductivity，约5000W/(m·K)］、很大的载流子迁移率［mobility of charge carries，200000cm²/(V·s)］以及优越的电子传输能力，即半整数的量子霍尔效应（the quantum Hall effect）。由于石墨烯没有能带隙，使得其导电性不能像传统的半导体一样得到完全控制。而且，通常情况下，石墨烯表面光滑且呈现惰性，这些方面的特性均不利于石墨烯与其他材料的复合，从而也在一定程度上阻碍了石墨烯的应用。

获得多种形态的石墨烯纳米材料，如二维结构的石墨烯纳米片（GNS）、一维结构的石墨烯纳米带（GNR）以及零维的石墨烯量子点（GQD）等。其中石墨烯纳米带（GNR）和石墨烯量子点（GQD）的特性可以根据其尺寸大小及片层边缘结构进行调整。比如，宽度小于10nm的石墨烯纳米带（GNR）可以表现出非常明显的半导体特性，宽度小于10nm的石墨烯纳米带（GNR）却会显示出非常弱的栅极依赖性。除了对石墨烯进行形态控制从而实现其改性外，对石墨烯进行化学掺杂也是改变及调控石墨烯性质的另一重要方法。

通过对石墨烯进行化学改性，如化学修饰、表面官能团化及化学掺杂等方式，能够有效地调节石墨烯的结构及性能，进而实现石墨烯及其相关材料所获得的更为丰富的功能及广阔的应用空间。对于化学掺杂方式来讲，氮原子具有与碳原子相近的原子半径，更有利于实现与碳原子发生取代或者化学键等方式的反应。而通过化学掺杂方式合成的掺氮石墨烯可以在很多方面表现出比纯石墨烯更加优异的性质，有望被应用于超级电容器、电化学传感器、场效应晶体管等领域。因此，如何对石墨烯实现有效的氮掺杂已逐渐成为当今石墨烯化学改性方面研究的一个热门课题。

通常情况下，将氮原子掺杂到石墨烯中之后，氮原子通常位于石墨烯的边缘处，或者在石墨烯片层结构缺陷处。碳原子的晶格中通常形成三种键合类型：吡啶氮（pyridinic N）、吡咯氮（pyrrolic N）和石墨氮（graphitic N）。吡啶氮是指氮原子连接在石墨面边缘的两个碳上，该氮原子除给共轭键体系提供一个电子外，还有一对孤对电子，在氧还原过程中能吸附氧气分子及其中间体。吡咯氮是指氮原子带有两个 p 电子并以与 π 键体系共轭的形式存在，不一定需要参与到跟吡咯相似的五元环的键合中。石墨氮又称作“四位”氮，此时氮原子取代六元环中的碳原子而存在于其中，同时与石墨基面的三个碳原子相连。在上述碳氮键合类型中，吡啶氮和石墨氮的价键类型属于 sp^2 杂化，吡咯氮属于 sp^3 杂化。对于上述三种氮原子的键合类型的相关研究表明，碳纳米材料中如若含吡啶型氮原子越多，该材料对氧还原的催化活性就越好。除了这三种常见的掺氮类型外，含有吡啶氮的氮氧化合物在掺氮石墨烯和掺氮碳纳米管中均有发现。在这类化合物中，一个氮原子键合两个碳原子和一个氧原子。

与原始石墨烯相比，掺氮石墨烯可以表现出不同的性质。如碳原子的自旋密度和电荷分布都会受到相邻氮掺杂剂的影响，氮原子所在的位置会增强该区域石墨烯表面的活性，从而使得该活性区域可以直接参与催化反应。此外，对单层石墨烯进行氮掺杂后可以使得石墨烯片层的费米能级移动到了迪拉克点上，并且同时抑制了费米能级附近的态密度。因此使得石墨烯的导带和价带之间的带隙被打开。而对于石墨烯纳米带来说，氮掺杂会使得掺氮石墨烯中的带隙被保留，该带隙的保留使得掺氮石墨烯纳米带可以称为半导体器件的候选者之一。

据现有的相关文献报道，制备掺氮石墨烯的方式大概有两种，即直接合成和后处理。后处理的方式多只能适用于对石墨烯进行表面掺杂，而直接合成的方式则更有可能实现在整个材料中对材料实现均匀的掺杂。具体来说，后处理方式主要包括热处理、等离子体处理及 N_2H_4 处理等方式，直接合成法包含化学气相沉积、溶剂热法、偏析生长及电弧放电法等。热处理法是指在高温环境下制备掺氮石墨烯的一种方式。在氨气氛围下以超过 800℃ 的温度对石墨烯进行加热可以获得掺氮石墨烯；电退火过程所产生的高温条件可以制得掺氮石墨烯纳米带。但以上方法所获得的石墨烯的掺杂水平均较低，分析其原因主要有两个，一个是退火温度过高会破坏掺氮石墨烯结构中的碳氮（C—N）键，另一个则是由于原有石墨烯片层质量较高而缺陷位置数量极少。目前，通过直接合成方式对石墨烯进行氮掺杂所使用的氮源主要有氨气、氮等离子体、吡啶、乙腈、尿素等含氮化合物。除了各种气体外，液态有机前驱体也已被逐渐应用于合成掺氮石墨烯。Wakeland等报道了利用尿素作为膨胀剂和还原剂，在氮气（N_2）氛围下以600℃环境对氧化石墨与尿素的混合物进行热处理，可以得到氧含量较低的掺氮石墨烯。Mou等报道了在氩气（Ar）环境下，采用热固相反应（thermal solid-state reaction），以氧化石墨和尿素为反应物，反应温度在600℃和700℃可以得到掺氮量约为10%（原子分数）的掺氮石墨烯。通过对不同前驱体的理论及实验研究可知，前驱体氮源所具有的骨架结构对掺氮石墨烯的形成起到至关重要的作用。前驱体结构中的碳碳单键（C—C）、碳碳双键（C ═C）及碳氮三键（C≡N）均不利于掺氮石墨烯的形成，相反地，仅有具有双键的吡啶会形成掺氮石墨烯。分析这一结论及现象的原因，我们认为在低温条件下，单键更容易被破坏，此时在催化剂表面仅保留碳碳双键及碳氮三键，当温度高于400℃时，碳氮三键会优先形成挥发性分子而从催化剂表面去除。从而使得当体系温度高于500℃时，催化剂表面仅保留碳碳双键而形成非掺杂石墨烯。

自蔓延高温合成法（SHS）由于其具有操作容易、设备简单等诸多优点，近年来已经成功应用于纳米材料及复合材料的制备。在第4章中，我们已经成功利用自蔓延高温合成法（SHS）合成少层石墨烯，并且可以知道标准化学计量比的反应物更利于生成结构完整、片层尺寸较大且层数较薄的石墨烯。但是，能否应用这种方法来制备掺氮石墨烯的文献未见报道。因此，在本章中，我们以镁粉（Mg）为还原剂，以碳酸钙（$CaCO_3$）为碳源，分别以普鲁士蓝和尿素为氮源，采用自蔓延高温合成法（SHS）制备了不同氮掺杂含量的石墨烯材料，其中镁粉（Mg）和碳酸钙（$CaCO_3$）的反应比例为标准化学计量比，通过调节氮源（普鲁士蓝和尿素）反应物的质量来调整掺氮石墨烯中氮元素含量。同时，通过利用扫描电子显微镜（SEM）、透射电子显微镜（TEM）来了解所合成的掺氮石墨烯材料的微观形貌；通过利用X射线衍射（XRD）、拉曼光谱和X射线光电子能谱（XPS）等手段，研究材料的微观结构和元素组成成分。

5.2 以普鲁士蓝为氮源自蔓延高温制备掺氮石墨烯

5.2.1 反应物原料及配比

本章节中通过采用自蔓延高温合成法制备掺氮石墨烯所采用的原材料为镁粉（Mg）、碳酸钙（$CaCO_3$）及普鲁士蓝（Prussian-blue），选用的镁粉和碳源（糖类及碳酸钙）的物质的量比例均为标准化学计量比。本章节中氮源的种类及反应物质量比例如表 5-1 所示。将产物标记为 G-NPX。

其反应方程式为：

$$Mg+CaCO_3+Fe_4[Fe(CN)_6]_3 \longrightarrow MgO+CaO+Fe_3O_4+C_xN_y \quad (5\text{-}1)$$

表 5-1　燃烧合成法反应物配比

镁粉/g	碳酸钙/g	普鲁士蓝/g	产物名称
16	33.3	2	G-NP1
		3	G-NP2
		4	G-NP3

自蔓延高温合成掺氮石墨烯的反应装置如图 4-1 所示。具体合成方法如下，按照表格中不同反应物比例，准确称取粉体质量。首先，将镁粉（Mg）、碳酸钙（$CaCO_3$）与不同添加量的普鲁士蓝（Prussian-blue）粉末放置于研钵中充分研磨使其混合后放置于坩埚内；然后，将坩埚放置在充满 CO_2 气体的钢容器中，用加热的电阻丝将粉体引燃，随后反应物将自发进行自蔓延高温合成反应。在自蔓延合成过程中粉体会剧烈燃烧，并伴随大量烟雾。从反应物被引燃直至自蔓延过程完成结束约 4min，得到粗产物。

粗产物的酸洗方法如下：对自蔓延制得的粉体进行准确称重，将其放置于抽滤瓶中，并将该抽滤瓶放置于磁力搅拌器上，使其可以一边搅拌一边缓慢滴加盐酸。将配好的体积分数为 20%的稀盐酸（HCl）倒入梨形漏斗中，旋转梨形漏斗的二通活塞，使 HCl 溶液缓慢滴入抽滤瓶中。同时打开磁力搅拌器和真空泵，从而使粉体可以与盐酸溶液充分反应。待反应完全结束后，将抽滤瓶中的盐酸溶液继续倒入烧杯中浸泡 48h，从而可以使得产物中的杂质能够反应完全。48h之后，将静置的混合溶液通过砂芯抽滤装置进行清洗过滤。首先用去离子水清洗黑色产物2～3次直至滤液pH值呈中性，然后再用无水乙醇对粉末进行清洗以去除粉末中多余的水分，每次清洗后都要将烧杯放入超声振荡仪中进行超声处理，以使之能够充分分散均匀。最后将经过水洗、醇洗之后的粉体放置在真空干燥箱中真空干燥24h，温度为90℃。干燥好之后粉体进行称重保存，进行后续研究。

5.2.2 掺氮石墨烯的组织形貌分析

（1）微观形貌分析

掺氮石墨烯的形貌特征常需通过扫描电子显微镜（SEM）及透射电子显微镜（TEM）来观察，其中扫描电子显微镜（SEM）观察的是掺氮石墨烯的表面形貌，由电子枪发射的电子束经过会聚透镜、物镜缩小和聚焦，在样品表面形成一个具有一定能量、强度、斑点直径的电子束。在扫描线圈的磁场作用下，入射电子束在样品表面上按照一定的空间和时间顺序做光栅式逐点扫描，同时轰击到样品表面，激发出不同深度的电子信号。透射电子显微镜则是把经过加速和聚集的电子束透射到非常薄的样品上，电子与样品中的原子碰撞而改变方向，从而使得电子束产生立体角散射。而散射角的大小与样品的密度、厚度均有关系，通过形成的明暗不同的影像并将其放大聚焦在成像器件后可以显示出来。基于透射电子显微镜（TEM）及高分辨透射电子显微镜（HRTEM）手段可以通过掺氮石墨烯的横截面及边缘图像来确定石墨烯的边缘结构及石墨烯片层层数。

图5-1为以普鲁士蓝为氮源，将其与镁粉（Mg）和碳酸钙（$CaCO_3$）共为反应物通过自蔓延高温合成法制备得到的掺氮石墨烯的微观结构的扫描电子显微镜图。其中图5-1(a)和(b)为普鲁士蓝添加量为2g，与以标准化学计量比的镁粉和碳酸钙共为反应物合成的掺氮石墨烯（G-NP1）的微观形貌图，图5-1(c)和(d)为普鲁士蓝添加量为3g，与以标准化学计量比的镁粉和碳酸钙共为反应物合成的掺氮石墨烯（G-NP2）的微观形貌图，图5-1(e)和(f)为普鲁士蓝添加量为4g，与以标准化学计量比的镁粉和碳酸钙共为反应物合成的掺氮石墨烯（G-NP3）的微观形貌图。首先，从扫描电子显微镜（SEM）电镜图可以看出，以不同添加量的普

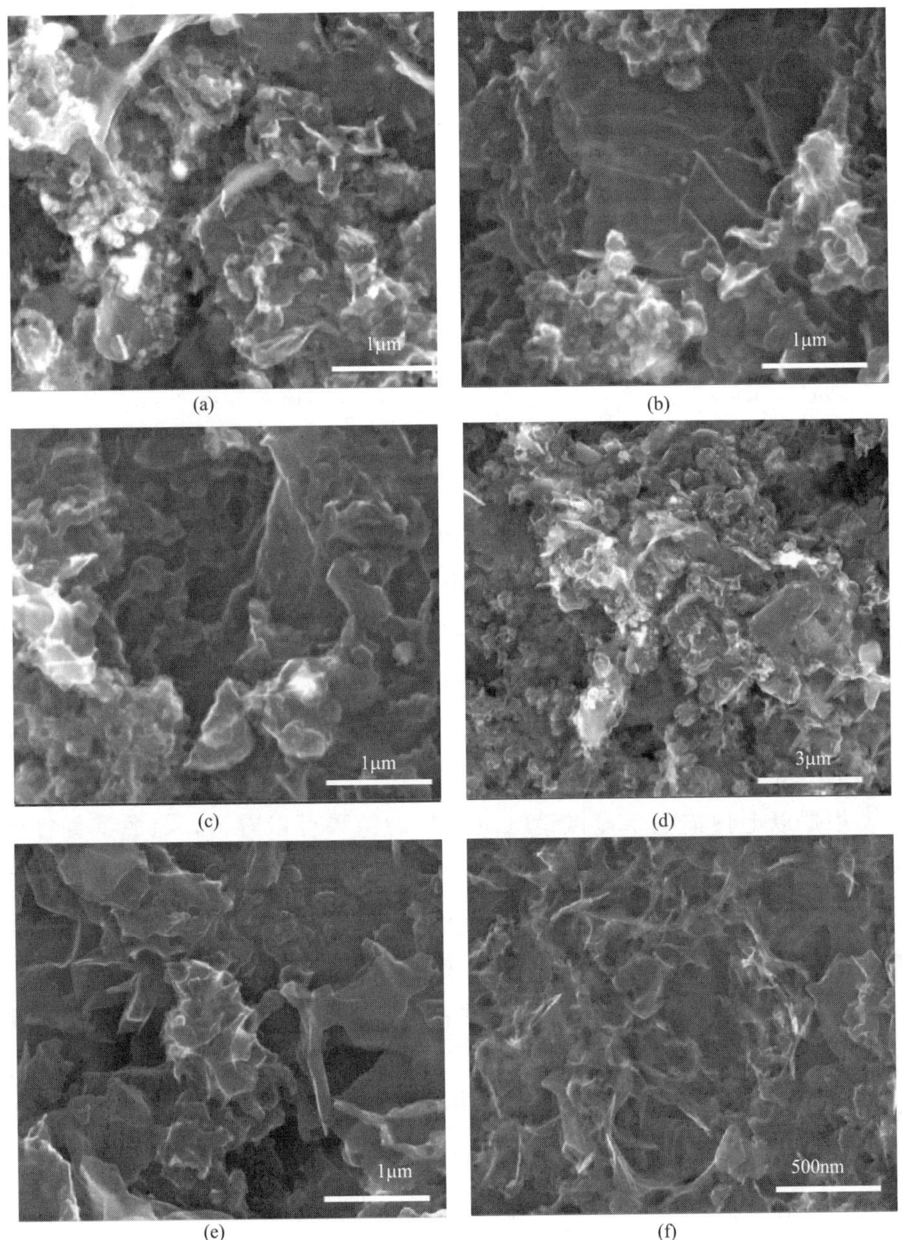

(a)　(b)　(c)　(d)　(e)　(f)

图 5-1　镁粉、碳酸钙和普鲁士蓝燃烧合成掺氮石墨烯扫描电子显微镜图

鲁士蓝为氮源，通过自蔓延高温合成法制得的掺氮石墨烯的结构均为多褶皱三维结构的不平整石墨烯片层，多数石墨烯由于该弯曲结构而聚集在一起，仅有较少比例的石墨烯片层层数较薄。在扫描电子显微镜视野范围内

极少见到未清洗干净的氧化镁（MgO）或氧化钙（CaO）颗粒，由此可初步看出，以不同添加量的普鲁士蓝与标准化学计量比的镁粉和碳酸钙为反应物制得的掺氮石墨烯在进行清洗过程后可以极大程度地清除反应产物中的杂质。通过进一步比较不同普鲁士蓝添加量所制得的掺氮石墨烯的结构可以看出，图中六张图片中的掺氮石墨烯的结构没有明显不同，进一步仔细对比不同普鲁士蓝添加量制得的掺氮石墨烯的结构细节可以看出，普鲁士蓝添加量为4g，与以标准化学计量比的镁粉和碳酸钙共为反应物合成的掺氮石墨烯（G-NP3）的片层尺寸多为300～500nm，且在结构中可以看到有一定比例的孔洞结构存在，相比于普鲁士蓝添加量为2g，与以标准化学计量比的镁粉和碳酸钙共为反应物合成的掺氮石墨烯（G-NP1），和普鲁士蓝添加量为3g，与以标准化学计量比的镁粉和碳酸钙共为反应物合成的掺氮石墨烯（G-NP2），其两种不同氮源添加量合成的掺氮石墨烯的片层尺寸多为1μm左右，由此可以看出高普鲁士蓝添加量制得的掺氮石墨烯（G-NP3）片层尺寸更小，而且还可以看出高普鲁士蓝添加量制得的掺氮石墨烯的片层分散性更好，结构相对更加均匀，连续性也更强。从掺氮石墨烯的层数来看，也可看出普鲁士蓝添加量为4g制得的掺氮石墨烯片层层数更少，材料较薄。

根据以上扫描电子显微镜（SEM）的结果可以看出，氮源（普鲁士蓝）的添加量不同会使得以普鲁士蓝作为氮源，与镁粉和碳酸钙以自蔓延高温合成法制得的掺氮石墨烯（G-NP1、G-NP2和G-NP3）片层均为多褶皱的三维立体结构，片层中无杂质残留其中，产物纯度较高。进一步比较和分析掺氮石墨烯结构细节，能够看出氮源添加量的增加可以在一定程度上使得制得的掺氮石墨烯片层尺寸更小，分散性及结构连续性更好，层数更薄。如需进一步分析材料的具体组成及成分比例，还需结合X射线光电子能谱（XPS）才能得出具体结果。

为了进一步观察以普鲁士蓝为氮源，将其与镁粉（Mg）和碳酸钙（$CaCO_3$）为反应物通过自蔓延高温合成法（SHS）制得的掺氮石墨烯（G-NP1、G-NP2和G-NP3）片层的尺寸及层数的多少，还需通过透射电子显微镜（TEM）对掺氮石墨烯的微观结构进行进一步观察。根据前面扫描电子显微镜对掺氮石墨烯微观结构观察得到的初步结果，可以看出当普鲁士蓝添加量为4g，与标准化学计量比的镁粉和碳酸钙为反应物制得的掺氮石墨烯（G-NP3）的形貌结构最好，因此仅对普鲁士蓝添加量为 3g 和 4g 时合成的掺氮石墨烯进行进一步观察。图 5-2 为当普鲁士蓝添加量为 3g 和 4g 时，与标准化学计量比的镁粉和碳酸钙为反应物制得的掺氮石墨烯（G-NP2 和 G-NP3）的透射电子显微镜图，其中，图 5-2(a) 和 (b) 为当普鲁士蓝添加量为 3g，与标准化学计量比的镁粉和碳酸钙为反应物制得的掺氮石墨烯（G-NP2）在不同倍数下的透射电子显微镜（TEM）图，图 5-2(c) 和 (d) 为当普鲁士蓝添加量为 4g，与标准化学计量比的镁粉和碳酸钙为反应物制得的掺氮石墨烯（G-NP3）在不同倍数下的透射电子显微镜（TEM）图。图 5-2(a) 和 (c) 为两种普鲁士蓝添加量制得的掺氮石墨烯在低倍数条件下的透射电子显微镜（TEM）图，从图中可以看出，4g 普鲁士蓝与标准化学计量比的镁粉（Mg）和碳酸钙（$CaCO_3$）为反应物制得的掺氮石墨烯（G-NP3）片层的尺寸为 30～50nm，该尺寸明显小于普鲁士蓝添加量为 3g 时制得的掺氮石墨烯（G-NP2）的片层尺寸。从结构完整性来看，普鲁士蓝添加量为 4g 时制得的掺氮石墨烯（G-NP3）的结构连续性较好，但均匀性较好，结构中存在着很多不完整位置，相对有更多缺陷，少数石墨烯层数较薄，相比于另一掺氮石墨烯结构来看存在很多优点。且该反应物比例合成的掺氮石墨烯的褶皱弯曲程度更为均匀，该褶皱结构对掺氮石墨烯的结构稳定性起到很好的支撑作用，从而使得掺氮石墨烯不易发生堆叠而聚集。

而通过进一步比较图 5-2(b) 和 (d) 可以明显看出，普鲁士蓝添加量为 4g 时制得的掺氮石墨烯（G-NP3）的石墨烯片层结构中褶皱部分的比例要比相同条件下普鲁士蓝添加量为 3g 时制得的掺氮石墨烯（G-NP2）褶皱比例更多，且片层多表现为横纵交叉状态，整体结构中缺陷位置较为明显。从片层厚度来看，对比两个不同普鲁士蓝添加量制得的掺氮石墨烯的层数可以看出，低普鲁士蓝添加量制得的掺氮石墨烯（G-NP2）片层厚度均匀，多为 7～10 层，高普鲁士蓝添加量制得的掺氮石墨烯（G-NP3）片层则相对更薄一些，边缘位置看来仅为 5～7 层。同时，还可以从图中观察到掺氮石墨烯片层中有许多片层组合成为了类似泡沫状的结构，而也有相关研究表明，掺氮石墨烯片层中的泡沫状结构的存在会使得掺氮石墨烯具备一些独特的理化性质，从而使其有望被应用于一些相关功能材料，并可以应用于相关领域。因此，我们有理由认为，将普鲁士蓝作为氮源，

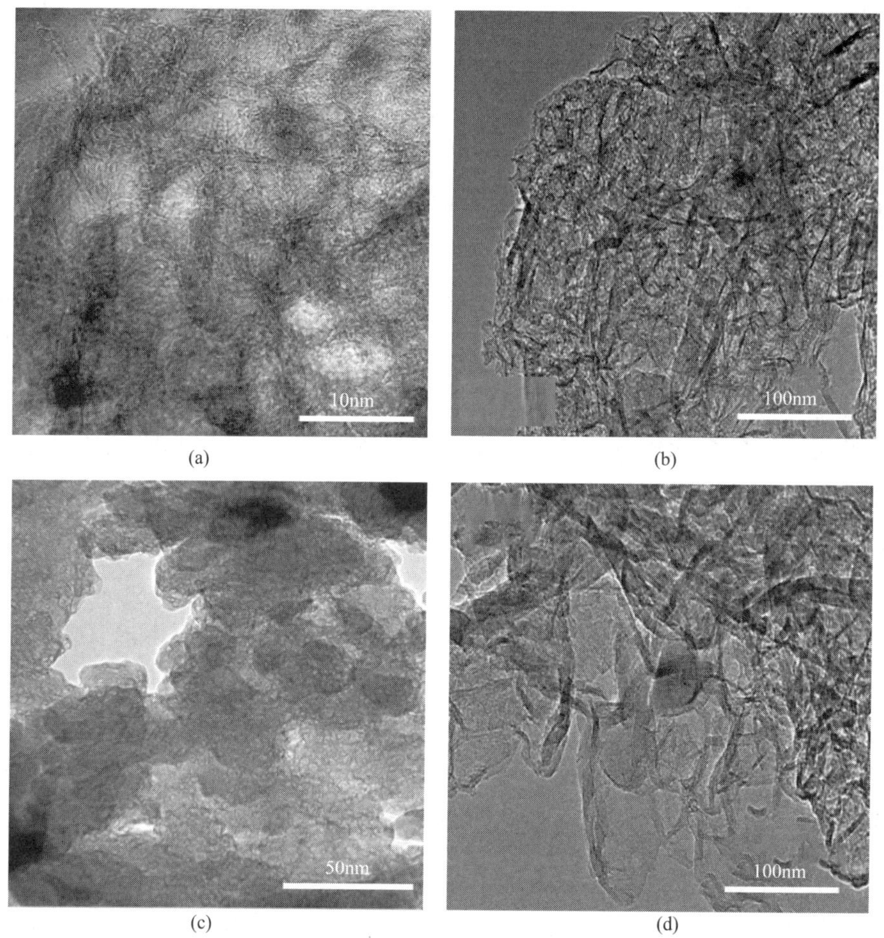

(a) (b) (c) (d)

图 5-2 镁粉、碳酸钙和普鲁士蓝燃烧合成掺氮石墨烯样品透射电子显微镜图

使其与镁粉和碳酸钙通过高温自蔓延燃烧合成法可以成功制得掺氮石墨烯，该掺杂可以在一定程度上提高石墨烯的导电性能及稳定性，增加石墨烯表面吸附粒子的活性位点等，从而有望应用于功能材料的合成领域，并赋予该功能材料一定程度的独特结构及性质。

（2）微观组织结构分析

如果想要了解和评价一种新型材料，不仅需要对材料的微观形貌进行表征，还需要进一步检测并分析材料的微观组织结构。对石墨烯类材料进行微观组织结构表征的手段主要包含用于检测晶体结构及晶面宽度的 X 射线衍射（XRD）、用于检测石墨烯材料的缺陷程度及片层厚度的拉曼光谱以及用于检测结构中主要元素的键合情况的 X 射线光电子能谱（XPS）。

图 5-3 为分别以 3g 和 4g 普鲁士蓝及标准化学计量比的镁粉（Mg）和碳酸钙（$CaCO_3$）为反应物，通过自蔓延高温合成法制备得到的掺氮石墨烯（G-NP2 和 G-NP3）的 X 射线衍射（XRD）图谱。从两个图谱可以看出：首先，不同质量的氮源（普鲁士蓝）合成的掺氮石墨烯的 X 射线衍射图谱在全谱范围内（20°～60°）没有明显区别，每个比例的反应物所合成的掺氮石墨烯产物都具有一个较强且很尖锐的峰，位置在 25.9°附近，该位置的特征峰对应于石墨峰（002）面；其次，还可以在 43.2°位置上观察到有一个较弱的峰，该特征峰对应于石墨烯的（100）面，这两个位置的特征峰都是少层石墨烯的特征峰峰位。而以普鲁士蓝、镁粉和碳酸钙为反应物合成的掺氮石墨烯具有 25.9°和 43.2°两个位置的特征峰，由此可以说明该反应物制得的掺氮石墨烯为典型的少层石墨烯类别，同时也可以说明以普鲁士蓝为氮源，与镁粉（Mg）和碳酸钙（$CaCO_3$）共为反应物制得的掺氮石墨烯中的碳原子均为非晶碳，具有明显的石墨烯碳特征。此外，在该 X 射线衍射（XRD）图谱中没有看到其他明显的杂质峰［氧化镁（MgO）及氧化钙（CaO）特征峰］，由此可以说明，该掺氮石墨烯产物经过酸洗、水洗和醇化过程后，可以极大程度地去除粗产物中的杂质，使得反应产物中的杂质氧化镁（MgO）及氧化钙（CaO）含量较少。而这一结构也可与前面所述的扫描电子显微镜（SEM）及透射电子显微镜（TEM）的观察结果相一致。同时也可以通过后续的 X 射线光电子能谱（XPS）检测及分析结果进一步相互印证。

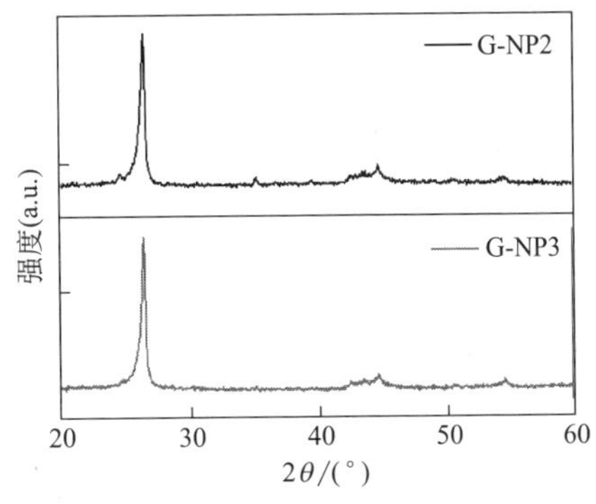

图 5-3　镁粉、碳酸钙和普鲁士蓝燃烧合成掺氮石墨烯样品 X 射线衍射图谱

通过拉曼光谱手段可以对石墨烯类材料的特征峰（主要是 D 峰、G 峰及 2D 峰）的位置及相对强度进行检测，该特征峰的位置及相对强度可以反映出石墨烯类碳材料结构的完整性及层数。从前面的内容中可以得知，D 峰的位置常位于 $1350cm^{-1}$ 附近，是碳缺陷的特征峰，可以间接反映出石墨烯片层的结构完整性；G 峰常位于 $1580cm^{-1}$ 附近，表示的是碳 sp^2 结构的特征峰，可以反映出石墨烯结构的对称性及晶体程度；2D 峰

通常位于 $2700cm^{-1}$ 附近，主要表现的是由于两个双声子的非弹性散射所引发的振动。D 峰和 G 峰的相对强度的比值（I_D/I_G）表示碳材料的结构完整性，可以体现出石墨烯类碳材料的结构有序程度，该比值（I_D/I_G）越小，就可表明石墨或石墨烯的有序程度越高，结构越完整，反之就表明其结构中缺陷越大，结构越无序；2D 峰和 G 峰的相对强度的比值（I_{2D}/I_G）表示碳材料片层的厚度，I_{2D}/I_G 值越小，表明石墨烯片层的厚度越薄，反之则越厚。

图 5-4 为分别以 3g 和 4g 普鲁士蓝作为氮源，使其与标准化学计量比镁粉和碳酸钙为反应物合成的掺氮石墨烯（G-NP2 和 G-NP3）的拉曼光谱图谱。其中图 5-4(a) 为以普鲁士蓝为氮源，且普鲁士蓝的添加量为 4g，同时添加标准化学计量比的镁粉和碳酸钙为反应物通过自蔓延高温合成法制得的掺氮石墨烯（G-NP3）的拉曼光谱图谱。从图 5-4(a) 中可以看出，普鲁士蓝添加量为 4g 时合成的掺氮石墨烯（G-NP3）的拉曼光谱图谱中有明显的 D 峰、G 峰和 2D 峰三个特征峰，且三个特征峰（D 峰、G 峰、2D 峰）的形状对称且尖锐。通过对这三个峰的位置及相对强度进行分析可以看出，D 峰、G 峰和 2D 峰的位置分别位于 $1350cm^{-1}$、$1580cm^{-1}$ 和 $2700cm^{-1}$ 附近。相比于石墨的 2D 峰位置（通常情况在 $2715cm^{-1}$ 附近），以普鲁士蓝为氮源制得的掺氮石墨烯的 2D 峰位置向小波数方向发生了偏移，这一位置的偏移也是少层石墨烯的典型特征现象之一。从而可以首先证明，所合成的掺氮石墨烯为少层石墨烯而非石墨。

接下来要通过比较拉曼光谱中的每个特征峰的相对强度的比例，根据 D 峰与 G 峰的相对强度的比值及 2D 峰与 G 峰的相对强度的比值可以进一步对石墨烯片层的缺陷程度及层数进行比较和分析。从掺氮石墨烯的拉曼光谱中可以得出，普鲁士蓝添加量为 4g 时制得的掺氮石墨烯（G-NP3）的 D 峰与 G 峰的相对强度的比值（I_D/I_G）为 0.76，2D 峰与 G 峰的相对强度的比值（I_{2D}/I_G）为 0.66，将这一结果与其他类型石墨烯进行比较可以进一步对以普鲁士蓝为氮源、与标准化学计量比的镁粉（Mg）和碳酸钙（$CaCO_3$）为反应物制得的掺氮石墨烯的结构完整性、石墨烯片层缺陷程度及石墨烯片层厚度等进行比较及分析，从而可以更加全面地评判使用该反应物比例及反应方法制得的掺氮石墨烯的综合质量。

图 5-4(b) 和 (c) 分别为将以 4g 添加量的普鲁士蓝、标准化学计量

比的镁粉和碳酸钙为反应物制得的掺氮石墨烯（G-NP3）与氧化还原石墨烯（$G_{Graphite}$）、以 CO_2 为反应物燃烧合成制得的石墨烯（G_{CO_2}）及以碳酸钙（$CaCO_3$）为碳源高温自蔓延制得的石墨烯（G_{CaCO_3}）的 I_D/I_G 和 I_{2D}/I_G 值相比较的结果。图 5-4(b) 为以上几种石墨烯材料的 I_D/I_G 值相比较的结果，从图中可以看出，以 4g 普鲁士蓝为氮源制得的掺氮石墨烯（G-NP3）的 I_D/I_G 值为 0.76，氧化还原石墨烯（$G_{Graphite}$）的 I_D/I_G 值为 0.03，以 CO_2 为反应物燃烧合成制得的石墨烯（G_{CO_2}）的 I_D/I_G 值为 0.94，和以碳酸钙（$CaCO_3$）为碳源自蔓延高温制得的石墨烯（G_{CaCO_3}）的 I_D/I_G 值为 0.32。通过对这些数据进行比较可以看出，在这些数值中，氧化还原石墨烯（$G_{Graphite}$）的 I_D/I_G 值最小，以 CO_2 为反应物燃烧合成制得的石墨烯（G_{CO_2}）的 I_D/I_G 值最大，其他两个材料包括以 4g 普鲁士蓝为氮源制得的掺氮石墨烯（G-NP3）及以碳酸钙（$CaCO_3$）为碳源自蔓延高温制得的石墨烯次之。由此可以证明，在这四种材料中结构最为完

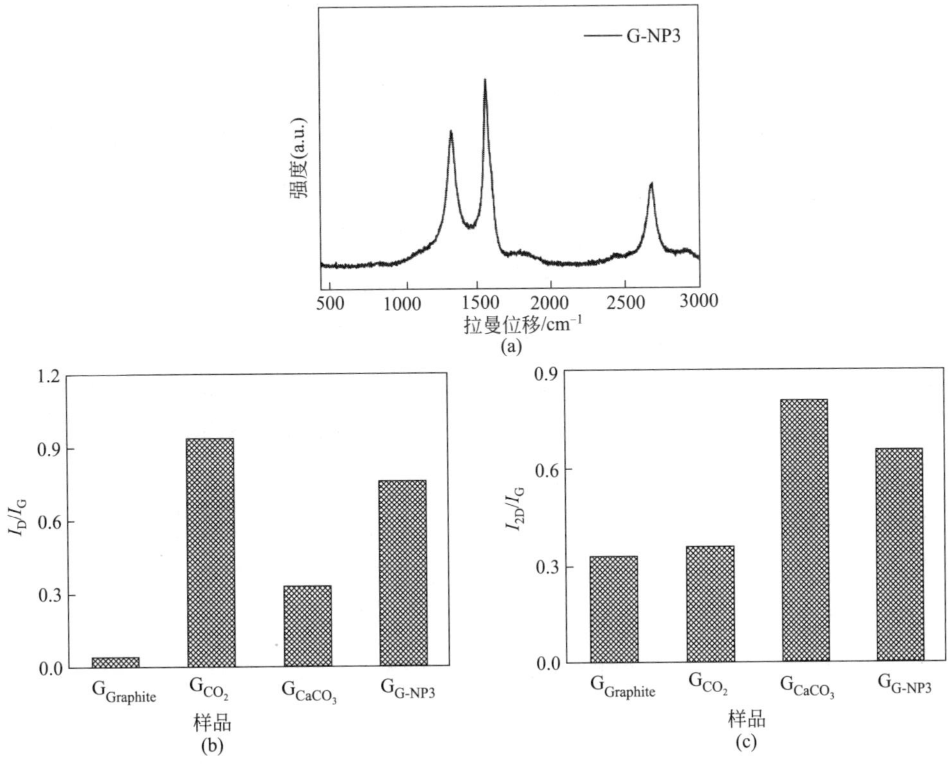

图 5-4　镁粉、碳酸钙和普鲁士蓝燃烧合成掺氮石墨烯样品拉曼光谱

整、缺陷最少的是氧化还原石墨烯（$G_{Graphite}$），结构完整性排名第二的是以碳酸钙（$CaCO_3$）为碳源制得的石墨烯（G_{CaCO_3}），接下来是以普鲁士蓝为氮源制得的掺氮石墨烯，其结构完整性仅比以 CO_2 为反应物燃烧合成制得的石墨烯（G_{CO_2}）要好，在四种石墨烯材料中排名第三。分析产生这一结果的原因可以得知，以普鲁士蓝为氮源制得的掺氮石墨烯（G-NP3）由于其结构中掺入了一定比例的氮原子，使得氮原子会以吡啶氮、吡咯氮或石墨氮等形式存在于石墨烯碳原子表面，在一定程度上影响石墨烯碳骨架结构的完整性，由此使得该掺氮石墨烯的结构完整性没有氧化还原石墨烯及以碳酸钙为反应物制得的石墨烯的结构完整性好。

通过进一步比较四种石墨烯材料的拉曼光谱中 2D 峰与 G 峰的相对强度的比值可以看出，以普鲁士蓝为氮源制得的掺氮石墨烯（G-NP3）的 I_{2D}/I_G 值为 0.66，氧化还原石墨烯（$G_{Graphite}$）的 I_{2D}/I_G 值为 0.33，以 CO_2 为反应物燃烧合成制得的石墨烯（G_{CO_2}）的 I_{2D}/I_G 值为 0.36，以碳酸钙（$CaCO_3$）为碳源高温自蔓延制得的石墨烯（G_{CaCO_3}）的 I_{2D}/I_G 值为 0.81。I_{2D}/I_G 值可以说明石墨烯材料的厚度，其比值越大，说明石墨烯材料的层数越薄。根据比较可以知道，在四种材料中层数最厚的为氧化还原石墨烯（$G_{Graphite}$）和以 CO_2 为反应物燃烧合成制得的石墨烯（G_{CO_2}），最薄的是以碳酸钙（$CaCO_3$）为碳源高温自蔓延制得的石墨烯（G_{CaCO_3}），以普鲁士蓝为氮源制得的掺氮石墨烯（G-NP3）片层仅比以碳酸钙（$CaCO_3$）为碳源高温自蔓延制得的石墨烯（G_{CaCO_3}）厚，但是要比氧化还原石墨烯（$G_{Graphite}$）和以 CO_2 为反应物燃烧合成制得的石墨烯（G_{CO_2}）薄。

如果想要进一步确定以普鲁士蓝为氮源制得的掺氮石墨烯的具体厚度及层数，还需要将拉曼光谱的结果与扫描电子显微镜（SEM）、透射电子显微镜（TEM）等手段结合进行观察和分析。综合以上结果可知，以普鲁士蓝为碳源制得的掺氮石墨烯无论是从片层完整性，还是片层的缺陷程度或片层厚度及层数等方面的性质，均优于氧化还原石墨烯（$G_{Graphite}$）和以 CO_2 为反应物燃烧合成制得的石墨烯（G_{CO_2}）。

通过 X 射线光电子能谱可以实现对固体表面各元素进行定量和价键结构分析。表 5-2 和图 5-5 为以不同添加量的普鲁士蓝、镁粉以及碳酸钙通过自蔓延高温合成法制得的掺氮石墨烯（G-NP1、G-NP2 和 G-NP3）的 X 射线光电子能谱（XPS）分析结果。其中表 5-2 具体罗列出以不同添加量的普鲁士蓝为氮源制得的掺氮石墨烯（G-NP1、G-NP2 和 G-NP3）中的组成成分及各元素含量，额外地，我们还计算出了氮元素的理论含量，用以体现以普鲁士蓝为氮源对氮原子掺杂的效果。首先，表 5-2 中碳（C）元素的含量均为 90.00%（原子分数）以上，且不同比例反应物制得的产物间没有明显区别，由此可以初步说明合成的掺氮石墨烯的主要成分均为碳（C）元素；接下来我们要比较镁（Mg）元素、钙（Ca）元素及氧（O）元素的含量，对于普鲁士蓝添加量为 2g 所制得的掺氮石墨烯（G-NP1）来说，其掺氮石墨烯中的镁（Mg）元素含量为 2.00%（原子分数）、钙（Ca）元素含量为 1.18%（原子分数）、氧（O）元素含量为 3.73%（原子分数），根据我们前面所述，反应产物在经过清洗步骤后，体系内会残留一部分被石墨烯片层包裹在内的氧化镁（MgO）和氧化钙（CaO）颗粒，其余的氧（O）元素全部贡献给石墨烯片层表面的碳氧官能团，通过计算得知其所占含量约为 0.55%（原子分数）。以同样的方法对普鲁士蓝添加量分别为 3g 和 4g 所制得的掺氮石墨烯中的成分组成及含量进行分析可知：普鲁士蓝添加量为 3g 所制得的掺氮石墨烯（G-NP2）中镁元素含量为 2.30%（原子分数）、钙元素含量为 1.01%（原子分数）、氧元素含量为 5.58%（原子分数），其氧元素贡献于石墨烯片层表面的碳氧官能团中所占比例为 2.27%（原子分数）；普鲁士蓝添加量为 4g 所制得的掺氮石墨烯（G-NP3）中镁元素含量为 1.30%（原子分数）、钙元素含量为 0.57%（原子分数）、氧元素含量为 5.85%（原子分数），其氧元素贡献于石墨烯片层表面的碳氧官能团中所占比例为 3.98%（原子分数）。由此可以初步说明，在上述三个掺氮石墨烯样品中，普鲁士蓝添加量为 2g 时所制备得到的掺氮石墨烯中碳（C）含量最高［92.02%（原子分数）］，杂质元素含量及含氧官能团含量最少；普鲁士蓝添加量为 3g 和 4g 时所制得的掺氮石墨烯中碳元素及氧元素含量差别不大，但由于普鲁士蓝添加量为 3g 所制得的掺氮石墨烯（G-NP2）片层中残留的氧化镁（MgO）和氧化钙（CaO）含量较大，所以使得其片层中碳氧官能团含量低于普鲁士蓝添加量为 4g 时所制得的掺氮石墨烯（G-NP3）中碳氧官能团的含量。对掺氮石墨烯中氮元素含量的评价分为两个部分，一个是通过理论计算得到的以普鲁士蓝为氮源制得的掺氮石墨烯中的氮含量，另一个即为通过 X 射线光电子能谱测得的该掺氮石墨烯中的实际氮含量数值。当普鲁士蓝的添加量为2g时，以标准化学计量比的镁粉和碳酸钙制得掺氮石墨烯中理论氮含量应为10.14%（原子分数）；当普鲁士蓝添加量为3g时，理论氮含量应为16.00%（原子分数）；当普鲁士蓝添加量为4g时，理论氮含量应为20.23%（原子分数）。但是对以上三个掺氮石墨烯中氮含量进行检测可知，其氮含量均很低并没有随着氮源添加量的增加而发生明显的变化，三个不同普鲁士蓝添加量制得的掺氮石墨烯中的氮元素含量均为0.60%（原子分数）左右。

表 5-2　以镁粉、碳酸钙和普鲁士蓝为反应物通过自蔓延高温合成法制得的掺氮石墨烯样品元素组成及含量

样品	C含量(原子分数)/%	O含量(原子分数)/%	Ca含量(原子分数)/%	N含量(原子分数)/%	Mg含量(原子分数)/%	理论N含量(原子分数)/%
G-NP1	92.02	3.73	1.18	0.54	2.00	10.14
G-NP2	90.52	5.58	1.01	0.59	2.30	16.00
G-NP3	91.61	5.85	0.57	0.66	1.30	20.23

根据上述结果分析总结可以看出，以不同添加量的普鲁士蓝为氮源、与标准化学计量比的镁粉和碳酸钙以高温自蔓延燃烧合成法制得的掺氮石墨烯中碳（C）元素含量较高、杂质元素（Mg、Ca、O）含量较低，可以证明制得的掺氮石墨烯的纯度较高。但是从氮元素含量来看，不同氮源添加量制得的掺氮石墨烯中氮元素含量没有随着氮源的添加量改变发生变化，且明显低于根据氮源添加量得出的氮元素理论含量。由此可以说明，以普鲁士蓝为氮源，可以成功制备得到纯度较高的掺氮石墨烯，但是其氮原子掺杂效果不佳，可以初步判断普鲁士蓝不适宜作为制备掺氮石墨烯的理想氮源。

图5-5为以4g普鲁士蓝、标准化学计量比的镁粉和碳酸钙为反应物以自蔓延高温合成法制得的掺氮石墨烯（G-NP3）的X射线光电子能谱检测结果。图5-5(a)为普鲁士蓝制得的掺氮石墨烯（G-NP3）的X射线光电子能谱（XPS）表面分析全谱。从X射线光电子能谱（XPS）全谱中可以看出，该掺氮石墨烯中峰位强度最大的是碳（C）元素，此外从图谱中还可以观察到有氧（O）元素、镁（Mg）元素和钙（Ca）元素，三种元素峰强度相当，由此可以说明这三种元素含量差别不大，峰强度最小的是氮元素，由此也可以说明该掺氮石墨烯（G-NP3）中氮（N）元素

含量较低。图 5-5(b) 为对普鲁士蓝添加量为 4g 时制得的掺氮石墨烯 (G-NP3) 的碳 (C1s) 元素峰进行精细扫描并且分峰拟合发现，该掺氮石墨烯中的碳 (C) 元素的键合结构主要是以 sp^2 杂化为主 (284.4eV)，这一结构特征峰与石墨烯典型的特征峰相一致。同时，对掺氮石墨烯中的碳 (C) 元素进行拟合可发现其石墨烯片层结构中还含有两种含氧官能团，其中主要包括位置在 285.5eV 的羟基 (C—OH) 和位于 289.6eV 的羧基 (O ═C—OH)，且这两种碳氧官能团的含量小于结构中碳元素的含量。此外，在对碳元素 C1s 峰进行分峰拟合时还可以看出，在 C1s 峰中没有发现明显的碳氮峰。由此可以说明，在该掺氮石墨烯 (G-NP3) 中的氮元素含量很低，且石墨烯片层结构中的碳氮键比例很低。由此也可以进一步印证之前的结论，以普鲁士蓝作为氮源通常情况下只能够制备出氮元素含量小于 1.00% (原子分数) 的掺氮石墨烯。

彩图

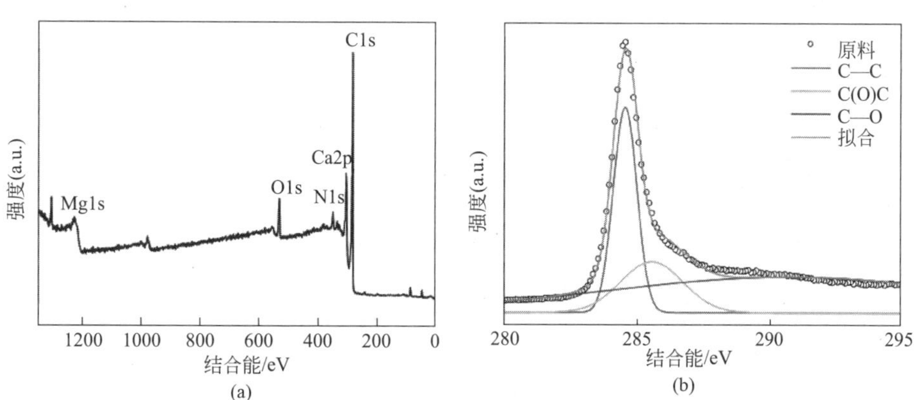

图 5-5　以镁粉、碳酸钙和普鲁士蓝为反应物通过自蔓延高温合成法制得的掺氮石墨烯的 X 射线光电子能谱图谱

5.3　以尿素为氮源自蔓延高温制备掺氮石墨烯

5.3.1　反应物原料及配比

本章节中采用的原材料为尿素 (carbamide)、镁粉 (Mg) 及碳酸钙 ($CaCO_3$)，其中尿素作为制备掺氮石墨烯的氮源，碳酸钙 ($CaCO_3$) 作为制备掺氮石墨烯的碳源，而镁粉则充当还原剂的角色。从 4.2 章节中的实

验结果可以看出，当反应物镁粉（Mg）和碳酸钙（$CaCO_3$）的反应比例为标准化学计量比的时候，所制备得到的少层石墨烯的分散程度最好、结构最完整。因此，在本章节实验过程中，所选用的反应物镁粉（Mg）和碳酸钙（$CaCO_3$）的摩尔比例均为标准化学计量比，仅改变尿素的添加量作为氮源的质量，得到一系列不同氮源添加量的反应产物（分别命名为 N-GX）。

其反应方程式为：

$$2Mg+CaCO_3+CO(NH_2)_2 \longrightarrow 2MgO+CaO+H_2O+C_xN_y \quad (5\text{-}2)$$

各反应物添加量如表 5-3 所示，其中镁粉的添加量为 16g、碳酸钙的添加量为 33.3g，符合反应的标准化学计量比，尿素的添加量分别为 2g、3g、4g、8g、14g 及 20g，对应地将反应产物命名为 N-G1、N-G2、N-G3、N-G4、N-G5 及 N-G6。

表 5-3 以镁粉、碳酸钙和尿素为反应物通过自蔓延高温合成法制备掺氮石墨烯的反应物配比

镁粉/g	碳酸钙/g	尿素/g	产物名称
16	33.3	2	N-G1
		3	N-G2
		4	N-G3
		8	N-G4
		14	N-G5
		20	N-G6

该反应物发生的自蔓延高温合成反应的反应装置如图 4-1 所示。具体合成方法如下，按照表格中不同反应物比例，准确称取粉体质量。首先，将镁粉、碳酸钙与不同添加量的尿素在研钵中充分研磨使其混合后放置于坩埚内；然后，将坩埚放置在充满 CO_2 气体的钢容器中，用加热的电阻丝将粉体引燃，随后反应物将自发进行自蔓延高温合成反应。在自蔓延合成过程中粉体会剧烈燃烧，并伴随产生大量烟雾。从反应物被引燃直至自蔓延过程完成结束约 4min，得到粗产物。

粗产物的酸洗方法如下：对自蔓延高温合成法制得的产物粉体进行准确称重，将其放置于抽滤瓶中，并将该抽滤瓶放置于磁力搅拌器上，使其可以一边搅拌一边缓慢滴加盐酸。将配好的体积分数为 20% 的稀盐酸（HCl）倒入梨形漏斗中，旋转梨形漏斗的二通活塞，使稀盐酸（HCl）

溶液缓慢滴入抽滤瓶中。同时打开磁力搅拌器和真空泵，从而使粉体可以与盐酸溶液充分反应。待反应完全结束后，将抽滤瓶中的盐酸溶液继续倒入烧杯中浸泡 48h，从而可以使得产物中的杂质能够反应完全。48h 之后，将静置的混合溶液通过砂芯抽滤装置进行清洗过滤。首先用去离子水清洗黑色产物 2～3 次直至滤液 pH 值呈中性，然后再用无水乙醇对粉末进行清洗以去除粉末中多余的水分，每次清洗后都要将烧杯放入超声振荡仪中进行超声处理，以使之能够充分分散均匀。最后将经过水洗、醇洗之后的粉体放置在真空干燥箱中真空干燥 24h，温度为 90℃。干燥好之后粉体进行称重保存，进行后续研究。

5.3.2　掺氮石墨烯的组织形貌分析

（1）微观形貌分析

对掺氮石墨烯进行微观形貌分析仍然要从扫描电子显微镜（SEM）和透射电子显微镜（TEM）两个方面来进行表征。图 5-6 为以尿素为氮源，使其与镁粉和碳酸钙通过自蔓延高温合成法制备得到的掺氮石墨烯的扫描电子显微镜（SEM）形貌图，其中图 5-6(a) 和（b）为 8g 的尿素(carbamide) 与标准化学计量比的镁粉（Mg）和碳酸钙（$CaCO_3$）燃烧合成的掺氮石墨烯（N-G4）的形貌图；图 5-6(c) 和（d）为尿素添加量为 14g 时燃烧合成制得的掺氮石墨烯（N-G5）的形貌图；图 5-6(e) 和(f) 为尿素添加量为 20g 时燃烧合成制得的掺氮石墨烯（N-G6）的形貌图。

总体上来看，从几组不同氮源添加量制得的掺氮石墨烯的扫描电子显微镜（SEM）图中均可以观察到，以尿素为氮源制得的掺氮石墨烯均为具有多种褶皱结构的三维连续结构，虽然片层的尺寸及连续程度略有差别，但是可以断定该掺氮石墨烯为具有弯曲结构的片状结构，且从扫描电子显微镜形成图片的明暗对称度来看，多数石墨烯片层厚度比较薄。进一步分析不同质量的尿素添加到反应物中所合成的掺氮石墨烯的形貌结构可以看出，当尿素添加量为 8g 时，掺氮石墨烯片层褶皱结构较为密集，结构聚集程度更明显，片层尺寸也相对较大，而这些类似波浪状的片层结构恰恰可以在一定程度上帮助掺氮石墨烯维持其结构稳定性。而当尿素添加量增加到 14g 及 20g 时，可以明显发现所制得的掺氮石墨烯片层更为分

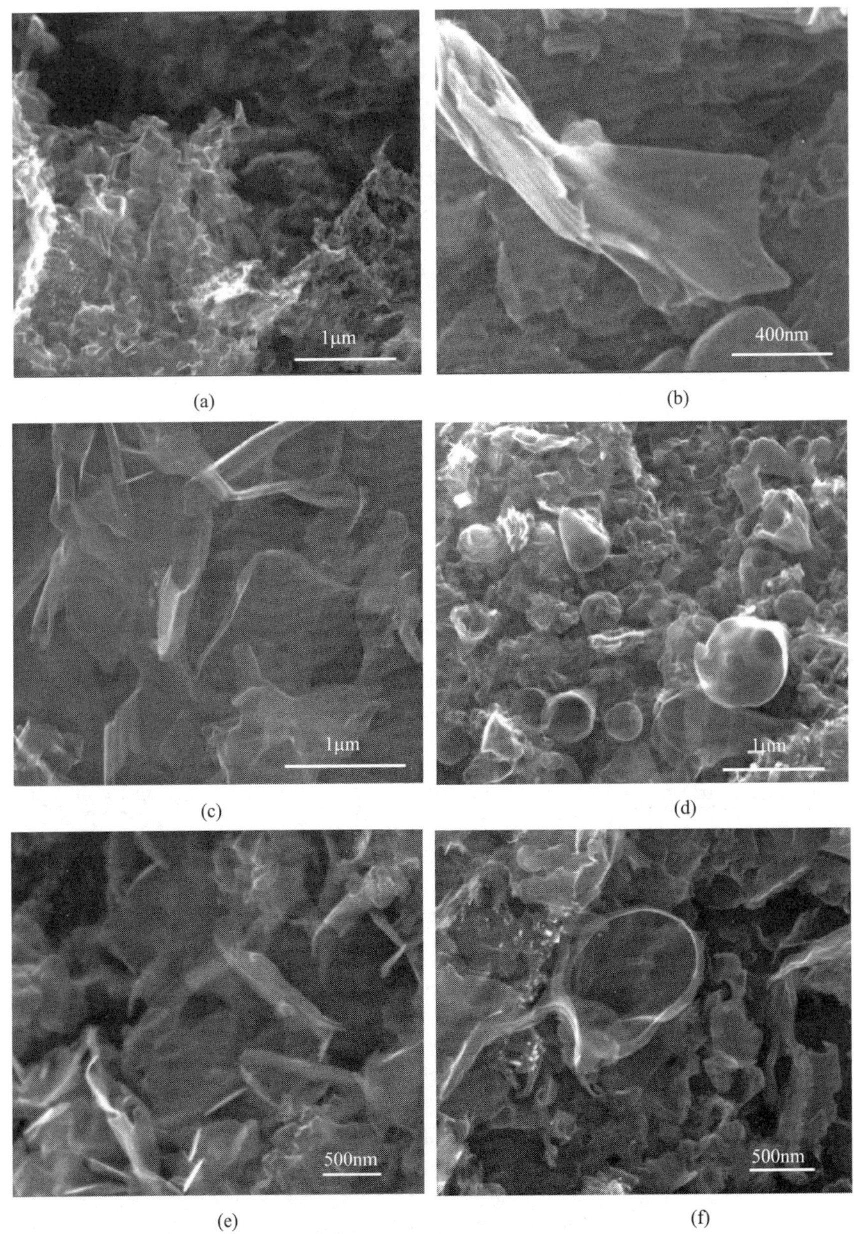

(a) (b) (c) (d) (e) (f)

图 5-6 镁粉、碳酸钙和尿素燃烧合成掺氮石墨烯样品扫描电子显微镜图

散，褶皱结构及波纹状片层明显减少，由此可以判断增加反应物中氮源的质量可以在一定程度上改善燃烧合成得到的掺氮石墨烯的分散性及平面片层尺寸。氮源添加量越高，通过自蔓延燃烧合成法制得的掺氮石墨烯片层

结构更加分散，片层中褶皱结构更少，但片层尺寸更小。而针对大比例氮源反应物所制得的掺氮石墨烯片层所出现的喇叭状片层结构的现象，这种特殊结构的出现是否会对掺氮石墨烯的理化性质产生影响，进而使其更有利于在某些应用领域有更好的发展前景等，还有待进一步研究。

此外，在图 5-6(d) 和 (f) 中可以发现以尿素作为氮源所制得的掺氮石墨烯片层中有明显的类似喇叭状的片层结构，而且在相同倍数下可以发现该喇叭状结构的密度也有所不同。而产生这一现象的原因可以解释为，当将高添加量氮源加入自蔓延高温合成反应物中时，反应过程中不仅只有氧化镁（MgO）、氧化钙（CaO）等颗粒反应产物的生成，同时还会伴随着发生尿素中氮原子被掺杂到石墨烯片层的边缘或者缺陷位置，并与其片层表面或边缘的碳原子发生共价结合的情况。氧化镁（MgO）和氧化钙（CaO）作为掺氮石墨烯片层的生长模板，在掺氮石墨烯合成过程中促使该片层结构全部或部分包裹于其表面进行生成，而氮原子的原子尺寸较为相似，使得石墨烯片层在合成过程中极有可能将尿素中的氮原子掺杂到石墨烯片层结构中，并使其片层骨架中价键组合发生变化，进而影响掺氮石墨烯的形状。此外，通过比较图 5-6(d) 和 (f) 两张图片中该喇叭状特殊结构的密度可以看出，尿素添加量为 14g 时制得的掺氮石墨烯（N-G5）片层中喇叭状结构明显多于尿素添加量为 20g 时制得的掺氮石墨烯（N-G6)，可以说明掺氮石墨烯中石墨烯片层的分散程度及其结构直接受到氮（N）元素含量高低的影响。

X 射线能谱（EDX）作为扫描电子显微镜的附件功能，通过电子枪发射的高能电子由电子光学系统中的二级电磁透镜聚焦成为很细的电子束来激发样品室中的样品，从而产生背散射电子、二次电子、俄歇电子、吸收电子、透射电子等多种信息。通过观察特征 X 射线能量展开所获得的图谱，根据峰位及峰强度对所测样品表面的元素组成及元素含量进行分析和比较。

表 5-4 和图 5-7 为尿素添加量分别为 8g、14g 和 20g 时通过自蔓延高温合成法制得的掺氮石墨烯（N-G4、N-G5 和 N-G6）的 X 射线能谱分析结果。其中表 5-4 分别列出三种不同添加量氮源所制备得到的掺氮石墨烯的元素组成及各元素含量，从对元素组分及含量分析结果可以看出，三种不同添加量的氮源所制得的掺氮石墨烯表面碳（C）元素含量分别为

93.3%（原子分数）、88.4%（原子分数）及94.9%（原子分数），其氧（O）元素含量分别为3.3%（原子分数）、4.4%（原子分数）和1.2%（原子分数），钙（Ca）元素和镁（Mg）元素的含量分别为0.5%（原子分数）和0.7%（原子分数）、1.2%（原子分数）和1.8%（原子分数）及0.1%（原子分数）和0.1%（原子分数），氮（N）元素含量分别为2.2%（原子分数）、4.2%（原子分数）及2.7%（原子分数）。通过比较和分析可以看出，首先，不同氮源添加量制得的掺氮石墨烯中的碳元素含量均较高［>88%（原子分数）］，镁元素和钙元素的含量均较低［≤2%（原子分数）］，氧元素含量最高为4.4%（原子分数），氮元素含量也在2%～5%（原子分数）之间。由此可以说明，以尿素添加量分别为8g、14g及20g为氮源与镁粉和碳酸钙共为反应物可以制得纯度较高、杂质含量较少的掺氮石墨烯。

表5-4　尿素添加量分别为8g、14g和20g时所制得的掺氮石墨烯样品的X射线能谱分析结果

样品	C含量（原子分数）/%	O含量（原子分数）/%	N含量（原子分数）/%	Ca含量（原子分数）/%	Mg含量（原子分数）/%
N-G4	93.3	3.3	2.2	0.5	0.7
N-G5	88.4	4.4	4.2	1.2	1.8
N-G6	94.9	1.2	2.7	0.1	0.1

图5-7为以尿素为氮源制得的掺氮石墨烯样品表面的X射线能谱图，其中图5-7(a)～(c)分别对应于尿素添加量为8g、14g和20g通过自蔓延高温合成法制得的掺氮石墨烯扫描电子显微镜图选中区域的能谱分析结果，从图谱可以看出，三个掺氮石墨烯样品的能谱图中均有明显的碳（C）元素峰，还含有一定量的氮（N）元素及氧（O）元素，同时含有极少量的钙（Ca）元素和镁（Mg）元素两种杂质元素。

透射电子显微镜（TEM）的分辨率比光学显微镜高很多，因此，可以使用透射电子显微镜来观察样品的精细结构。在放大倍数较低时，透射电子显微镜成像的对比度主要是由于材料不同的厚度及成分对电子的吸附不同而造成的。当放大倍数较高时，复杂的波动作用会造成成像的亮度不同，需要对所得到的像进行更加专业的分析。

通过使用透射电子显微镜可以进一步直接观察到以尿素为氮源制得的

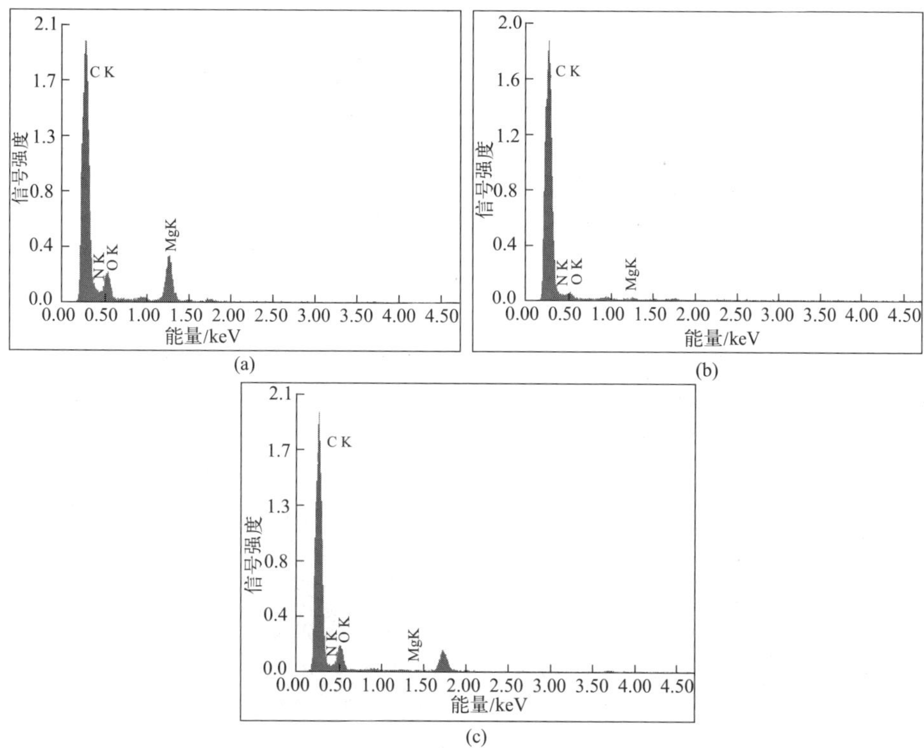

图 5-7　尿素为氮源自蔓延高温合成掺氮石墨烯样品 X 射线能谱分析

掺氮石墨烯的形貌、结构及层数等精细结构。为了可以更加准确直接地分析氮原子的掺杂对石墨烯结构的影响，我们分别选择了尿素添加量为 8g、14g 和 20g 的三种不同反应物比例所制得的掺氮石墨烯（N-G4、N-G5 和 N-G6），对三个掺氮石墨烯样品在不同倍数下进行观察和分析。图 5-8 为不同添加量的尿素与标准化学计量比的镁粉和碳酸钙通过高温自蔓延高温合成法制得的掺氮石墨烯的透射电子显微镜图，其中图 5-8(a) 和（b）为尿素添加量为 8g 时制得的掺氮石墨烯（N-G4）的透射电子显微镜（TEM）图，图 5-8(c) 和（d）为尿素添加量为 14g 时制得的掺氮石墨烯（N-G5）的透射电子显微镜（TEM）图，图 5-8(e) 和（f）为尿素添加量为 20g 时制得的掺氮石墨烯（N-G6）的透射电子显微镜（TEM）图。同时，图 5-8(a)、(c) 和（e）为低倍数下掺氮石墨烯的透射电子显微镜图，图 5-8(b)、(d) 和（f）为高倍数下掺氮石墨烯的透射电子显微镜图。

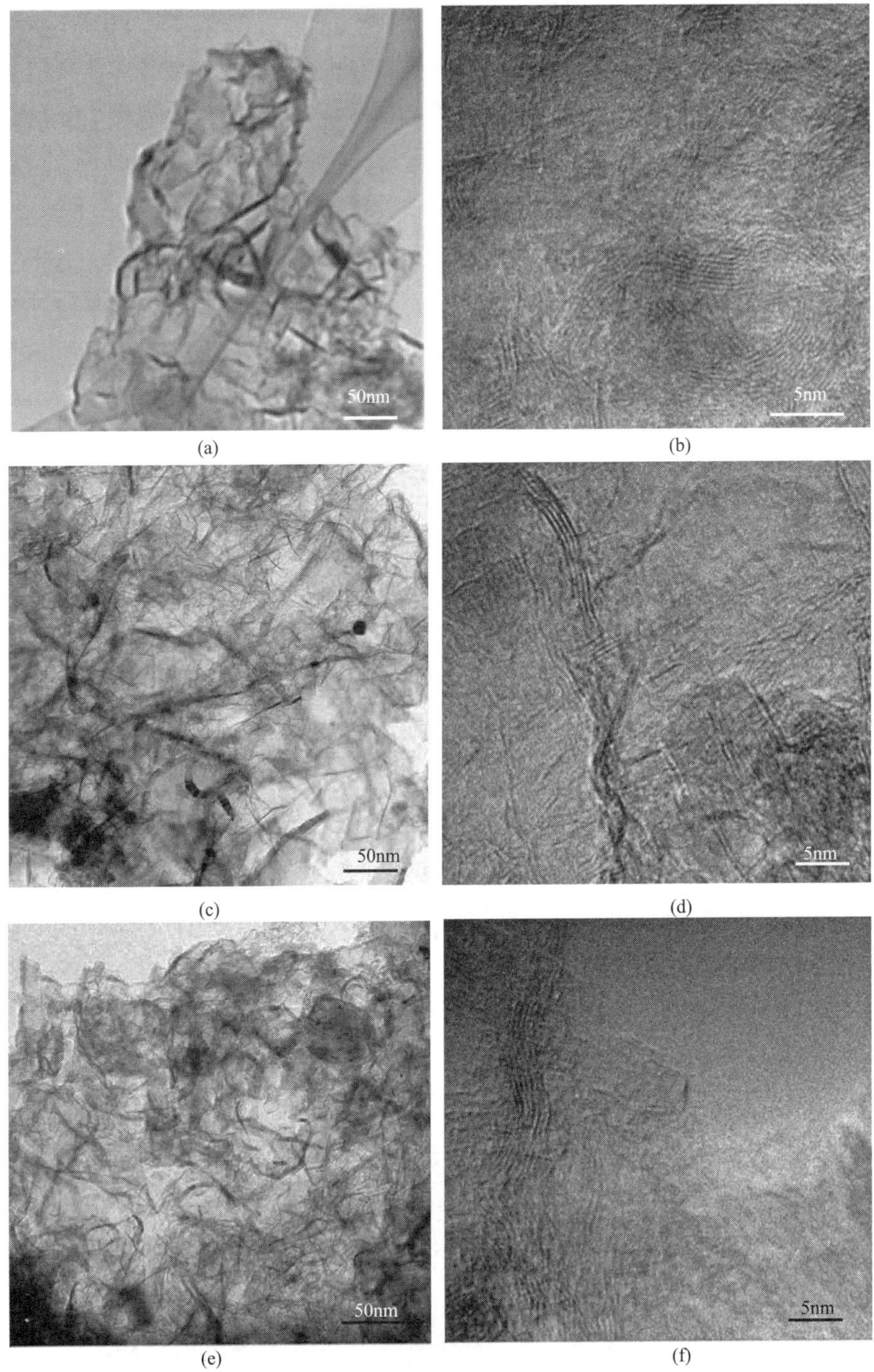

图 5-8 尿素、镁粉和碳酸钙自蔓延高温合成法制得掺氮石墨烯样品透射电子显微镜图

首先，从图 5-8(a)、(c) 和 (e) 中不同氮源添加比例的反应物制得的掺氮石墨烯在低倍数下的透射电子显微镜图可以看出，所有掺氮石墨烯的层数均较薄，且片层呈现出多褶皱的弯曲结构，石墨烯片层的分散性较好，没有明显的团聚和堆叠现象发生。分析不同氮源添加量对掺氮石墨烯结构的影响可以看出，当尿素添加量为 14g 时制得的掺氮石墨烯（N-G5）片层的层数最薄，且片层分散性也最好，而尿素添加量为 8g 和 20g 时制得的掺氮石墨烯（N-G4 和 N-G6）的片层结构也较为分散，但是在局部区域可以看到有一定的团聚现象，其中尿素添加量为 8g 制得的掺氮石墨烯（N-G4）的片层聚集程度更明显；从片层厚度来看，这两种掺氮石墨烯的片层厚度比尿素添加量为 14g 时制得的掺氮石墨烯（N-G5）要厚一些。其次，从图 5-8(b)、(d) 和 (f) 中高倍数下透射电子显微镜图可以进一步观察掺氮石墨烯的精细结构，图 5-8(d) 中尿素添加量为 14g 时制得的掺氮石墨烯（N-G5）的结构可以看出有很多褶皱，边缘结构也较多，从边缘可以推断出该掺氮石墨烯的层数大概分散在 2～6 层；尿素添加量为 8g 时制得的掺氮石墨烯（N-G4）的层数比尿素添加量为 14g 时制得的掺氮石墨烯（N-G5）厚一些，多数片层层数为 4～7 层，而且结构中褶皱的比例也没有尿素添加量为 14g 时制得的掺氮石墨烯（N-G5）多；尿素添加量为 20g 时制得的掺氮石墨烯（N-G6）的片层结构中褶皱结构及边缘结构也较尿素添加量为 8g 时制得的掺氮石墨烯（N-G4）多，但从边缘来看其层数也均在 7 层以下。根据以上结果进行分析可以知道，不同的氮源（尿素）添加量与标准化学计量比的镁粉和碳酸钙反应均可制得片层厚度为 7 层以下、分散均匀且具有多褶皱结构的掺氮石墨烯片层，不同氮源比例反应制得的掺氮石墨烯结构略有差别，随着氮源添加量的增加会使得掺氮石墨烯片层的分散性更好、层数更薄，但是当氮源添加量增加到一定程度后又会使得掺氮石墨烯的结构发生聚集，同时也会发生片层层数增加的情况。综合扫描电子显微镜（SEM）及 X 射线能谱（EDX）分析结果可以看出，掺氮石墨烯结构中的氮（N）元素含量会影响掺氮石墨烯的结构及层数，如若掺氮石墨烯中氮（N）元素的含量越高，则该掺氮石墨烯的分散性越好，片层中喇叭状的结构越多，层数也会相对更薄。

(2) 微观组织结构分析

由于晶体是由原子规则排列成的晶胞组成，这些规则排列的原子间距离与入射 X 射线波长有相同的数量级，由于不同原子散射的 X 射线相互干扰，在某些特殊方向上产生强 X 射线衍射。通过 X 射线衍射可以对被检测物体进行物相分析，从而确定材料中存在的物相以及各相的含量。图 5-9 为不同反应物质量的尿素与镁粉（Mg）、碳酸钙（$CaCO_3$）通过自蔓延高温合成法制备得到的掺氮石墨烯的 X 射线衍射（XRD）图谱。通过比较不同氮源比例的反应物所得到的掺氮石墨烯之间 X 射线衍射图谱，可以看出不同尿素添加量燃烧合成得到的掺氮石墨烯的峰位及峰形没有明显区别，仅在 25.9°位置上有一个较强的石墨峰（002），峰形对称且尖锐，不同氮源反应物比例的 X 射线衍射峰位没有移动和变化。同时可见在 43.2°位置上有一个较弱的少层石墨烯的（100）面的峰。因此可以说明不同尿素质量作为反应物制得的掺氮石墨烯成分多数为碳元素，且材料间层间距没有明显区别。

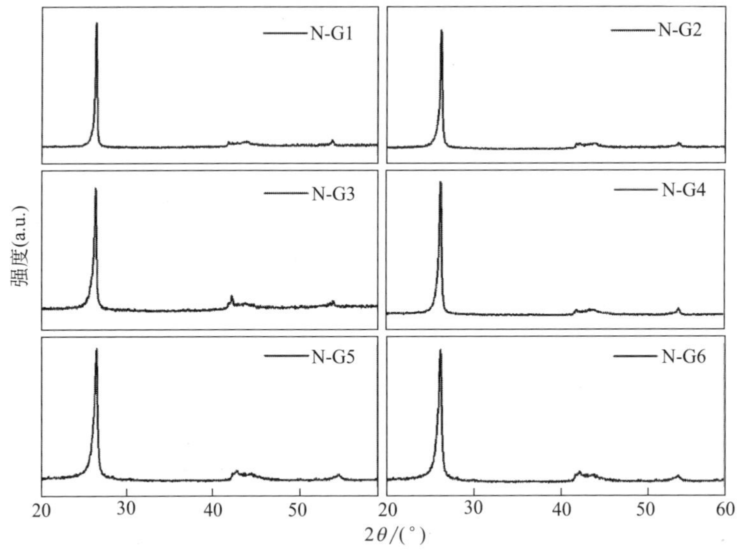

图 5-9 镁粉、碳酸钙和尿素自蔓延燃烧合成掺氮石墨烯样品 X 射线衍射图谱

如果想要进一步了解和分析以尿素为氮源制得的掺氮石墨烯的片层结构，还需要对材料进行拉曼光谱的检测和分析。图 5-10 为以不同质量尿素为氮源、与镁粉和碳酸钙共为反应物通过自蔓延高温合成法制得的掺氮石墨烯样品的拉曼光谱及其图谱相关数据统计。

图 5-10(a) 为尿素添加量分别为 2g、3g、4g、8g、14g 和 20g 时制得的掺氮石墨烯的拉曼光谱图全谱。从图谱中可以看出，所有的掺氮石墨烯

（N-GX）样品均含有明显的 G 峰、D 峰及 2D 峰，位置分别在 $1585cm^{-1}$、$1340cm^{-1}$ 和 $2677cm^{-1}$。根据文献所述，D 峰可以在一定程度上反映出石墨烯结构中的错位及缺陷比例，这些结构中的错位和缺陷通常是由石墨烯片层的平面边缘结构所引起；G 峰常用来表明 sp^2 碳结构中 E_{2g} 的一阶散射，这两个峰的位置和强度都会受到掺杂的影响。通过比较不同氮源比例反应物制得的掺氮石墨烯样品的 D 峰的相对强度，可以看出当尿素添加量为 2g、3g、4g、8g 时制得的掺氮石墨烯（N-G1～4）的 D 峰位置及强度没有明显变化，当尿素添加量为 14g 和 20g 时，掺氮石墨烯（N-G5 和 N-G6）样品拉曼光谱的 D 峰位置没有发生变化，但是强度比小比例氮源制得的掺氮石墨烯的 D 峰明显增强。产生这一现象的原因主要是由于在高比例氮源制得的掺氮石墨烯中氮原子会以较高比例掺入石墨烯片层中，并以吡咯氮或吡啶氮的形式结合在石墨烯片层的边缘或者缺陷位置，从而会对石墨烯拉曼光谱中 D 峰的强度产生影响。

石墨烯的 G 峰位置及半峰宽通常可以反映出样品的缺陷密度。通过比较不同氮源反应物制得的掺氮石墨烯的 G 峰的位置，可以观察到高比例氮源反应制得的掺氮石墨烯（N-G5 和 N-G6）的 G 峰位置与低比例氮源反应制得的掺氮石墨烯（N-G1～4）相比向高频率方向发生了偏移，且 G 峰的半峰宽明显增加。这些现象都说明了在高比例氮源反应制得的掺氮石墨烯片层中的缺陷程度与低比例氮源反应制得的掺氮石墨烯相比发生了一定的变化。根据 Zhao 的研究结果表明，当掺氮石墨烯中氮元素含量较高时，会使得掺氮石墨烯拉曼光谱中 G 峰的位置发生偏移，同时会对 G 峰的半峰宽产生一定的影响。由此也可以在一定程度上说明，以尿素作为氮源可以成功合成出不同氮含量的掺氮石墨烯，同时通过调节尿素作为氮源的添加质量，可以改变掺氮石墨烯中氮元素的含量，进而对掺氮石墨烯的片层结构产生影响。

拉曼光谱中 D 峰、G 峰和 2D 峰的相对强度可以反映出石墨烯片层结构的完整性和层数，用 I_D/I_G 来衡量掺氮石墨烯材料的结构完整性，体现其缺陷程度，用 I_{2D}/I_G 表示掺氮石墨烯材料的片层厚度。图 5-10(b) 为对三个尿素添加量较高的掺氮石墨烯样品（N-G4、N-G5 和 N-G6）的 I_D/I_G 和 I_{2D}/I_G 值进行比较和分析的结果。从图中可以看出，在三个掺氮石墨烯样品中尿素添加量为 8g 时所制得的掺氮石墨烯（N-G4）的 I_D/I_G

值最小，说明该掺氮石墨烯片层中结构缺陷最少，而尿素添加量为 14g 和 20g 时制得的掺氮石墨烯（N-G5 和 N-G6）的 I_D/I_G 值大小相当，且该比值均大于尿素添加量为 8g 时制得的掺氮石墨烯的 I_D/I_G 值。由此可以说明，尿素添加量为 14g 和 20g 时制得的掺氮石墨烯（N-G5 和 N-G6）片层结构中的缺陷密度比尿素添加量为 8g 时所制得的掺氮石墨烯（N-G4）多。分析产生这一结果的原因主要是由于当高比例氮源作反应物制得掺氮石墨烯时，有更多的氮原子会掺杂到石墨烯片层结构中，从而打破了石墨烯 sp^2 碳六元环结构，进而会形成吡咯氮或吡啶氮两种不同的结构。I_{2D}/I_G 可以在一定程度上反映石墨烯层数的多少，2D 峰的相对强度也与掺杂元素［氮（N）元素］及掺杂电子的掺杂含量有一定的关系，因此，吡咯氮和吡啶氮在石墨烯片层结构中的含量可以在一定程度上影响 2D 峰的相对强度。这就使得氮（N）元素的掺杂浓度与 I_{2D}/I_G 值有明显关系。通过对不同氮源添加量制得的掺氮石墨烯产物（N-G4、N-G5 和 N-G6）的 I_{2D}/I_G 值进行比较可以看出，尿素添加量为 14g 时制得的掺氮石墨烯（N-G5）的 I_{2D}/I_G 值要明显高于尿素添加量为 8g 和 20g 时制得的掺氮石墨烯（N-G4 和 N-G6），说明尿素添加量为 14g 制得的掺氮石墨烯（N-G5）片层的层数比其他两个氮源添加量制得的掺氮石墨烯（N-G4 和 N-G6）片层薄，这些结构的变化也是由石墨烯结构中吡咯氮和/或吡啶氮的含量较高所引起的。而这三种掺氮石墨烯的结构特征也与扫描电子显微镜（SEM）及透射电子显微镜（TEM）结果相符。

为了综合评价以不同添加量的尿素为氮源、以标准化学计量比的镁粉和碳酸钙为反应物制得的掺氮石墨烯（N-PX）片层的缺陷程度及层数，将高添加量的尿素为氮源制得的掺氮石墨烯（N-G4、N-G5 和 N-G6）的 I_D/I_G 和 I_{2D}/I_G 值与氧化还原石墨烯（$G_{Graphite}$）、二氧化碳（CO_2）与镁燃烧合成的石墨烯（G_{CO_2}）、镁粉与碳酸钙燃烧合成的石墨烯（G_{CaCO_3}）及普鲁士蓝与镁粉、碳酸钙燃烧合成的石墨烯（G-NP3）的 I_D/I_G 和 I_{2D}/I_G 值相比较。图 5-10(c) 为对上述几种反应物制得的石墨烯的 I_D/I_G 值进行比较和分析的结果，图 5-10(d) 为对上述几种反应物制得的石墨烯的 I_{2D}/I_G 值进行比较和分析的结果。从图 5-10(c) 比较结果可以看出，二氧化碳（CO_2）与镁燃烧合成的石墨烯（G_{CO_2}）的 I_D/I_G 值最大，尿素、镁粉和碳酸钙燃烧合成的掺氮石墨烯的 I_D/I_G 值其次，氧化还原石墨烯

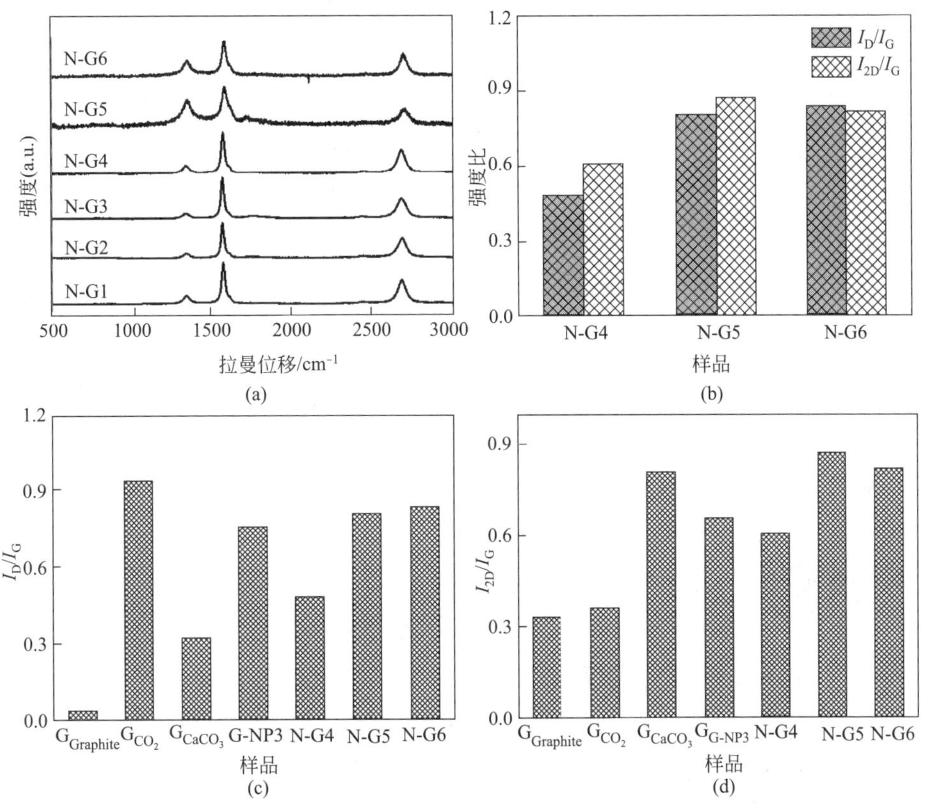

图 5-10　镁粉、碳酸钙和尿素燃烧合成掺氮石墨烯样品拉曼光谱

（$G_{Graphite}$）的 I_D/I_G 值最小，由此可以说明二氧化碳（CO_2）与镁燃烧合成的石墨烯（G_{CO_2}）片层结构中缺陷最多，尿素、镁粉和碳酸钙燃烧合成的掺氮石墨烯（N-PX）片层结构中缺陷程度次之，氧化还原石墨烯（$G_{Graphite}$）片层结构中缺陷程度最小、结构最为完整。从图 5-10（d）比较结果可以看出，二氧化碳（CO_2）与镁燃烧合成的石墨烯（G_{CO_2}）和氧化还原石墨烯（$G_{Graphite}$）的 I_{2D}/I_G 值最小，尿素、镁粉和碳酸钙燃烧合成的掺氮石墨烯的 I_{2D}/I_G 值最大，由此可以说明二氧化碳（CO_2）与镁燃烧合成的石墨烯（G_{CO_2}）和氧化还原石墨烯（$G_{Graphite}$）片层最厚、层数最多，尿素、镁粉和碳酸钙燃烧合成的掺氮石墨烯（N-PX）片层最薄、层数最少。根据上述结果可知，以尿素为氮源燃烧合成的掺氮石墨烯的片层最薄、层数最少，但其结构中缺陷密度较大，结构完整性不足，出现这一结果的原因是因为氮原子掺杂进入碳骨架结构或石墨烯片层边缘结构部

分，会在一定程度上影响石墨烯片层结构的缺陷密度，因此高比例氮源为反应物制得的掺氮石墨烯片层结构中缺陷较多。

从上述分析可以初步判断，通过调节尿素的添加量可以获得组织形貌结构不同的石墨烯，而形貌的不同正是由于掺氮石墨烯中氮原子的掺入进而影响了掺氮石墨烯产物的元素组成及含量。为了进一步明确以不同添加比例的尿素、镁粉和碳酸钙为反应物，通过自蔓延高温合成法制得的掺氮石墨烯的元素组成、元素含量及分子键合结构，分别对不同反应物比例制得的掺氮石墨烯样品进行了X射线光电子能谱（XPS）表征。

首先，通过X射线光电子能谱（XPS）对尿素添加量为2g、3g、4g、8g、14g、20g时所制得的掺氮石墨烯的元素组成及元素含量进行了比较和总结。表5-5分别列出了不同尿素添加量制得的掺氮石墨烯（N-GX）的元素组成、各元素含量及通过计算得到的理论氮含量。首先，从各掺氮石墨烯元素组成分析结果可以看出，以不同尿素添加量制得的掺氮石墨烯的主要元素组成均包含碳（C）元素、氧（O）元素、氮（N）元素、钙（Ca）元素和镁（Mg）元素五种，当尿素添加量超过3g时，在产物掺氮石墨烯中还能检测到氮元素的成分。接着，通过进一步分析每种元素的含量可以发现，不同尿素添加量制得的石墨烯或掺氮石墨烯中的碳元素成分均最高，其中，当尿素添加量为3g时，所制得的掺氮石墨烯中碳元素含量可高达96.35%（原子分数），随着尿素添加量的增加，掺氮石墨烯中的碳元素含量有所降低，当尿素添加量为14g时，其掺氮石墨烯中碳元素含量最低，仅为83.68%（原子分数）。比较各掺氮石墨烯中杂质元素的含量可以看出，首先不同尿素添加量制得的掺氮石墨烯中的杂质元素［包含氧（O）元素、钙（Ca）元素和镁（Mg）元素］的含量均较少，其中杂质含量最多的是尿素添加量为20g时制得的掺氮石墨烯（N-G6），其氧元素含量为4.29%（原子分数）、镁元素和钙元素的含量分别为0.25%（原子分数）和0.25%（原子分数），杂质元素总和为5.29%（原子分数）。其他几个尿素添加量制得的掺氮石墨烯的杂质元素总含量也均较低，其中镁元素和钙元素的含量均不超过0.33%（原子分数）。由此可以说明，以不同添加量尿素制得的掺氮石墨烯的纯度较高，杂质含量较少。对不同尿素添加量制得的掺氮石墨烯中氮（N）元素含量进行比较可以看出，当尿素添加量为2g时，制得的掺氮石墨烯中氮元素含量为0，当尿素添加量在 3～14g 范围内时，制得的掺氮石墨烯中氮元素的含量随着尿素添加量的增加而显著增加［最高可达 11.17%（原子分数）］，当尿素添加量进一步增加时，掺氮石墨烯中氮元素含量反而降低［降低至 9.29%（原子分数）］。针对上述结果可以看出，以尿素为氮源，使之与标准化学计量比的镁粉和碳酸钙通过自蔓延高温合成法可以成功制备出掺氮石墨烯，且该掺氮石墨烯的杂质元素含量较小，通过改变尿素的添加量可以对掺氮石墨烯结构中的氮元素含量实现调控作用，但是尿素在反应物比例中含量的增加并不会使得掺氮石墨烯中氮元素含量持续表现为增长状态，石墨烯结构中的氮原子掺杂比例会有一个阈值，当氮原子掺杂量达到饱和状态时，进一步增加反应物中尿素的质量反而会使得掺氮石墨烯中氮元素含量降低。

表 5-5　以不同添加量的尿素、镁粉和碳酸钙通过自蔓延高温合成法制得掺氮石墨烯的元素组成及其含量

样品	C 含量（原子分数）/%	O 含量（原子分数）/%	Ca 含量（原子分数）/%	N 含量（原子分数）/%	Mg 含量（原子分数）/%	理论 N 含量（原子分数）/%
N-G1	95.82	3.73	0.18	0	0.27	9.08
N-G2	96.35	2.58	0.31	0.53	0.23	13.15
N-G3	95.18	3.85	0.27	0.57	0.13	16.81
N-G4	94.17	2.81	0.30	2.56	0.16	28.57
N-G5	83.68	4.52	0.30	11.17	0.33	41.17
N-G6	85.91	4.29	0.25	9.29	0.25	50.00

针对这一现象的产生原因我们认为，一方面，反应物中尿素的加入会使得自蔓延高温合成反应的反应温度降低，使得镁粉不能进行充分反应，进而会在一定程度上影响石墨烯及掺氮石墨烯的生成。另一方面，尿素在高温下会发生分解反应生成三聚氰胺、氨气及二氧化碳。

尿素分解的方程式为：

$$6CO(NH_2)_2 \longrightarrow C_3H_6N_6 + 6NH_3 + 3CO_2 \tag{5-3}$$

因此我们认为，以过量的尿素作为反应物不但不会提高产物掺氮石墨烯中氮元素的含量，反而会对自蔓延高温合成过程产生影响，使得反应体系温度降低，反应进程减缓，难以实现反应完全，从而使得掺氮石墨烯中氮元素含量降低，最终影响产物的形貌及组分。

为了更好地研究以尿素为氮源制得的掺氮石墨烯结构中碳（C）元素及氮（N）元素的价键结构，我们仅选用了上述合成掺氮石墨烯中氮（N）

元素含量最高的样品（N-G5）作为研究对象，对其进行了 X 射线光电子能谱的全谱检测，并对其 C1s 峰和 N1s 峰进行精细扫描，通过 C1s 峰和 N1s 峰两个特征峰进行分峰拟合，从而对其石墨烯片层结构中元素的结合方式及结构形式进行分析。

图 5-11 为以尿素为氮源、与标准化学计量比的镁粉和碳酸钙为反应物制得的掺氮石墨烯的 X 射线光电子能谱及相关数据统计结果。其中图 5-11(a) 为尿素添加量分别为 4g 和 14g 时制得的掺氮石墨烯（N-G3 和 N-G5）的 X 射线光电子能谱（XPS）表面分析全谱，从该全谱中可以观察到两个掺氮石墨烯样品中均含有明显的强度较高的 C1s 峰，同时含有强度较弱但也可观察到的 Mg1s（结合能为 1303.7eV）元素特征峰、Ca2p（结合能为 350.14eV）元素特征峰及 O 元素特征峰，由此证明两个掺氮石墨烯样品中均含有少量氧化镁（MgO）及氧化钙（CaO）。此外，在尿素添加量为 14g 制得的掺氮石墨烯中还可观察到明显的 N1s 峰，但是该 N1s 峰在低尿素添加量（4g）时却难以观察到。由此可以进一步证明不同尿素添加量制得的掺氮石墨烯的碳元素含量较高，杂质元素含量较低，此外还可看出高尿素添加量制得的掺氮石墨烯中氮元素含量较高。

图 5-11(b) 和（c）分别为对氮元素含量较高的掺氮石墨烯（N-G5）中的 C1s 特征峰和 N1s 特征峰的 X 射线光电子能谱（XPS）进行分峰拟合的结果。其中图 5-11(b) 为对该掺氮石墨烯的 C1s 特征峰进行分峰拟合的结果，从图中可以看出，该 C1s 峰可以分为三个不同的分峰，位置分别在 284.3eV、285.0eV 和 287.9eV。其中位置在 284.3eV 的为最主要的峰，这个峰对应于类石墨的 sp^2 杂化碳（C—C）结构；第二个相对较大的峰位置对应于 285.0eV，该峰对应于 sp^3 杂化的碳原子结构，其中包含 C—O 结构、C═N—C 结构及 $(C)_3$—N 结构，这三种 sp^3 杂化结构可以形成 C—O、吡咯氮或石墨氮几种不同结构。与通过化学气相沉积法（CVD）直接合成的掺氮石墨烯不同，通过自蔓延高温合成法制得的高氮含量掺氮石墨烯（N-G5）的 X 射线光电子能谱（XPS）图谱中对 C1s 峰分峰后发现，该掺氮石墨烯还有一个位置在 287.9eV 的特征峰，通过图谱峰位的对比可知这个特征峰代表的是碳原子与氮原子以 sp^2 方式进行连接，以这种连接方式所形成的 C—N 键对应的结构为吡啶氮或者石墨氮两种结构，由此可以说明以尿素为氮源通过自蔓延高温合成法制得的掺氮石

墨烯具有吡啶氮或石墨氮的结构。图 5-11(c) 为对高氮含量制得的掺氮石墨烯（N-G5）X 射线光电子能谱（XPS）图谱中 N1s 峰进行精细扫描及分峰拟合的结果，从分峰拟合结果可以看出，N1s 峰可以拟合为三个分峰，位置分别在 398.3eV、400.4eV 及 402.0eV，这三个特征峰分别对应于由 sp^2 杂化芳香氮原子与两个相邻的杂化碳原子形成的 C ═N—C 结构（即吡啶氮）、一个杂化的氮原子与两个碳原子结合所形成的 H—N—$(C)_2$（即吡咯氮）以及一个 sp^2 杂化的氮原子与三个 sp^2 杂化的碳原子结合所形成的 N—$(C)_3$（即石墨氮）。通过对三个子峰的强度进行比较可以看出，该 N1s 峰的主要子峰位置在 398.3eV 和 400.4eV，分别对应于吡啶氮及吡咯氮两种价键结构，而在 402.0eV 位置的子峰强度较弱，证明该掺氮石墨烯片层结构中石墨氮价键结构含量较少。由此可以说明，以尿素为氮源制得的高氮元素比例的掺氮石墨烯中氮原子多数会以吡啶氮和吡咯氮的形式结合到石墨烯片层结构中，仅有较少部分形成石墨氮结构。

彩图

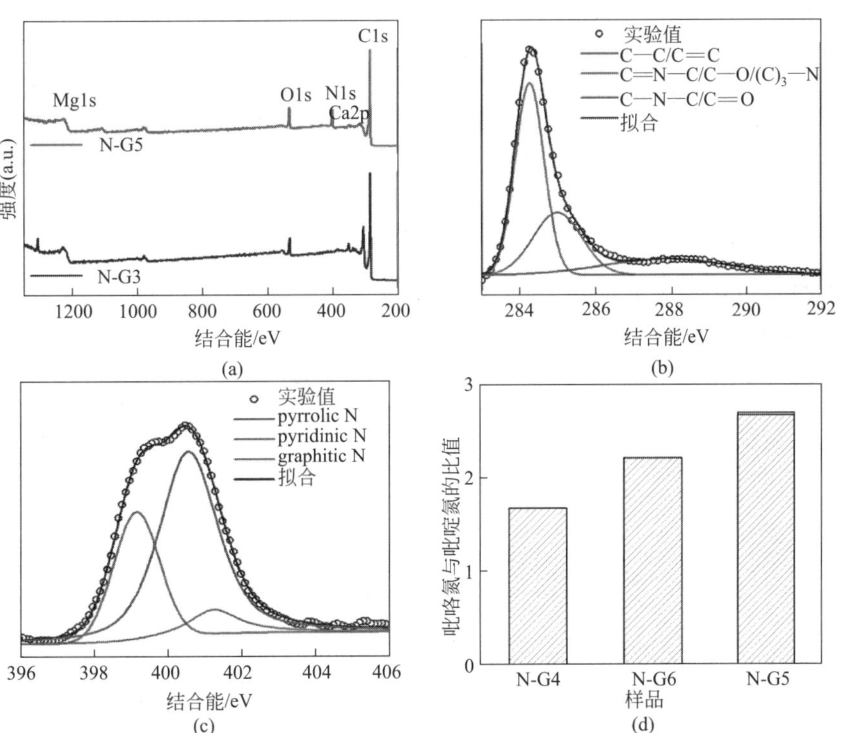

图 5-11　镁粉、碳酸钙和尿素燃烧合成掺氮石墨烯样品 X 射线光电子能谱

在碳原子与氮原子的价键结构中，吡啶氮的结构通常是指一个氮原子连接在石墨烯片层结构边缘或者有缺陷的两个碳原子之间，此时一个氮原子同时与两个碳原子以 sp^3 方式结合，片层结构中存在有孤对电子；吡咯氮的结构通常是指一个氮原子结合在石墨烯片层五元环的结构中，结合方式多为 sp^2 杂化；而石墨氮的结构通常是指一个氮原子同时与三个碳原子以单键的形式结合。同时，通过结合掺氮石墨烯中 C1s 轨道中所发生的结构变化可以证明，在以尿素为氮源制得掺氮石墨烯结构中氮原子的掺杂是发生在掺氮石墨烯晶格中的。在石墨烯片层结构中，碳元素通常是以 sp^2 杂化形式存在的，氮原子掺杂到石墨烯片层结构中会使得石墨烯片层的褶皱程度增加，从而会破坏石墨烯碳原子之间固有的成键方式，导致碳原子之间出现 sp^3 杂化形式进而与氮原子形成共价键。当氮源添加量较少时，氮原子不易掺入石墨烯片层中对其结构产生影响，随着氮原子掺杂浓度的增加，石墨烯会受到氮原子掺入的影响，形成多种价键结构。但是过多的氮原子掺入石墨烯片层中又会使得反应物中的氮原子无法全部参与到碳氮原子成键过程中。

通过对尿素添加量为 14g 时所制得的高氮含量的掺氮石墨烯（N-G5）中 N1s 峰进行分峰拟合可以知道，在该掺氮石墨烯中氮原子主要以两种价键形式存在，分别为吡咯氮和吡啶氮。图 5-11(d) 为分别对尿素添加量为 8g、14g 和 20g 时所制得的掺氮石墨烯（N-G4、N-G5 和 N-G6）价键中吡咯氮与吡啶氮的含量的比值做出比较和分析。从图中可以看出，氮元素含量最高的掺氮石墨烯（N-G5）中吡咯氮与吡啶氮的比值大于氮元素含量相对低一些的掺氮石墨烯（N-G4 和 N-G6）。由此可以说明，氮元素含量最高的掺氮石墨烯（N-G5）中吡咯氮含量高于其他两个掺氮石墨烯中吡咯氮的含量，也可以在一定程度上说明在以尿素为氮源自蔓延高温合成制备掺氮石墨烯过程中，氮原子会优先以吡咯氮的形式掺入石墨烯中。而这一变化趋势也与掺氮石墨烯中氮含量的变化趋势分析结果相一致。

傅里叶变换红外光谱仪是根据特定频率的红外光照射被分析试样，如果分子中有某个基团的振动频率与照射的红外线频率一致，便会产生共振并吸收一定量的红外光，从而可以获得试样成分的特征光谱。傅里叶变换红外光谱是一种带有物质信息的谱图，某一官能团对应于一定的特征吸收频率，也就是说每一个官能团总是对应于一定的特征吸收峰。傅里叶变换红外光谱仪能够提供官能团的信息，帮助分析分子类型及结构，并对材料进行定性及半定量分析。图 5-12 为以尿素添加量分别为 8g、14g 和 20g 时通过自蔓延高温合成法制得的氮含量较高的三个掺氮石墨烯（N-G4、N-G5 和 N-G6）的傅里叶变换红外光谱（FTIR）图谱。从图中可以看出，三个不同氮含量的掺氮石墨烯的傅里叶变换红外光谱（FTIR）图谱没有明显区别，表明随着氮含量的不同，三个掺氮石墨烯（N-G4、N-G5 和 N-G6）的表面官能团种类没有发生明显变化。三个氮含量较高的掺氮石墨烯（N-G4、N-G5 和 N-G6）样品的傅里叶变换红外光谱（FTIR）图谱中特征吸收峰的位置分别出现在 $3404cm^{-1}$、$3285cm^{-1}$、$2934cm^{-1}$ 和 $1280\sim1605cm^{-1}$ 范围内循环特征峰，这些特征峰与化学官能团的对应关系为 $3404cm^{-1}$ 和 $3285cm^{-1}$ 两个位置的特征峰分别对应于氢氧键（O—H）和氮氢键（N—H）伸缩振动的特征吸收带，$2934cm^{-1}$ 位置处的特征峰对应于碳氢键（C—H）伸缩振动，在 $1280\sim1605cm^{-1}$ 范围内的特征峰对应于芳香族碳氮键（C—N）异质循环吸收带。根据上述特征峰的分析可以知道，以尿素为氮源制得的高氮含量的掺氮石墨烯通过傅里叶变换红外光谱的图谱结果可以进一步证明该掺氮石墨烯片层结构中局部位置存在着碳氮键（C—N）的相应结构单元，而这一结果也与刚才前面进行的 X 射线光电子能谱（XPS）分析结果相一致。

彩图

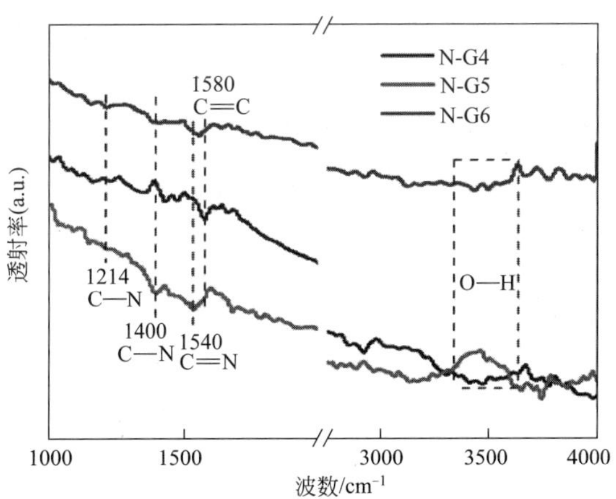

图 5-12　镁粉、碳酸钙和尿素燃烧合成掺氮石墨烯样品傅里叶变换红外光谱图谱

(3) 热稳定性分析

热稳定性是很多碳纳米材料在应用中的关键参数，因此对石墨烯进行

热稳定性能的研究就显得尤为重要。石墨烯材料的稳定性体现在升温过程中受热状态下石墨烯材料的内部结构变化，从而在一定程度上反映出石墨烯的结构特征。对石墨烯材料进行热稳定性分析通常需要从热重分析法（TGA）及差示扫描量热法（DSC）两个方面进行表征，热重分析法（TGA）是指对物质在加热或冷却过程中除了产生热效应之外，往往还会伴随着物质质量的变化，这些变化的大小及出现的温度都与物质的化学组成及结构密度有关。差示扫描量热法（DSC）是一种热分析法，在程序控制温度下，测量输入到试样和参比物的功率差与温度的关系，表示的是样品吸热或者放热的速率，可以测定材料的热力学和动力学参数。

热重分析得到的结果是在温度变化下物质的质量与温度之间相互关系的曲线，也就是热重曲线，通常用物质的失重百分数表示。图 5-13(a) 为尿素添加量分别为 2g、14g 和 20g 时所制得的不同氮含量的掺氮石墨烯（N-G1、N-G5 和 N-G6）的热重分析曲线。从图中可以看出，随着热失重实验温度的升高，不同氮含量的掺氮石墨烯的质量在实验过程中均发生了明显的减少。在实验温度升高到 400K 之前，所有氮含量的掺氮石墨烯都只表现出较小质量的失重，在这一过程中掺氮石墨烯质量的减小主要来源于样品中水分的失去。当实验温度升高到 760～800K 之间时，三个氮含量不同的掺氮石墨烯随着温度的升高都表现出非常明显的减重现象。通过分析不同氮含量的掺氮石墨烯中表现出来的减重原因可以得知，在 760～800K 的温度范围内，以尿素为氮源制得的掺氮石墨烯所表现出的质量减少的现象主要是由于在这三种掺氮石墨烯结构中的碳（C）元素和氮（N）元素所形成的不稳定官能团，在温度升高过程中伴随着官能团分解，由此表现出明显的减重现象；当实验温度升高到超过 800K 之后，掺氮石墨烯会表现出较为明显的失重现象，而这一温度阶段所表现出的失重主要是由于石墨烯碳骨架中碳原子发生的燃烧分解所引起的。根据上述结果分析可以表明，以不同尿素添加量制得的掺氮石墨烯（N-G1、N-G5 和 N-G6）在实验温度为 760K 以下时，其质量较少、速率较为缓慢，不同的氮含量不会对掺氮石墨烯的稳定性产生明显的影响，由此也可以认为以不同添加量制得的掺氮石墨烯的热稳定性很好，在 760K 温度以下掺氮石墨烯的结构均较为稳定。

差示扫描量热法记录的曲线即为样品的 DSC 曲线，表示的是样品吸热或者放热的速率。图 5-13(b) 为对氮源添加量分别为 2g、14g 和 20g 时制得的掺氮石墨烯（N-G1、N-G5 和 N-G6）样品进行差示扫描量热法（DSC）测试结果。从 DSC 图谱中可以看出，随着掺氮石墨烯中氮含量的改变，其放热峰的位置没有发生明显的变化。该放热峰的起始温度约为 830K，终止于 940K 左右。由此可以说明该掺氮石墨烯在温度为 830K 时才会发生强烈的化学反应，并释放出大量的热量。而该放热峰的起始和终止温度范围明显优于同类型的石墨烯类碳材料。由此也可证明，以尿素为氮源，通过自蔓延高温合成法制得的掺氮石墨烯材料表现出了良好的热稳定性，由此证明该石墨烯材料在较高温度下仍能保证其固有的高强度等其他理化性能，而该掺氮石墨烯所具备的良好热稳定性也可以保证其在功能材料及复合材料等应用方面具有巨大的潜力。

彩图

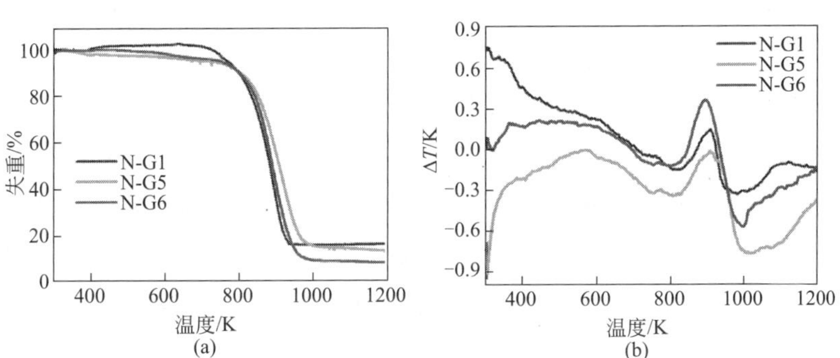

图 5-13 镁粉、碳酸钙和尿素燃烧合成掺氮石墨烯样品热失重和差热分析图谱

5.4 本章小结

本章创造性地采用自蔓延高温合成法制备少层掺氮石墨烯，研究了不同氮源对掺氮石墨烯组织形貌的影响。通过扫描电子显微镜（SEM）、透射电子显微镜（TEM）、X 射线衍射（XRD）、拉曼光谱及 X 射线光电子能谱（XPS）等检测方法对掺氮石墨烯的微观结构及微观形貌进行表征。得到的结论有以下几方面。

（1）以普鲁士蓝为氮源，将其与标准化学计量比的镁粉和碳酸钙粉末混合，通过自蔓延高温合成法可以成功制备掺氮石墨烯。从形貌来看，该掺氮石墨烯多为尺寸较小的多褶皱薄层石墨烯，片层结构中还包含有一定含量的缺陷结构。增加反应物中普鲁士蓝的比例至氮元素理论含量为20%（原子分数），也不会使得掺氮石墨烯中氮元素含量明显增加，最终只能得到氮含量少于1%（原子分数）的掺氮石墨烯。通过将其与其他几种石墨烯（$G_{Graphite}$、G_{CO_2}、G_{CaCO_3}）进行比较可知，以普鲁士蓝为氮源制得的掺氮石墨烯的片层层数比还原氧化石墨烯（$G_{Graphite}$）和以CO_2和镁粉燃烧合成的石墨烯（G_{CO_2}）更薄，其缺陷程度也比以CO_2和镁粉燃烧合成的石墨烯（G_{CO_2}）低，由此可以说明，以普鲁士蓝为氮源可以制备出结构相对完整的具有三维褶皱结构的掺氮石墨烯，但该氮源合成的掺氮石墨烯氮元素含量不高，不易作为制备高氮含量掺氮石墨烯的理想氮源。

（2）以尿素为氮源，同样以标准化学计量比的镁粉和碳酸钙可以制得氮含量明显得到调控的掺氮石墨烯，最高氮元素含量可达11.17%（原子分数），但是进一步增加氮源的质量不会使得掺氮石墨烯中氮元素含量增加，反而会使其含量降低。通过对其组织形貌进行观察可以看出，该掺氮石墨烯表现出良好的分散性，结构中褶皱位置均匀，层数较薄。且随着掺氮石墨烯中氮元素含量增加，其片层质量更好，层数更薄，片层也更为分散。通过比较该掺氮石墨烯的氮元素含量与石墨烯结构中缺陷的相互关系可以看出，掺氮石墨烯结构中缺陷密度、缺陷位置及层数均与石墨烯中氮元素含量有直接关系，随着氮含量的增加，掺氮石墨烯结构中缺陷更多，层数更薄。

（3）以不同添加量的尿素为氮源制得的掺氮石墨烯中，通过对其氮元素进行价键结构分析可以看出，氮元素主要以吡咯氮和吡啶氮的结构形式存在于石墨烯片层结构中，鲜少可见石墨氮的价键结构组成。此外，随着掺氮石墨烯中氮元素含量的增加，掺氮石墨烯中吡咯氮的含量也随之增加。

第6章

自蔓延高温制备石墨烯的铁磁性能研究

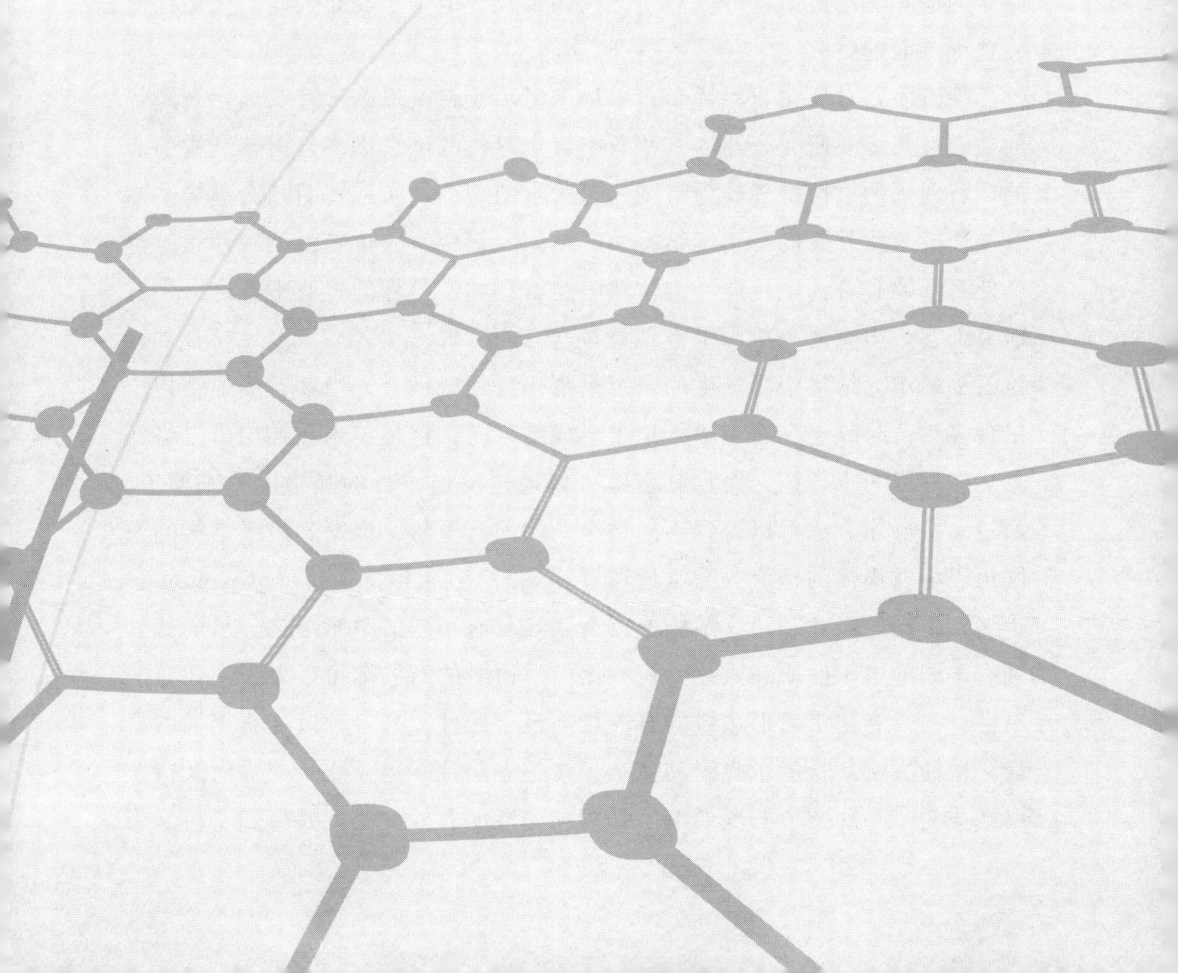

6.1 引言

传统观点认为，物质的磁性主要来源于其 3d 和 4f 壳层的电子，不具有这两种电子结构的材料一般不会具有磁性。近年来，有很多科技工作者在不含有过渡金属和稀土金属的材料中发现了具有较高磁性的材料，并且把这类材料的磁性统一命名为 d0 磁性。

与石墨烯良好的电学和力学性能相比，石墨烯中磁性的发现及调控使其吸引了大批研究者的注意力及兴趣。人们发现在对石墨烯进行一系列技术处理之后可使石墨烯具有一定的磁性，这个结果让学者们兴奋不已。一方面是由于碳原子中不含有 d 和 f 电子却可以具备铁磁性，使得人们对 p 电子是否可以产生稳定的铁磁性十分关注；另一方面是因为石墨烯材料中所具备的稳定的室温铁磁性能将会使其在新型器件的信息存储等领域发挥巨大的潜在应用价值，可以被广泛应用于自旋电子学及非金属的记忆存储装置等方面的研究。

现阶段，对氧化石墨烯、石墨烯纳米片、石墨烯纳米管及氢化石墨烯的铁磁性来源的研究表明，这些石墨烯类材料的磁性大多是由其结构引起的。石墨烯的磁性机理较为复杂，有大量的理论及实验表明，石墨烯纳米管及部分氢化外延的石墨烯结构中的缺陷、错位、共价吸附及磁性边缘都会使石墨烯具备铁磁性能。空位缺陷是石墨烯铁磁性的重要来源之一。有研究证明，当有两个单原子空位缺陷位于同一个石墨烯六元环结构中时，该石墨烯单元结构中所产生的磁矩呈现出反铁磁耦合。当在石墨烯结构中出现多空位时就会在石墨烯结构中形成纳米孔，这种纳米孔结构可以将石墨烯转变成为半导体，而且其带隙可以通过反量子点的晶格尺寸来调节。通过一些操作方法可以得到不同边缘结构的石墨烯，根据其边缘结构的不同可以将石墨烯的边缘分为锯齿形（zigzag）边缘和扶手椅形（armchair）边缘，不同的尺寸和边缘结构使得石墨烯具有不同的纳米结构，从而使其拥有不同的电子性质和磁性。具有锯齿形边缘的石墨烯可以表现出明显的磁性，而具有扶手椅形边缘的石墨烯却没有磁性。另一种改变石墨烯的磁性结构的方法就是原子吸附和掺杂。在过去的几年里，原子的吸附及掺杂已经成为了一种调节石墨烯电子结构和磁性的有效方法，并得到了科学家们的广泛关注及认同。

目前，使石墨烯材料具备铁磁性的技术方法有对氧化石墨进行热剥离、纳米金刚石的转换、在氢气环境下对石墨进行电弧蒸发及将氧化石墨烯用肼进行部分还原后再通过加热退火进行完全还原。不同的技术方法可以使得石墨烯表现出不同类型及数量的缺陷。针对这一现状，通过开发出一种简便且成本较低的自蔓延高温合成法（SHS），以不同化学计量比的镁粉（Mg）和碳酸钙（$CaCO_3$）为反应物，再通过添加不同质量的尿素作氮源，以此来合成具备稳定室温铁磁性的少层石墨烯及掺氮石墨烯。同时，通过一种真空热还原-高温氧化的热处理方式对石墨烯及掺氮石墨烯进行改性，发现石墨烯及掺氮石墨烯的铁磁性发生不同程度的变化，通过分析热处理对石墨烯及掺氮石墨烯结构的影响结果可以看出，该石墨烯及掺氮石墨烯在经过热处理后结构发生变化，因而影响了其磁性。由此可知，通过这种真空热还原-高温氧化的热处理方式可以影响和改变石墨烯及掺氮石墨烯的结构，进而实现对该石墨烯铁磁性能的调控。

6.2　少层石墨烯的铁磁性能研究

本章节中我们以第 4 章中不同化学计量比的镁粉（Mg）和碳酸钙（$CaCO_3$）通过自蔓延高温合成法（SHS）制得的少层石墨烯作为研究对象，将镁粉（Mg）和碳酸钙（$CaCO_3$）比例分别为标准化学计量比及高化学计量比制得的石墨烯（G2 和 G3）在不同温度下进行真空热还原-高温氧化的方式处理，并对其形貌、结构及铁磁性进行了分析研究。

6.2.1　少层石墨烯的热处理方法

称取 0.5g 石墨烯（G2 和 G3）放置于铝箔中并将石墨烯粉体完全包裹，将装有石墨烯粉体的铝箔包放入到真空磁控溅射仪的恒温区，然后在真空环境下以 2K/min 的速度将温度升高到所需温度，在该温度下维持 5min，然后在大气压环境下自然冷却至室温。取出处理样品，待用。热处理过程示意图如图 6-1 所示。

石墨烯的处理温度分别为 500K、650K 和 800K。在后续测试过程中还需要添加未经过热处理的石墨烯作为对照组，因此分别将标准化学计量

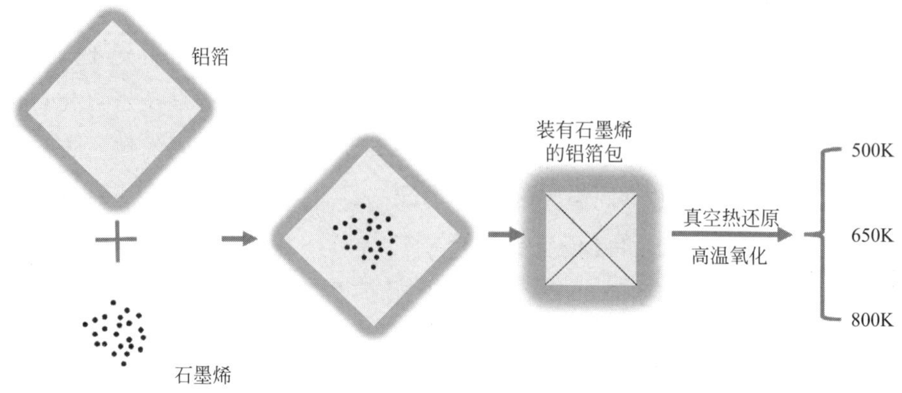

图 6-1 少层石墨烯热处理过程示意图

比及高化学计量比制得的石墨烯样品命名为 G2-G、G2-500、G2-650、G2-800 及 G3-G、G3-500、G3-650、G3-800。

6.2.2 热处理对少层石墨烯组织形貌的影响

(1) 微观形貌分析

热处理后石墨烯的微观形貌依然是通过扫描电子显微镜来进行观察的。图 6-2 为标准化学计量比及高化学计量比反应物制得的石墨烯在经过热处理前后的扫描电子显微镜（SEM）形貌图。其中图 6-2(a) 和 (b) 分别为以标准化学计量比的镁粉和碳酸钙制得的石墨烯（G2）未经过热处理及在 650K 温度下进行热处理后的形貌图；图 6-2(c) 和 (d) 分别为以高化学计量比的镁粉和碳酸钙制得的石墨烯（G3）未经过热处理及在 650K 温度下进行热处理后的形貌图。

从扫描电子显微镜（SEM）结果图中可以看出，两个比例的反应物制得的石墨烯在未经过热处理时其结构均为分散性较好、片层厚度相对均匀的石墨烯，当石墨烯经过热处理后，两个不同反应物比例制得的石墨烯的表面形貌仍然表现为具有明显弯曲和褶皱结构的片状结构，但是进一步观察其微观形貌会发现，两个比例反应物制得的石墨烯在局部区域内略有一些变化，表现出少量的堆叠现象。由此可以说明，经过热处理过程对以镁粉和碳酸钙为原料制得的石墨烯的结构不会产生极大的影响。

(2) 微观组织结构分析

为了进一步研究热处理过程对以镁粉和碳酸钙为反应物制得的石墨烯

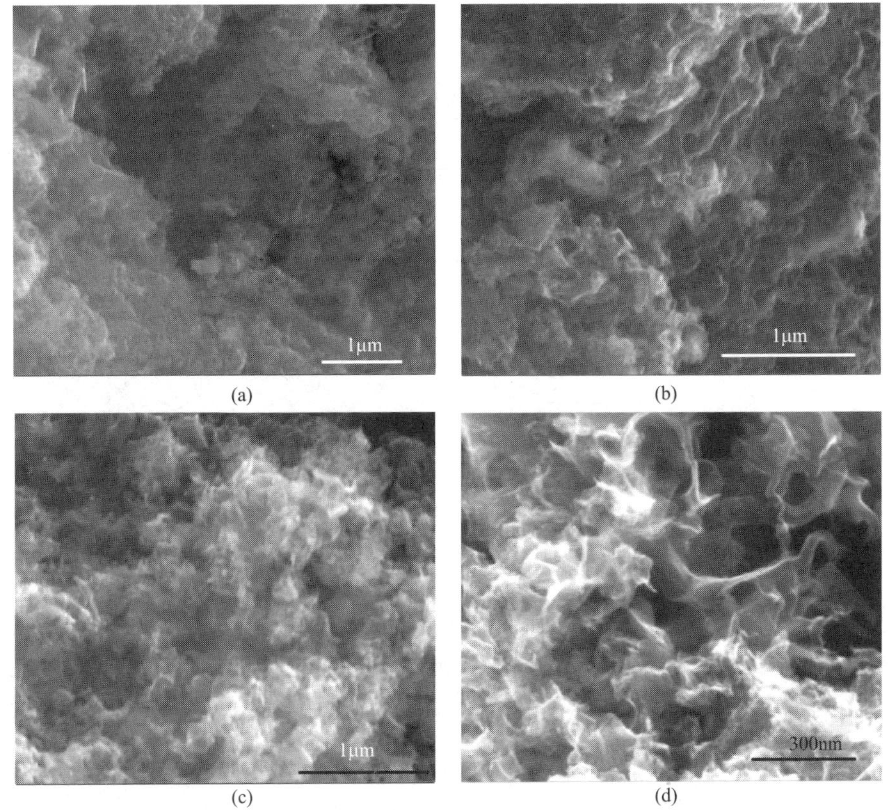

(a) (b) (c) (d)

图 6-2 少层石墨烯热处理前后的扫描电子显微镜图

的影响，还需要进一步对热处理后的石墨烯的微观组织结构进行分析。根据前面的实验结果及分析可以看出，以标准化学计量比的镁粉（Mg）和碳酸钙（$CaCO_3$）为反应物制得的石墨烯各项分析结果最好，因此可以将其作为典型研究对象。图 6-3 为以标准化学计量比的镁粉（Mg）和碳酸钙（$CaCO_3$）为反应物制得的少层石墨烯样品分别在不同温度下（300K、500K、650K 及 800K）进行真空热还原-高温氧化处理后的 X 射线衍射图谱，通过对不同温度热处理后的少层石墨烯的 X 射线衍射峰进行分析可知，在热处理前石墨烯的 X 射线衍射图谱中仅有一个石墨（002）面对应的峰，在经过不同温度处理后，该少层石墨烯在 26.0°附近的位置都具有一个明显的峰，对应于石墨的（002）面的峰，这一结果也是与文献中对少层石墨烯的研究表征相一致的。

但是，我们同时在图谱中观察到，经过不同温度热处理后得到的石墨

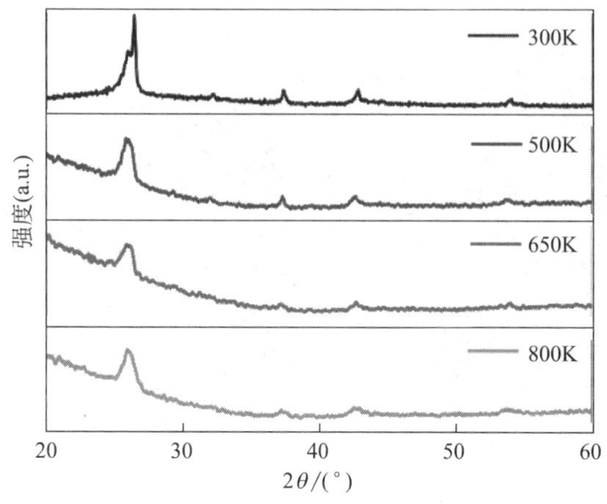

图 6-3 少层石墨烯热处理后的 X 射线衍射图谱

烯的 X 射线衍射（XRD）图谱中石墨峰的位置与未经过热处理的石墨烯石墨峰位置相比有所变化。随着温度的增加，石墨烯在 X 射线衍射图谱中典型的 25.9° 附近的特征峰位置会向低角度方向发生移动，发生这一位移说明石墨烯片层的层间距在逐渐减少。分析产生这一现象的原因，主要是由于石墨烯经过不同温度的热处理后，石墨烯的片层结构更为分散，在经过高温真空还原-室温氧化过程后，会有一部分的氧化基团从石墨烯片层结构边缘及表面脱离开。随着温度的升高，石墨烯片层结构中固有的羟基和环氧基会从石墨烯片层中去除，从而导致了石墨烯片层的层间距减少。而随着热处理温度的进一步升高，在石墨烯片层表面连接的官能团会达到几乎全部被去除的程度，最终也会使得高温热处理后获得的石墨烯片层由于片层表面基团的变化而使其变得不平坦甚至可能发生错位，进而影响石墨烯的层间距。

经过不同温度热处理后获得的石墨烯的缺陷程度及片层厚度的变化需要使用拉曼光谱来表征，拉曼光谱是表征单层、少层及多层石墨烯片层厚度及缺陷密度的有效手段。图 6-4 为以标准化学计量比和高化学计量比的镁粉和碳酸钙为反应物制得的石墨烯（G2 和 G3）经过不同温度热处理后的拉曼光谱图谱及拉曼光谱中相关数据的统计。其中图 6-4(a) 和（b）分别为标准化学计量比及高化学计量比的镁粉和碳酸钙通过自蔓延高温合成法制得的石墨烯（G2 和 G3）在经过不同温度（500K、650K 和 800K）进行高温真空还原-室温氧化热处理之后获得的石墨烯的拉曼光谱图谱。从拉曼光谱中可以看出，两个化学计量比的反应物制得的石墨烯（G2 和 G3）

在经过不同温度热处理后仍然可以表现出三个明显的特征峰：分别是位于 $1570cm^{-1}$ 的 G 峰、位于 $1341cm^{-1}$ 的 D 峰以及位于 $2678cm^{-1}$ 的 2D 峰。所获得的所有温度的石墨烯所表现出的 2D 峰的位置与文献中石墨的 2D 峰（$2714cm^{-1}$）相比会向低波数有所移动，这一特征峰位置的移动是少层石墨烯的典型特征，由此也可以说明两个化学计量比反应物制得的石墨烯在室温及三个不同温度热处理后所获得的所有样品均为少层石墨烯。

石墨烯的 D 峰与 G 峰的相对强度比 I_D/I_G 可以直接反映样品的缺陷程度。图 6-4(c) 为两个比例反应物制得的石墨烯（G2 和 G3）在不同温度热处理后的 I_D/I_G 的变化趋势，以及经过计算后的缺陷密度数值。其中激光能量 E_L 为 2.34eV（$\lambda=532nm$）。

石墨烯结构中的缺陷密度（cm^{-2}）的计算公式为：

$$n_D=5.9\times10^{14}\times E^{-4}\times(I_D/I_G)^{-1} \tag{6-1}$$

从图 6-4(c) 可以看出，在相同的热处理温度下高化学计量比反应物制得的石墨烯（G3）的 I_D/I_G 比标准化学计量比反应物制得的石墨烯（G2）的 I_D/I_G 值高很多。这主要是由于该石墨烯（G3）的反应物比例（$Mg/CaCO_3$）是偏离化学计量比的，因此所合成的少层石墨烯结构中缺陷程度更高。同时，进一步对不同温度热处理后石墨烯的 I_D/I_G 值变化趋势及变化程度进行比较可以看出，随着热处理温度的增加，两个比例反应物制得的少层石墨烯（G2 和 G3）的 I_D/I_G 值均表现出略有下降的趋势，进一步比较两个石墨烯之间的 I_D/I_G 值随着热处理温度变化所表现出来的结果可以看出，在相同热处理温度条件下，高化学计量比反应物制得的石墨烯（G3）I_D/I_G 值的降低程度要明显高于相同条件下标准化学计量比制得的少层石墨烯（G2）。虽然高化学计量比制得的石墨烯的 I_D/I_G 值随着温度在不断下降，但是直到热处理温度为 800K 时，高化学计量比反应物制得的石墨烯（G3）的缺陷密度仍然要比相同条件下标准化学计量比反应物制得的石墨烯（G2）大。由此可以说明，在未经过热处理时，高化学计量比反应物制得的石墨烯（G3）的 I_D/I_G 值明显高于标准化学计量比反应物制得的石墨烯（G2）的 I_D/I_G 值，高化学计量比制得的石墨烯片层结构中缺陷程度要明显大于标准化学计量比制得石墨烯结构中的缺陷程度。而随着热处理方式的引入及热处理温度的增加，两个石墨烯拉曼光谱中 I_D/I_G 值均有所下降，可以在一定程度上反映出两个石墨烯在经过不同温度的热处理后其缺陷密度均有所降低，且相同温度条件下，高化学计量比反应物制得的石墨烯的下降程度大于标准化学计量比制得的石墨烯。由此也可以表明，以不同比例的镁粉和碳酸钙为反应物通过自蔓延高温合成法制得的石墨烯在经过不同温度热处理过程后，其石墨烯结构中的对拉曼光谱较为敏感的缺陷得到了一定程度的修复，从而使其缺陷密度降低。

彩图

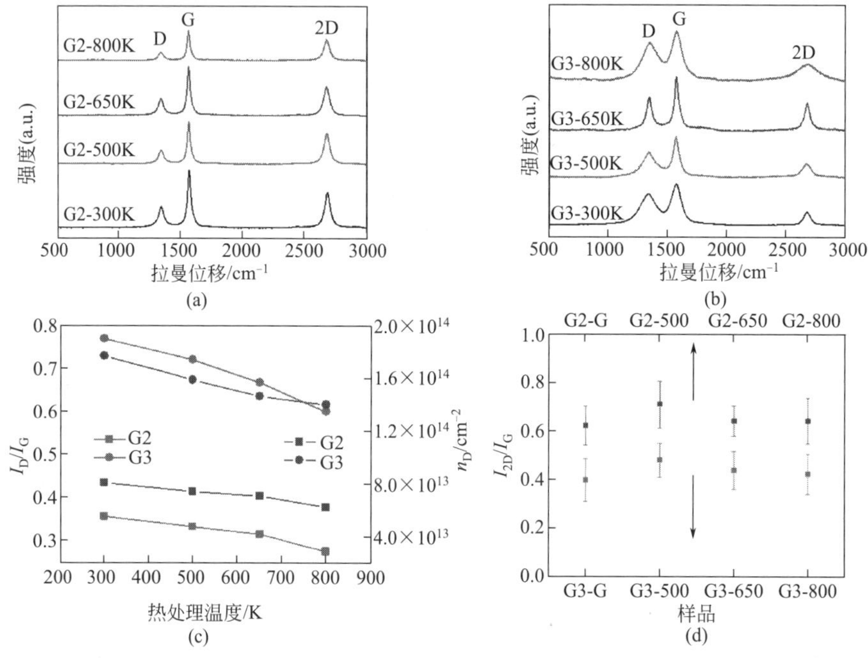

图 6-4 不同反应物比例制得的少层石墨烯经过热处理后的拉曼光谱图

石墨烯的 2D 峰和 G 峰的相对强度比（I_{2D}/I_G）可以用来表征其层数。图 6-4(d) 为根据图 6-4(a) 和（b）中两个不同比例反应物制得的石墨烯（G2 和 G3）在不同温度热处理后的 I_{2D}/I_G 的变化趋势。从图中可以看出，未经过热处理时，标准化学计量比反应物制得的石墨烯（G2）的 I_{2D}/I_G 值为 0.6，高化学计量比反应物制得的石墨烯（G3）的 I_{2D}/I_G 值为 0.4，均比石墨的 I_{2D}/I_G 值（0.3 左右）大，由此说明未经过热处理的两个化学计量比反应物制得的石墨烯的片层层数要比石墨薄。而通过比较不同温度热处理后两个比例的反应物制得的石墨烯（G2 和 G3）的 I_{2D}/I_G 值的变化，从图中可以发现两个比例反应物制得的石墨烯的 I_{2D}/I_G 值没有发生明显的变化。由此可以说明，对不同比例反应物制得的石墨烯进行不同温度的高温真空氧化-室温还原热处理过程，不会对这两个石墨烯（G2 和 G3）的层数产生明显的影响。

针对以上结果可知，通过对不同比例反应物制得的石墨烯进行不同温度的热处理不会使得石墨烯的片层厚度发生明显变化，仅会对石墨烯的缺陷程度有稍许影响，随着热处理过程的引入及处理温度的升高，石墨烯片层结构中的缺陷密度会有所降低。

X 射线光电子能谱（XPS）常被用来进一步表征和分析石墨烯中的元素组成及成键结构。图 6-5 为以标准化学计量比及高化学计量比反应物制得的少层石墨烯（G2 和 G3）经过不同温度热处理后所获得的 X 射线光电子能谱（XPS）表面分析全图谱。其中图 6-5(a) 为标准化学计量比反应物制得的少层石墨烯（G2）经过不同温度热处理后的 X 射线光电子能谱（XPS）表面全分析图。从图 6-5(a) 可以看出，经过不同温度热处理后该石墨烯（G2）的元素组成没有发生明显变化，体系中均只包含明显的 C1s 特征峰及较小的镁（Mg1s）特征峰、氧（O1s）特征峰。

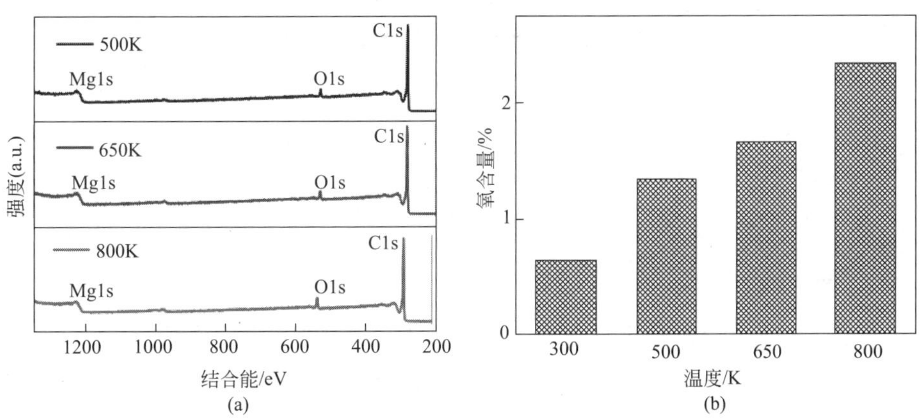

图 6-5 少层石墨烯经过不同温度热处理过程后的 X 射线光电子能谱及其氧元素含量变化

为了更加直观准确地分析少层石墨烯在经过热处理后其组成成分的变化规律，通过 X 射线光电子能谱可以得出少层石墨烯在经过不同温度热处理后其结构中各元素的含量具体变化。表 6-1 为以标准化学计量比的镁粉和碳酸钙为反应物通过自蔓延高温合成法制得的少层石墨烯在经过不同温度的高温真空还原-室温氧化过程热处理后其结构中的元素组成及元素含量。从表 6-1 中结果可以看出，对于碳（C）元素来说，经过几个不同温度的热处理后，石墨烯结构中碳元素的含量从 97.91%（原子分数）下降为 96.64%（原子分数），镁（Mg）元素的含量从 1.03%（原子分数）下降到 0.26%（原子分数），钙（Ca）元素的含量从 0.38%（原子分数）下降到 0.25%（原子分数）。以上三种元素的含量均有所降低，但下降比例很小。但是，在对石墨烯进行高温真空还原-低温氧化过程处理后可以发现，石墨烯中氧（O）元素的含量随着处理温度的升高而有所增加，其中经过 300K 温度下热处理后，石墨烯中氧（O）元素含量为 0.68%（原子分数），在经过 500K 温度下热处理后，石墨烯中氧（O）元素含量为 1.33%（原子分数），经过 650K 温度下热处理后，石墨烯中氧（O）元素含量为 1.64%（原子分数），经过 800K 温度下热处理后，石墨烯中氧（O）元素含量为 2.34%（原子分数）。而这一结果也可以通过 X 射线光电子能谱图谱分析结果直观地表示出来，X 射线光电子能谱中不同温度热处理后石墨烯结构中氧元素的含量变化如图 6-5(b) 所示。

表 6-1 标准化学计量比反应物制得的少层石墨烯热处理后各元素组成及含量

样品	C 含量（原子分数）/%	O 含量（原子分数）/%	Ca 含量（原子分数）/%	Mg 含量（原子分数）/%
G2-300K	97.91	0.68	0.38	1.03
G2-500K	97.11	1.33	0.3	0.48
G2-650K	96.95	1.64	0.3	0.4
G2-800K	96.64	2.34	0.25	0.26

图 6-5(b) 为以标准化学计量比反应物制得的少层石墨烯（G2）经过不同温度热处理后其结构中氧（O）元素的变化情况。从图中可以看出，随着热处理温度增加，石墨烯中氧（O）元素会随着处理温度的升高而逐渐增加。对于这一结果的产生原因，我们分析认为在进行室温或高温真空还原-室温氧化热处理过程时，石墨烯结构中有大量的活性碳位点被暴露出来，由此可以在后续空气环境中进行自然冷却时形成更多的有氧基团，进而使得石墨烯中形成了更多的含氧官能团。因此可以说明，标准化学计量比反应物制得的石墨烯在经过不同温度热处理后其结构中的氧（O）元素含量会随温度逐渐增加。

而通过比较不同反应物比例制得的石墨烯在经过不同温度热处理后其结构中氧（O）元素的变化规律可知，首先，在经过不同温度热处理过程后石墨烯结构中的氧元素含量始终随处理温度的升高而有所增加；其次，比较不同反应物比例制得的石墨烯在经过相同温度热处理过程后其结构中的氧元素含量可知，高化学计量比反应物制得的石墨烯（G3）中氧（O）元素含量明显大于标准化学计量比反应物制得的石墨烯（G2）中氧（O）元素含量。产生这一结果的原因主要是由于，当反应物比例为偏离化学计量比时，所制得的石墨烯由于反应物比例受限而会使得其结构中的缺陷位置明显多于标准化学计量比反应物制得的石墨烯，因此，在进行高温真空还原-室温氧化处理过程中，偏离化学计量比反应物制得的石墨烯（G3）结构中有更多的缺陷位点可以进行还原及氧化，从而使得经过热处理过程后的石墨烯片层结构中会携带更多的含氧官能团。因此，两种不同反应物比例制得的石墨烯在分别经过 500K、650K 及 800K 热处理后，偏离化学计量比反应物制得的石墨烯中氧元素含量相对更高，且随着温度增加而逐渐增加。而这一结果也可以通过傅里叶变换红外光谱检测得到进一步证实。

根据上述结果可以得知，两种反应物比例制得的石墨烯在经过不同温度热处理后，两种比例反应物制得的石墨烯结构中元素种类均没有变化。分析其中各元素随着热处理温度不同的变化规律可知，相同条件下偏离化学计量比反应物制得的石墨烯中元素变化程度更显著，由此可以进一步证明标准化学计量比反应物制得的石墨烯（G2）元素含量的结构比高化学计量比反应物制得的石墨烯（G3）更加稳定。

如果想要分析不同温度的热处理过程对石墨烯的元素结构及原子价键结合有哪些影响，还需要对每个温度处理的石墨烯中碳特征峰（C1s）进行分峰拟合及精细扫描。图 6-6 和图 6-7 分别为标准化学计量比及高化学计量比反应物制得的少层石墨烯（G2 和 G3）在经过不同温度高温真空还原-化学氧化过程热处理后石墨烯的 C1s 特征峰进行精细扫描的 X 射线光电子能谱（XPS）图谱并对其进行分峰拟合的结果。根据对碳（C1s）元素的分峰拟合结果进行分析，可以获得更为详细的碳元素价态以及碳氧结合官能团种类等信息，同时实现对各峰位对应官能团种类进行分析的目的。

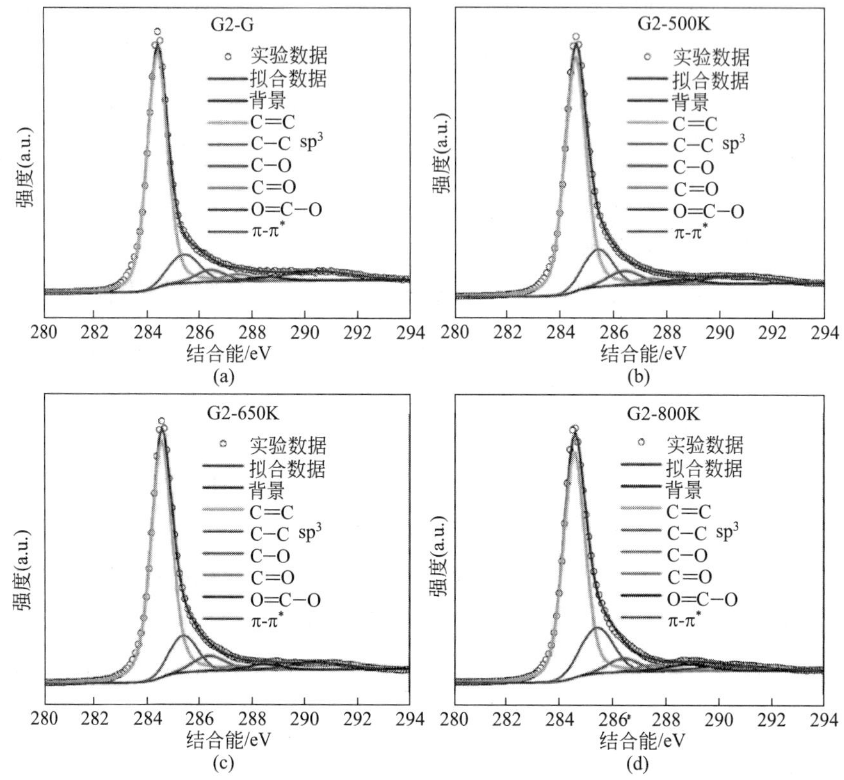

图 6-6 以标准化学计量比反应物制得的少层石墨烯（G2）经过热处理后的X射线光电子能谱碳（C1s）峰分峰拟合图谱

彩图

从图 6-6(a)～(d) 及图 6-7(a)～(d) 中可以看出，以不同比例的镁粉和碳酸钙制得的石墨烯的碳（C1s）元素特征峰通过精细扫描后可以被拟合成 6 个不同的碳原子价键结构的特征峰：分别是位置在（284.4±0.1）eV 的 sp^2 碳碳双键（C═C）、位置在（285.4±0.1）eV 的 sp^3 碳碳单键［sp^3(C—C)］、位置在（286.4±0.1）eV 的碳氧单键（C—O）、位置在（287.5±0.2）eV 的碳氧双键（C═O）、位置在（288.6±0.2）eV 的羧基键（O═C—O）以及位置在（290.5±0.1）eV 的 π 键（π-π*）。为了进一步准确分析经过不同热处理温度后两个比例反应物制得的石墨烯（G2 和 G3）中碳（C）元素的价键结构组成，分别对不同热处理温度下石墨烯（G2 和 G3）的碳（C1s）元素的键合类型中碳碳单键（C—C）、碳碳双键（C═C）及碳氧单键（C—O）、碳氧双键（C═O）几种价键结构的含量变化进行了更为直观的线性总结。

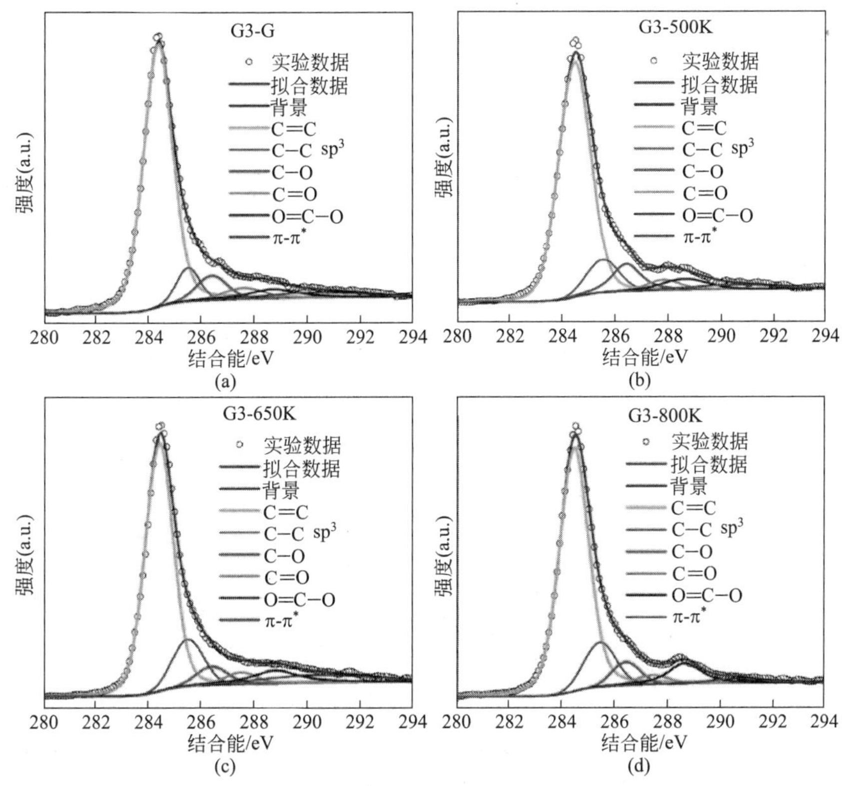

图 6-7　以高化学计量比反应物制得的少层石墨烯（G3）经过热处理后的X射线光电子能谱碳（C1s）峰分峰拟合图谱

X射线光电子能谱中每一个价键特征峰的峰面积是与该价键结构在样品中的含量成正比的，因此通过计算每个价键特征峰的峰面积可以一定程度上反映该价键结构所占的比例。图 6-8 为分别以标准化学计量比和高化学计量比反应物制得的少层石墨烯（G2 和 G3）在经历不同热处理温度后石墨烯结构中的碳（C1s）元素相关特征峰的峰面积所占百分比。其中图 6-8(a) 和（b）为两个少层石墨烯（G2 和 G3）样品的 X 射线光电子能谱（XPS）中碳碳双键（C═C）和碳碳单键（C—C）含量随热处理温度变化所发生的变化。其中标准化学计量比反应物制得的石墨烯（G2）结构中的碳碳双键（C═C）的含量在 300～650K 热处理温度范围内变化很小，但是当热处理温度升高到 800K 时，碳碳双键（C═C）的含量明显降低。但是在该石墨烯结构中的碳碳单键（C—C）的含量随热处理温度的变化趋势与之

恰好相反，在热处理温度为 300～650K 温度范围内时，碳碳单键（C—C）的含量无明显变化，当热处理温度上升到 800K 时，其含量明显升高。但石墨烯结构中碳碳键含量的总和几乎没有明显变化。产生这一结果的主要原因是，在石墨烯片层结构中碳碳键的组合方式多为碳碳双键（C ═C）和碳碳单键（C—C）两种结构，当热处理温度发生改变时，在石墨烯片层结构中会发生碳原子结构的转变，部分碳原子会从 sp^2 键合结构转化成为 sp^3 键合结构。而在高化学计量比反应物制得的石墨烯（G3）片层结构中，其碳碳键的键合结构也表现出了相同的变化趋势。

彩图

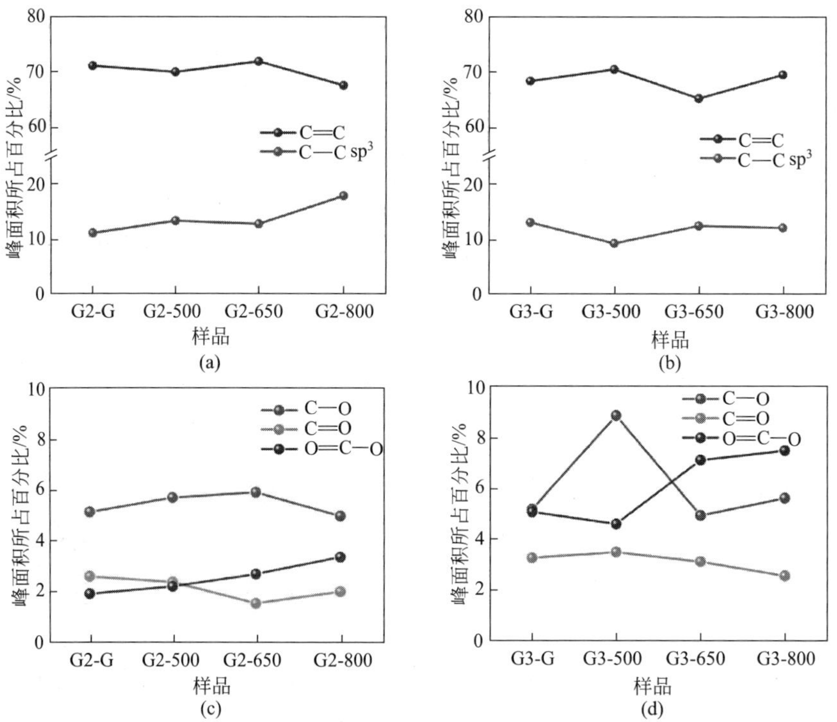

图 6-8　少层石墨烯热处理后的碳元素的成键种类及含量谱

图 6-8(c) 和 (d) 分别为两个少层石墨烯（G2 和 G3）样品的 X 射线光电子能谱（XPS）中几种碳氧键［其中包含羟基（C—O）、羰基（C ═O）和羧基（O ═C—O）］含量随热处理温度的变化趋势。从图 6-8(c) 和 (d) 中可以看出，首先，两个石墨烯（G2 和 G3）片层结构中的羰基（C ═O）含量随着热处理温度不同不会发生明显的变化，由此可以说明

在以镁粉和碳酸钙燃烧合成制得的石墨烯结构中羰基的结构相对稳定，不易受到温度的影响；其次，在两个石墨烯（G2 和 G3）片层结构中的羧基（O═C—O）的含量随着热处理温度的增加均表现出逐渐增加的趋势，但二者含量升高的比例有所不同，标准化学计量比反应物制得的石墨烯在经过 300K 到 800K 温度热处理过程后，其羧基（O═C—O）的含量从 1.9% 上升到 3.3%，而高化学计量比反应物制得的石墨烯在经过相同温度范围的热处理过程后，其片层结构中羧基（O═C—O）的含量从 4.9% 上升到 7.4%；而就石墨烯结构中的羟基（C—O）含量来说，标准化学计量比反应物制得的石墨烯（G2）结构中羟基（C—O）含量随着热处理温度变化没有发生明显变化，但是热处理温度的改变却对高化学计量比反应物制得的石墨烯（G3）中羟基（C—O）含量的影响较为明显，其变化过程为处理温度为 300K 时，其羟基（C—O）含量为 5.2%，处理温度为 500K 时，其羟基（C—O）含量升高为 8.8%，处理温度为 650K 时，其羟基（C—O）含量再次降低为 4.8%，当处理温度为 800K 时，其羟基（C—O）含量没有再次发生变化。由此可以说明，高化学计量比反应物制得的石墨烯（G3）其片层表面的碳氧官能团中羟基（C—O）和羧基（O═C—O）的含量随着热处理温度的变化会发生明显变化，其羰基的含量则不会发生明显变化。

综合上述分析结果可以得知，以标准化学计量比反应物制得的石墨烯的片层结构稳定性更好，其结构中的各价键种类及价键含量不会随着温度发生明显变化，但是高化学计量比反应物制得的石墨烯片层结构中羟基（C—O）和羧基（O═C—O）的含量会随着热处理温度的变化而发生明显变化，可以说明这两种官能团在高温条件下是不稳定的，也可以在一定程度上证明高化学计量比反应物制得的石墨烯结构稳定性没有标准化学计量比反应物制得的石墨烯结构稳定性好。

傅里叶变换红外光谱（Fourier transform infrared spectroscopy，FT-IR）可以测量样品内的物质结构、官能团及其成键情况。为了分析以标准化学计量比及高化学计量比反应物制得的石墨烯在未经过热处理及在经过 800K 温度热处理后片层结构中官能团的变化，需要对不同处理温度下的两个样品分别进行傅里叶变换红外光谱的检测。

图 6-9(a) 和（b）分别为两个不同比例反应物所制得的石墨烯（G2 和 G3）未经过热处理及经过 800K 温度热处理后的红外光谱图谱。首先，

在不同温度处理的石墨烯片层结构中均可发现存在着位于 1575cm^{-1} 的芳香环的骨架振动（C═C 的伸缩振动）、位于 1141cm^{-1} 的 C—O—C 振动峰、位于 1717cm^{-1} 的 C═O 振动峰、位于 2850～2920cm^{-1} 的 C—H 振动峰及位于 3200～3600cm^{-1} 的 O—H 振动峰。具体分析每个谱图中的官能团峰位还可发现，在图 6-9(a) 中可以观察到标准化学计量比反应物制得的石墨烯（G2）在未经过热处理时，在 1624cm^{-1} 位置和 3200～3600cm^{-1} 之间有明显的 H_2O 和 O—H 振动峰。但是在经过 800K 温度热处理后，这两个振动峰都明显减弱或者消失了。由此可以证明，以标准化学计量比反应物制得的石墨烯（G2）在经历 800K 温度热处理过程后，其片层结构中的羟基（O—H）和水（H_2O）均被去除掉。此外，在图 6-9(a) 红外光谱图谱中还可以发现该石墨烯（G2）在没有经过热处理或经过 800K 温度热处理后其片层结构中均没有明显的含氧官能团的伸缩峰。从这一方面也可以进一步证明以标准化学计量比反应物制得的石墨烯（G2）的片层结构更稳定，不易受到热处理温度升高的影响。

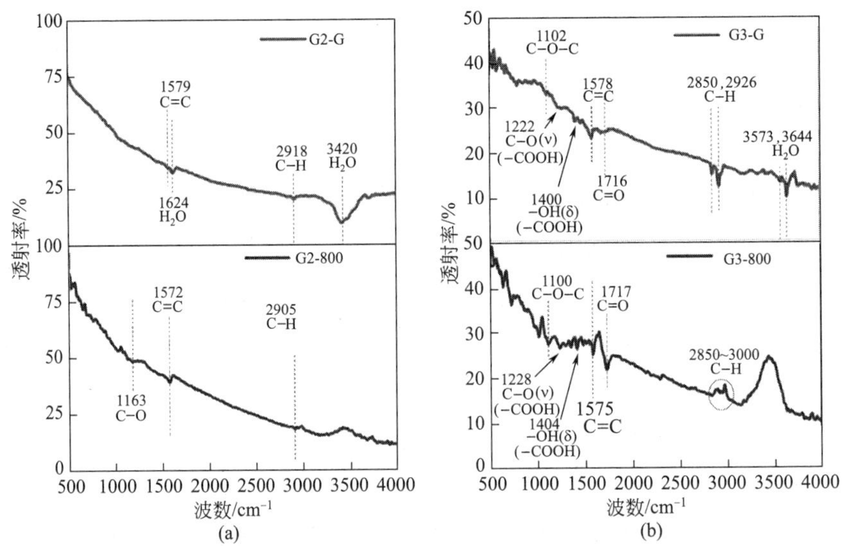

图 6-9 少层石墨烯热处理后的傅里叶变换红外光谱图谱

图 6-9(b) 为高化学计量比反应物制得的石墨烯（G3）在未经过热处理及经过 800K 温度热处理两种过程后的红外光谱图谱。从图中可以发现，未经过热处理及经过 800K 温度热处理的高化学计量比反应物制得的石墨烯片层结构中均含有不同含量的羟基（C—O）、羰基（C═O）及羧

基（O ═C—O）几种含氧官能团。当经过 800K 温度热处理后，石墨烯片层结构中的含氧官能团种类有所变化，其中羟基（C—O）的振动峰几乎完全消失，此外还可以观察到环氧基、羰基及羧基等含氧官能团的存在，且其振动峰强度明显增强。

根据上面两个方面的讨论和分析，我们可以看出，G2 的结构中含氧官能团较少，经过高温热处理后官能团没有明显变化，结构更稳定；G3 在经过高温热处理后会被氧化，含氧官能团的种类和含量都发生明显的变化。

6.2.3　热处理对少层石墨烯铁磁性能的影响

为了分析以镁粉（Mg）和碳酸钙（$CaCO_3$）为原料通过自蔓延高温合成法制得的少层石墨烯经过不同温度热处理后的铁磁性的变化，利用超导量子干涉仪（SQUID）测定标准化学计量比及高化学计量比反应物制得的石墨烯（G2 和 G3）样品经过不同温度的高温真空还原-室温氧化处理过程后在磁场强度为－5000Oe 到 5000Oe 范围内的磁滞回线，用于获得其磁性特征。

图 6-10 为经过不同温度热处理过程后两个少层石墨烯（G2 和 G3）的磁滞回线及其饱和磁化强度（M_s）的变化情况。其中图 6-10(a)、(b) 分别为两个少层石墨烯（G2 和 G3）经过不同温度热处理后在室温下测得的磁滞回线，图 6-10(c) 为对图 6-10(a)、(b) 中两个不同热处理温度的石墨烯样品饱和磁化强度的变化趋势。首先，从图 6-10(a) 和 (b) 中可以看出，随着热处理温度的不同，两个石墨烯样品的饱和磁化强度均发生一定的变化，但二者变化程度及变化趋势有所不同。其中以标准化学计量比反应物合成的石墨烯（G2）的饱和磁化强度随着温度的升高而有所降低，当石墨烯样品未经过热处理时，其饱和磁化强度为 0.13emu/g，经过 800K 温度热处理后，其饱和磁化强度降低为 0.07emu/g。而对高化学计量比反应物制得的石墨烯（G3）来说，其铁磁性能的变化更为有趣。当处理温度为 500K 时，该石墨烯的饱和磁化强度几乎没有变化，当热处理温度继续升高为 650K 和 800K 时，石墨烯的饱和磁化强度均有小幅度的增加。

根据上述结果，我们推测两种石墨烯样品（G2 和 G3）经过不同温度热处理后所表现出来的饱和磁化强度的变化主要是由其结构上的缺陷及官能团引起的。当石墨烯片层的缺陷或者官能团增加时，其饱和磁化强度就

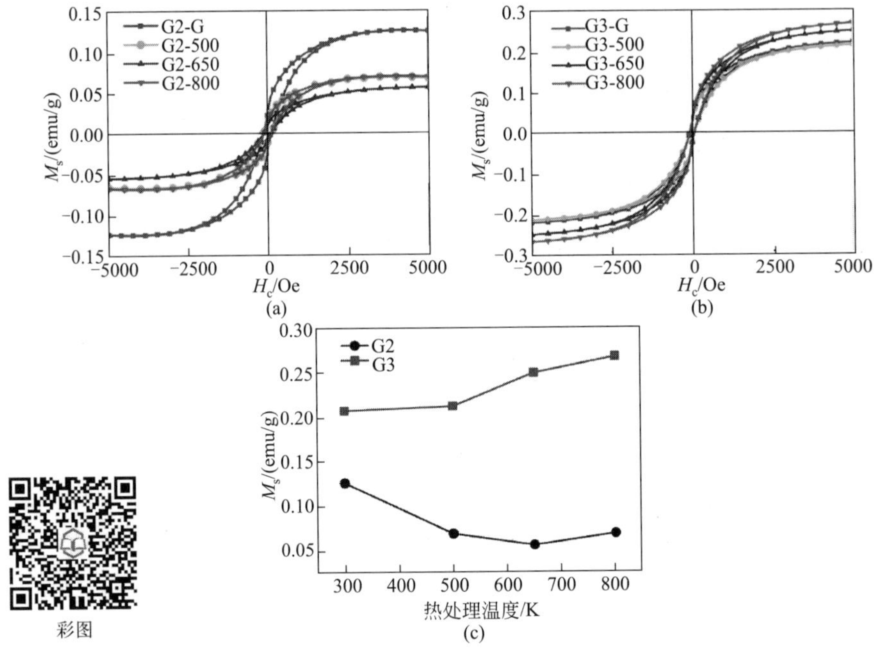

图 6-10　少层石墨烯热处理后的磁性测试

会有所增加，反之亦然。

据我们所知，拉曼光谱对材料中的对称结构较敏感，红外光谱则对材料非对称结构中的伸缩振动较敏感。拉曼光谱主要检测的是与石墨烯的碳对称结构的错位所引起的缺陷，红外光谱检测的则是由石墨烯中含氧官能团所引起的非对称结构所构成的缺陷。通过对含氧官能团的分析表明，标准化学计量比反应物制得的石墨烯（G2）在经过热处理后，其结构中含氧官能团并没有明显变化；而高化学计量比反应物制得的石墨烯（G3）经过高温热处理后在一定程度上被氧化，羧基等含氧官能团的含量明显增加。因此，我们将少层石墨烯（G2 和 G3）的饱和磁化强度的变化趋势解释为拉曼敏感缺陷和红外敏感缺陷两方面的共同影响：一方面，石墨烯结构中的碳六元环的错位及空位等拉曼敏感缺陷在经过热处理后可以得到一定的修复；另一方面，热处理可以使结构不完整、缺陷较多的石墨烯片层中含氧官能团的含量增加，进而使少层石墨烯的饱和磁化强度增加。

同时，为了能够更好地评价通过自蔓延高温合成法制得的少层石墨烯在室温下的铁磁性能，我们通过文献调研总结了参考文献中较典型的碳纳米材料在室温下的饱和磁化强度（M_s）数值。如图 6-11 所示，选取的碳材料包含：未掺杂石墨碳氮化物（g-C_3N_4）、硼掺杂量为 1.3%的 g-C_3N_4、还原氧化石墨烯（rGO）、氢化 rGO 及石墨烯纳米带。从结果可以看出，现有文献报道的碳纳米材料的室温饱和磁化强度均为 0.01emu/g，通过自蔓延高温合成的少层石墨烯（G2 和 G3）在室温下的 M_s 均可达到 0.1emu/g，是其他碳纳米材料磁化强度的 10 倍。

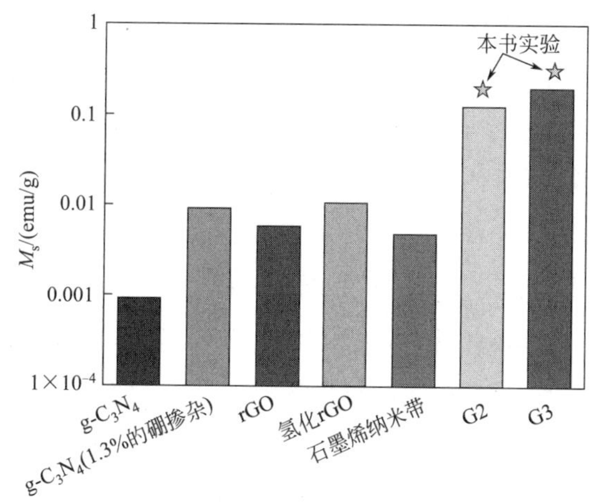

图 6-11 不同碳纳米材料在室温下的饱和磁化强度数值比较

6.3 掺氮石墨烯的铁磁性能研究

有研究表明，对石墨烯进行原位掺杂可以有效地调控其电学和磁学等方面的特性。根据前面的实验及分析，可以知道尿素与普鲁士蓝相比更适合作原位掺杂氮源材料，而使得氮原子掺杂进入石墨烯片层结构中，同时通过调节尿素的添加量也可以调控石墨烯中氮元素的含量，进而合成高掺氮比例的掺氮石墨烯。为了更好地分析石墨烯结构与其磁性的相互关系，选用以尿素为氮源通过自蔓延高温合成法制得的掺氮石墨烯中氮元素含量较高的三个掺氮石墨烯（N-G4、N-G5 和 N-G6），并对其铁磁性能相关方面进行分析。

6.3.1 室温下掺氮石墨烯的铁磁性能分析

X 射线荧光光谱分析（XRF）利用初级 X 射线光子或其他微观粒子

激发待测物质中的原子，使之产生荧光而进行物质成分分析和化学态研究的方法，已经被广泛地应用于实验室处理多元素分析。由于不同元素所发出的特征 X 射线能量和波长各不相同，因此，通过对 X 射线的能量或者波长的测量即可知道是由何种元素发出的，从而进行元素的定性分析。同时，样品受激发后发射某一元素的特征 X 射线，强度跟元素在样品中的含量相关，因此也可以通过 X 射线的强度来进行元素的定量分析。

为了证明掺氮石墨烯中磁性的产生是否是由于其样品内部具有金属类铁磁性物质所引起的，对以尿素添加量为 14g 制得的氮含量最高的掺氮石墨烯（N-G5）样品进行了 X 射线荧光光谱分析（XRF）检测。图 6-12 为对高氮含量的掺氮石墨烯（N-G5）进行元素荧光分析的结果，并对其中与铁磁相关的元素［包含有铁（Fe）、钴（Co）、镍（Ni）、锰（Mn）］进行统计。从图 6-12 可以看出，在该掺氮石墨烯样品中含有的铁磁杂质元素分别为铁（Fe）元素和镍（Ni）元素，其含量分别为 8.9μg/g 和 5.0μg/g，总含量为 13.9μg/g。根据文献报道，存在于铁金属中的所有铁磁杂质在室温下的磁化强度为 217.6emu/g。经过计算 15μg/g 的铁磁杂质可以贡献 0.0033emu/g 的磁性，因此可以忽略不计。

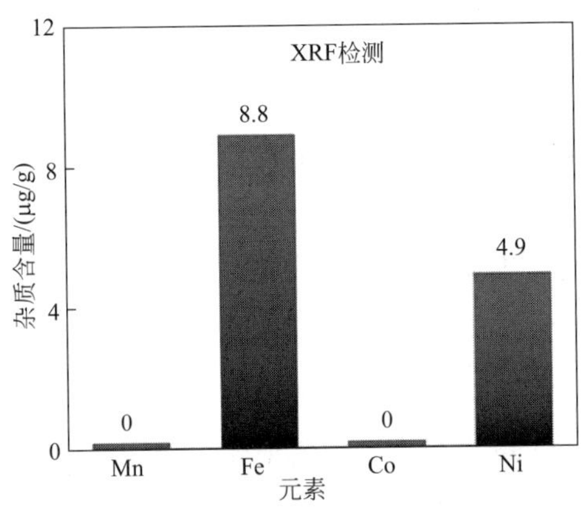

图 6-12　掺氮石墨烯的 X 射线荧光光谱分析

通过以上结果可以表明，掺氮石墨烯所表现出的铁磁性不是由于其片层结构中存在 d 元素或者 f 元素所引起的，而只与掺氮石墨烯其片层本身所具有的结构特性有关，因此也可以在一定程度上表明，掺氮石墨烯片层结构中缺陷位置的存在可以作为其自身所具备铁磁性的主要原因。

为了进一步分析高氮含量的掺氮石墨烯中磁性能，分别对尿素添加量为8g、14g和20g时所制得的掺氮石墨烯（N-G4、N-G5和N-G6）的室温铁磁性能进行检测，实验检测则是超导量子干涉仪（SQUID）来实现的。超导量子干涉仪（SQUID）是一种将磁通转化为电压的磁通传感器，其基本原理是基于超导约瑟夫森效应和磁通量子化现象。超导量子干涉仪（SQUID）为一种能够测量微弱磁信号的极其灵敏的仪器，比常规的磁强计灵敏度提高几个数量级，是进行超导材料、纳米材料、磁性材料及半导体材料磁学性质研究的基本设备。

图6-13为尿素添加量分别为8g、14g和20g时制得的掺氮石墨烯（N-G4、N-G5和N-G6）在室温条件下所测得的磁滞回线及其相关数据的统计。其中图6-13(a)、(b)和(c)分别为尿素添加量分别为8g、14g和20g时制得的掺氮石墨烯（N-G4、N-G5和N-G6）在室温条件下的磁滞回线。从图6-13(a)、(b)和(c)可以看出，三个掺氮石墨烯样品在室温下均有较强的饱和磁化强度（M_s）及矫顽力（H_c）。从图中可知，氮含量为2.56%（原子分数）的掺氮石墨烯（N-G4）在室温条件下的饱和磁化强度为0.072emu/g、矫顽力为63.13Oe；氮含量为11.17%（原子分数）的掺氮石墨烯（N-G5）在室温条件下的饱和磁化强度为0.32emu/g、矫顽力为192.56Oe；氮含量为9.29%（原子分数）的掺氮石墨烯（N-G6）在室温条件下的饱和磁化强度为0.28emu/g、矫顽力为143.69Oe。根据上述结果可以知道，对于以尿素为氮源通过自蔓延高温合成法制得的掺氮石墨烯来说，其室温铁磁性能与其片层结构中的氮元素含量有关，其室温饱和磁化强度及室温矫顽力均与其掺氮石墨烯结构中的氮元素含量成正比。为了进一步分析不同温度下掺氮石墨烯的铁磁性的变化情况，分别对不同温度下不同氮含量的掺氮石墨烯的铁磁性能进行了比较和分析，图6-13(d)和(e)为针对上述三个掺氮石墨烯（N-G4、N-G5和N-G6）样品分别在低温（10K）、室温（300K）及高温（400K）三个不同温度下饱和磁化强度及矫顽力的数据总结。图6-13(d)为三个不同氮含量的掺氮石墨烯在三个不同温度下的矫顽力数据分析结果，从图中可知，在低温（10K）、室温（300K）及高温（400K）三个不同温度下，氮含量为2.56%（原子分数）的掺氮石墨烯（N-G4）的矫顽力分别为276.67Oe、63.13Oe和49.97Oe；氮含量为11.17%（原子分数）的掺氮石墨烯（N-G5）的矫顽力分别为544.21Oe、192.56Oe和138.29Oe；氮含量为9.29%

(原子分数) 的掺氮石墨烯 (N-G6) 的矫顽力分别为 454.22Oe、143.69Oe 和 121.21Oe。从该结果可以看出，对于同一个样品来说，掺氮石墨烯的矫顽力随着温度的升高而有所降低，但降低幅度不大；对于相同温度下的不同样品来说，氮含量为 11.17% (原子分数) 的掺氮石墨烯 (N-G5) 的矫顽力最大，氮含量为 9.29% (原子分数) 的掺氮石墨烯 (N-G6) 的矫顽力第二，氮含量为 2.56% (原子分数) 的掺氮石墨烯 (N-G4) 的矫顽力最低。因此可以说明，在任意温度下掺氮石墨烯的矫顽力大小均与其氮含量有关，掺氮石墨烯中氮元素含量越高，其矫顽力在相同条件下越大。

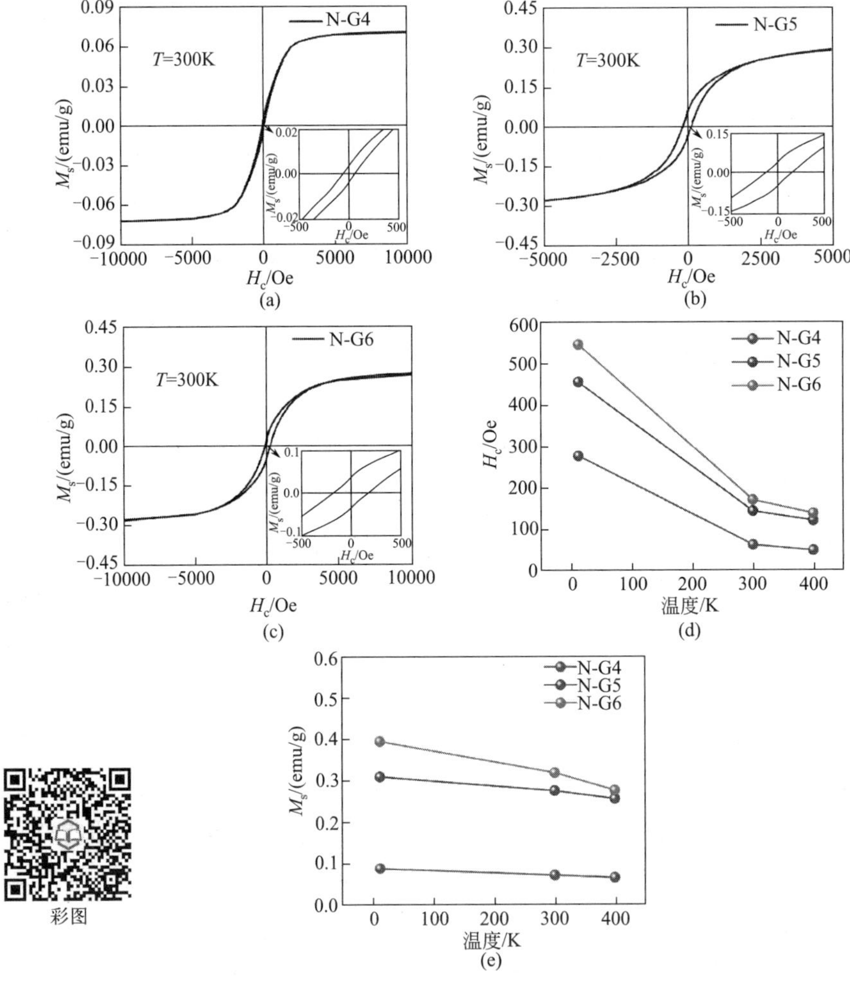

图 6-13　以不同尿素添加量与镁粉、碳酸钙为反应物自蔓延高温合成掺氮石墨烯样品的铁磁性

图 6-13(e) 为对三个不同氮含量的掺氮石墨烯（N-G4、N-G5 和 N-G6）在不同温度下的饱和磁化强度的变化规律。从图 6-13(e) 结果可以看出，氮含量为 2.56%（原子分数）的掺氮石墨烯（N-G4）的饱和磁化强度在三个温度下分别为 0.089emu/g、0.072emu/g 和 0.066emu/g；氮含量为 11.17%（原子分数）的掺氮石墨烯（N-G5）的饱和磁化强度在三个温度下分别为 0.40emu/g、0.32emu/g 和 0.28emu/g；氮含量为 9.29%（原子分数）的掺氮石墨烯（N-G6）的饱和磁化强度在三个温度下分别为 0.31emu/g、0.28emu/g 和 0.26emu/g。从整体上来看，随着环境温度的升高，三个不同氮含量的掺氮石墨烯的饱和磁化强度均表现出逐渐下降的趋势。具体分析掺氮石墨烯在每一温度条件下其饱和磁化强度结果可以看出，三个样品在 10K、300K 和 400K 温度下的饱和磁化强度也均有所变化。但是，通过比较相同温度下不同氮含量的掺氮石墨烯的饱和磁化强度变化规律可以看出，当温度相同时，氮含量为 11.17%（原子分数）的掺氮石墨烯（N-G5）的饱和磁化强度最高，氮含量为 9.29%（原子分数）的掺氮石墨烯（N-G6）的饱和磁化强度第二，氮含量为 2.56%（原子分数）的掺氮石墨烯（N-G4）的饱和磁化强度最低。由此可以说明掺氮石墨烯中氮元素含量越高，其饱和磁化强度越大，即掺氮石墨烯的饱和磁化强度与其氮元素含量成正比。

综合以上结果可以看出，以不同添加量的尿素为氮源、与标准化学计量比的镁粉和碳酸钙为反应物制得的掺氮石墨烯具有较为明显的室温铁磁性。对于不同温度下、不同氮含量的掺氮石墨烯的铁磁性，以及对于相同温度下、不同氮含量的掺氮石墨烯的铁磁性进行分析可以看出，掺氮石墨烯的饱和磁化强度和矫顽力均与掺氮石墨烯中氮元素含量成正比，氮元素含量越高，掺氮石墨烯的饱和磁化强度及矫顽力越大；对于不同温度下、相同氮含量的掺氮石墨烯的铁磁性进行分析可以看出，掺氮石墨烯的饱和磁化强度和矫顽力与其温度成反比，检测环境温度越高，同一掺氮石墨烯的饱和磁化强度和矫顽力越低。

分析掺氮石墨烯中铁磁性出现的原因可知，在自蔓延高温合成反应过程中，尿素的分解需要大量的能量，因此使得自蔓延高温合成反应的起始状态发生了明显的变化，反应温度及反应气体氛围均会发生明显变化。而这一变化也会进一步影响石墨烯片层结构的合成过程及其片层结构的完整性及缺陷性，因此，通过自蔓延高温合成法制备得到的掺氮石墨烯具备与该方法制得的少层石墨烯所不一样的特殊结构，因此也可以使其具备一定强度的室温稳定的铁磁性。

同时，为了能够更好地评价以尿素为氮源通过自蔓延高温合成法制得的掺氮石墨烯在室温下的铁磁性能，我们分别总结了参考文献中几种典型的碳纳米材料在室温下的 M_s 值。如图 6-14 所示，选取的碳材料包含：未掺杂石墨碳氮化物（g-C_3N_4）、硼掺杂量为 1.3%的石墨碳氮化物（g-C_3N_4）、还原氧化石墨烯（rGO）、氢化 rGO 及石墨烯纳米带。从比较结果可以看出，现有文献报道的碳纳米材料的室温饱和磁化强度均为 0.01emu/g 左右，而通过自蔓延高温合成法制得的高氮元素比例的掺氮石墨烯（N-G5 和 N-G6）的室温饱和磁化强度（M_s）均可达到 0.3emu/g 左右，是其他碳纳米材料磁化强度的 30 倍。

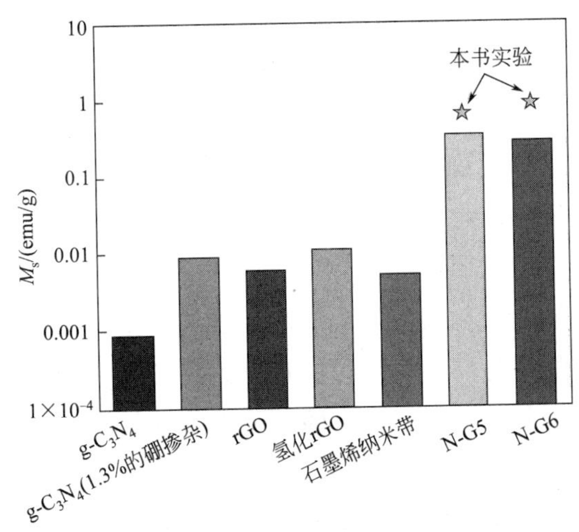

图 6-14　不同碳纳米材料在室温下的饱和磁化强度数值比较

由此也可以说明，以尿素作为氮源、通过自蔓延高温合成法可以成功制备出较其他同类碳材料铁磁性能更为优越的石墨烯材料，且该掺氮石墨烯的饱和磁化强度在一定温度下较为稳定，而这一优越性能可使该类型掺氮石墨烯有望被广泛应用于非金属的新型器件、自旋电子学及信息存储等领域。

材料的铁磁性能不仅表现为其在室温下饱和磁化强度及矫顽力的大小，同时还需研究其铁磁性能在不同温度环境下的变化趋势，根据前面的研究可以得知，当温度越低时，掺氮石墨烯的铁磁性能越好，因此我们应对上述掺氮石墨烯在高温条件下的铁磁性能进行研究和分析。图 6-15 为上述三个掺氮石墨烯（N-G4、N-G5 和 N-G6）的饱和磁化强度随温度改变的变化趋势。其中，图 6-15(a) 为磁场强度为 3000Oe 时三个掺氮石墨烯（N-G4、N-G5 和 N-G6）在温度范围为 10～400K 内饱和磁化强度的变化情况；图 6-15(b) ～ (d) 分别为磁场强度为 500Oe 时三个掺氮石墨烯（N-G4、N-G5 和 N-G6）的饱和磁化强度在温度范围为 300～800K 内的变化情况，图中的插图为对 *M*-*T* 曲线求导数的结果。

从图 6-15(a) 中可以看出，在温度范围 10～400K 内，三个掺氮石墨烯（N-G4、N-G5 和 N-G6）的饱和磁化强度均没有明显的变化。为了进一步研究以尿素为氮源通过自蔓延高温合成法制得的掺氮石墨烯样品的居里温度，还需对三个掺氮石墨烯（N-G4、N-G5 及 N-G6）在温度范围 300～800K 内的饱和磁化强度的变化情况进行分析。通过对不同氮含量的掺氮石墨烯样品的 *M*-*T* 曲线在 550～700K 温度范围内进行求导结果可以看出，不同氮含量

彩图

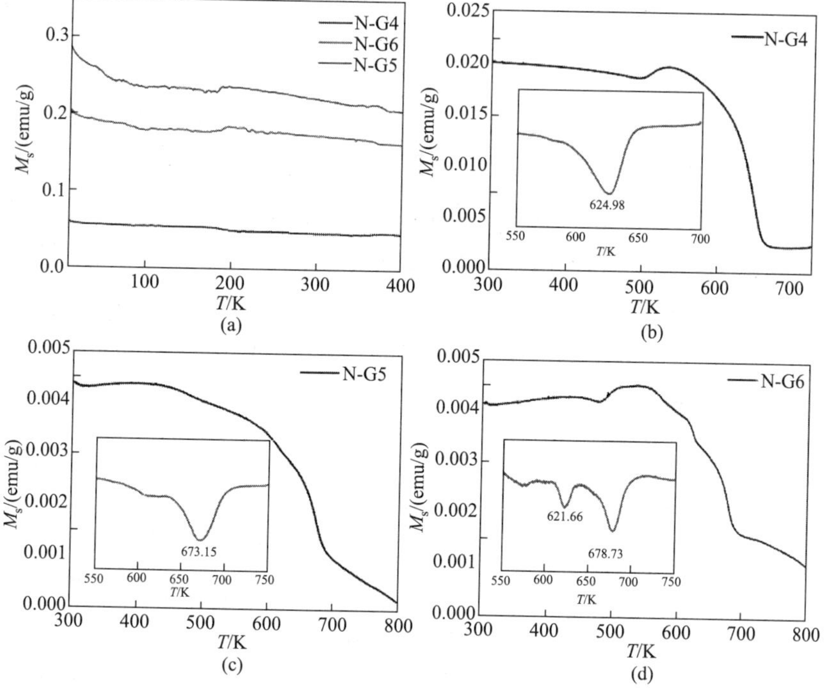

图 6-15　镁粉、碳酸钙和尿素燃烧合成掺氮石墨烯样品居里温度

的掺氮石墨烯的 *M-T* 曲线的转折点（即居里温度）有所不同：其中，氮含量为 2.56%（原子分数）的掺氮石墨烯（N-G4）的转折点（即居里温度）为 625K，氮含量为 11.17%（原子分数）的掺氮石墨烯（N-G5）的转折点（即居里温度）为 673K，氮含量为 9.29%（原子分数）的掺氮石墨烯（N-G6）的转折点（即居里温度）为 621K 和 678K。对 *M-T* 曲线求导所得出的转折点均对应于该掺氮石墨烯铁磁性能发生的明显变化，而掺氮石墨烯中铁磁性能的变化又是由于掺氮石墨烯的结构变化所引起的。因此，我们可以得知掺氮石墨烯的 *M-T* 曲线所表现出的转折是由于其片层结构发生变化所引起的。

6.3.2 热处理对掺氮石墨烯铁磁性能的影响

为了进一步研究高温环境下掺氮石墨烯铁磁性能下降的原因，我们以氮含量最高、同时也是室温饱和磁化强度最高的尿素添加量为 14g、氮含量为 11.17%（原子分数）的掺氮石墨烯（N-G5）为研究对象，分析其经过不同温度的真空热还原-高温氧化的方式热处理后掺氮石墨烯磁性下降的原因。

（1）掺氮石墨烯的热处理

称取 0.5g 的掺氮石墨烯（N-G5）放置于铝箔中使其完全包裹，将包裹好后的铝箔放到真空磁控溅射仪的恒温区，然后在真空环境下以 2K/min 的速度将温度升高到所需温度，在该温度下维持 5min，然后自然冷却至室温。取出处理样品，待用。热处理过程如图 6-1 所示。

通过图 6-15 的结果可以得知，掺氮石墨烯结构发生改变的温度范围为 600～700K，因此，将掺氮石墨烯（N-G5）的处理温度分别设定为 600K、650K 和 700K。

（2）热处理后石墨烯的组织结构分析

通过 X 射线光电子能谱（XPS）可以分析得到掺氮石墨烯（N-G5）经过不同温度热处理后元素组成的变化情况。图 6-16(a) 为掺氮石墨烯（N-G5）经过不同温度热处理后的 X 射线光电子能谱（XPS）表面分析全谱，从分析结果可以看出，该掺氮石墨烯（N-G5）在经过三个不同温度热处理后其元素组成没有发生变化，体系内主要元素仍然为碳（C）元素、氮（N）元素和氧（O）元素三种元素。此外，还需进一步分析不同热处理温度（600K、650K 和 700K）下上述每种元素（碳元素、氮元素和氧元素）的含量随温度具体变化情况。图 6-16(b) 为不同热处理温度下掺氮石墨烯中碳（C）元素、氮（N）元素和氧（O）元素三个元素的变化情况，从图中可以看出，当温度在 300～650K 温度范围内其碳（C）元素含量增加，氮（N）元素和氧（O）元素的相对含量均有所降低；当温度在 650～700K 范围内时其碳（C）元素、氮（N）元素和氧（O）元素三个元素含量均相对稳定。因此可以证明，以自蔓延高温合成法制得的掺氮石墨烯（N-G5）在热处理过程中的转化过程发生在温度为 600～650K 范围内，这一转化过程主要应该归功于石墨烯结构中的氮（N）元素含量及氧（O）元素含量的相对减少，而这二者元素含量的减少会对掺氮石墨烯结构的转化有一定贡献。

为了进一步分析不同温度热处理过程对该掺氮石墨烯结构中的影响，还需对不同热处理温度下掺氮石墨烯结构中氮元素的价键结构的变化情况进行分析。图 6-16(c)～(f) 为对不同热处理温度下掺氮石墨烯结构中 N1s 特征峰进行进一步精细扫描的 X 射线光电子能谱（XPS）图谱及分峰拟合结果。首先，从图 6-16(c)～(e) 中可以看出，该掺氮石墨烯在经过三个不同温度热处理后，其片层结构中氮元素的价键结构主要包含吡啶氮（pyridinic N）、吡咯氮（pyrrolic N）及石墨氮（graphitic N）三种键合类型，但每种键合类型的所占比例有所不同。具体分析每一键合类型在不同温度下的含量可以看出，在热处理温度为 600K 和 650K 两个温度时，该掺氮石墨烯（N-G5）中吡啶氮含量有所增加，同时吡咯氮含量明显减少，说明在温度范围为 600～650K 时，该掺氮石墨烯（N-G5）结构中有部分吡咯氮转化为吡啶氮，即在这一温度范围内掺氮石墨烯结构中的氮元素结构发生了转变。而根据前面对掺氮石墨烯的铁磁性能及其结构中氮元素价键结构之间相互关系研究可以得知，掺氮石墨烯铁磁性能主要来源于其片层结构中的吡咯氮，吡咯氮含量的多少将直接影响其掺氮石墨烯的铁磁性能。因此，在经历了热处理过程后，掺氮石墨烯（N-G5）片层结构中吡咯氮结构向吡啶氮结构的转变会在一定程度上影响该掺氮石墨烯的铁磁性能，进而使其饱和磁化强度明显降低。而在热处理温度为 650K 及 700K 情况下，掺氮石墨烯（N-G5）中吡啶氮与吡咯氮的相对含量均没有发生明显变化，但掺氮石墨烯片层结构中的氮（N）元素含量有所减少，那么

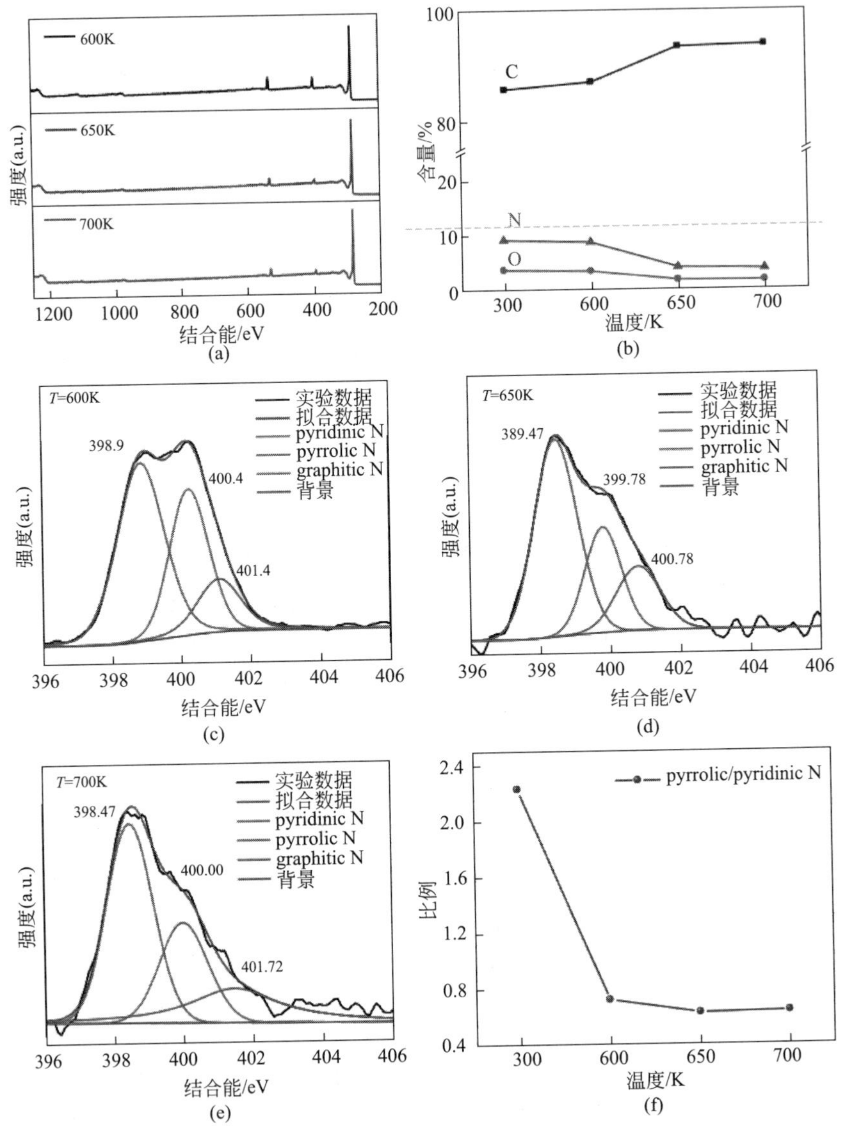

图 6-16 掺氮石墨烯热处理后的 X 射线光电子能谱

彩图

可以证明，在这一过程中，掺氮石墨烯结构中主要发生的是石墨烯结构中含氮官能团的分解反应，而在这一过程中掺氮石墨烯的铁磁性能所发生的改变则不再是由于氮元素的结构变化所引起的，而是其氮元素含量减少的结果。

根据上面的结果及分析可以得知，氮（N）元素的含量及其键合类型在掺氮石墨烯的磁性能中有着至关重要的位置，掺氮石墨烯中氮（N）元素含量的增加会使得其饱和磁化强度（M_s）及矫顽力（H_c）均有所增加。虽然我们并不了解是什么原因使得这些掺氮石墨烯有着较高的居里温度，但根据现有文献表明，掺氮石墨烯的磁性是由 RKKY 交换作用及电子的屏障作用之间的竞争关系所引起的。一方面，掺氮石墨烯中的吡咯氮在磁矩的形成方面起到很重要的作用。有文献表明，一个吡咯氮原子可以提供 0.95μ_B 净磁矩，而在我们合成的掺氮石墨烯结构中多数的氮原子都是以吡咯氮结构形式存在的，相比之下吡啶氮及石墨氮的含量则较少。在不同的氮元素结构形式中，吡啶氮及石墨氮不会引起自旋极化。因此，可以在一定程度上解释通过自蔓延高温合成法制得的掺氮石墨烯具有一定铁磁性的原因。另一方面，掺氮石墨烯结构中吡咯氮的形成通常伴随着在石墨烯片层中出现大量的缺陷结构，比如空位、错位以及边缘缺陷等，而一些其他类型的缺陷也会引起其自身的磁矩，进一步来说，通过自蔓延高温合成法制得的石墨烯都会有很多碳缺陷，而这一缺陷会使得石墨烯具有稳定的室温铁磁性。

通过傅里叶变换红外光谱仪可以对经过不同温度热处理后的掺氮石墨烯结构中的官能团变化进行分析和表征。为了可以进行系统的分析，仍然选用尿素添加量为 14g 时制得的氮含量为 11.27%（原子分数）的掺氮石墨烯为研究对象，对官能团变化进行分析。图 6-17 为氮含量为 11.27%（原子分数）的掺氮石墨烯（N-G5）经过不同温度的热处理之后得到的红

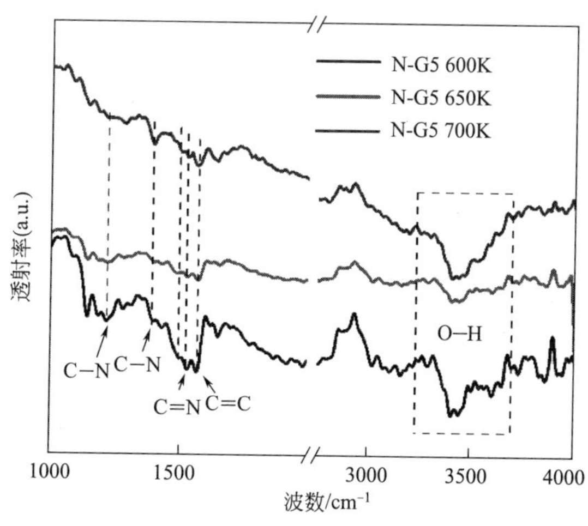

彩图

图 6-17　掺氮石墨烯热处理后的傅里叶变换红外光谱

外光谱图谱。首先，从图中可以看出，氮含量为 11.27%（原子分数）的掺氮石墨烯（N-G5）在经过 600K 热处理后在 2300cm^{-1} 附近出现明显的碳-氮（C—N）峰，而当热处理温度升高至 650K 及 700K 时，这一位置的碳-氮特征峰却几乎完全消失了，说明在这一过程中碳-氮两种元素的价键结构发生了变化。相对应地，该掺氮石墨烯（N-G5）经过 650K 和 700K 两个温度热处理后所得到的红外光谱图谱中出现了位置在 1280～1605cm^{-1} 处的芳香族 C—N 异质循环的吸收带。除此之外，掺氮石墨烯中其他典型的振动吸收峰（2934cm^{-1}、3404cm^{-1} 和 3285cm^{-1}）在不同温度热处理后并没有明显变化。

这一结果也表明了，氮含量为 11.27%（原子分数）的掺氮石墨烯（N-G5）在经过 600K 温度热处理时，其结构中 N 元素含量并没有明显变化，这时该掺氮石墨烯（N-G5）所表现出来的磁性的变化主要是由于氮（N）元素的结构变化所引起的。结合傅里叶变换红外光谱（FTIR）图谱可以看出，此时掺氮石墨烯结构中多数的氮（N）元素的结构已经从吡咯氮结构转化为吡啶氮结构，这一结构变化使得掺氮石墨烯的饱和磁化强度明显下降。当热处理温度继续升高至 650K 及 700K 时，掺氮石墨烯 N-G5 中的 N 元素结构没有明显变化，但是材料中 N 元素的含量明显减少，这时该掺氮石墨烯的饱和磁化强度下降则是由于石墨烯结构中的 N 元素减少及缺陷减少所引起的。这些分析结果也与 XPS 图谱所得到的结果相一致。通过傅里叶变换红外光谱仪可以对经过不同温度热处理后的掺氮石墨烯结构中的官能团变化进行分析和表征。

（3）热稳定性分析

为了进一步分析 XPS 及 FTIR 的结果，我们对掺氮石墨烯 N-G5 进行了热重分析。TGA 曲线中 N-G5 的重量变化在 300～800K 温度范围内变化较为明显。从图中可以看出，N-G5 的 TG 曲线可以分为三个区域：区域Ⅰ（300～464K）、区域Ⅱ（464～609K）及区域Ⅲ（609～700K）。其中在区域Ⅰ中，N-G5 的重量先急剧下降，再逐渐增加，表现出了较为特殊的脱附和吸附过程。在区域Ⅱ中，N-G5 样品的重量继续表现出下降的趋势，但是变化趋势较为平缓。但是在区域Ⅲ中，N-G5 样品的质量下降速度迅速增加。

从上述结果可以看出，掺氮石墨烯的分解主要发生在 609K，N 元素的降低主要发生在 600～650K 温度范围之间。将这些结果与 N-G5 的铁磁性能变化相联系及分析，我们可以认为，掺氮石墨烯样品（N-G5）的 *M-T* 曲线中在 625K 温度处的峰值是由于 N-G5 在 600～650K 温度范围之间的热不稳定性所引起的。

结合 XPS 结果可知，当温度超过 650K 时，掺氮石墨烯中 C、N、O 三种元素的相对含量没有明显变化，相对更加稳定。掺氮石墨烯样品在 678K 温度附近的饱和磁化强度的变化对应于居里温度，是由于掺氮石墨烯中 N 元素的结构变化引起的磁性变化分解和居里变换双重影响的结果。其居里温度也会随着掺氮石墨烯样品中 N 元素含量及其结构的不同而有所不同。

图 6-18 为 N 元素结构对石墨烯磁性的影响示意图。其中图 6-18(a)、(b) 和 (c) 分别表示的是浓度由低到高的吡咯氮对掺氮石墨烯的磁性影响示意图。从图 6-18(a) 可以看出，当 N 元素含量较少时，石墨烯结构中的吡咯氮含量也较低。吡咯氮所提供的磁矩较小，对石墨烯磁性的影响较弱。随着石墨烯 N 元素含量的增加，其结构中的吡咯氮比例也逐渐增加。几个吡咯氮结构所形成的小区域可以对石墨烯的磁性产生较大影响，为石墨烯提供更多磁矩，从而使得石墨烯的磁性较强。

彩图

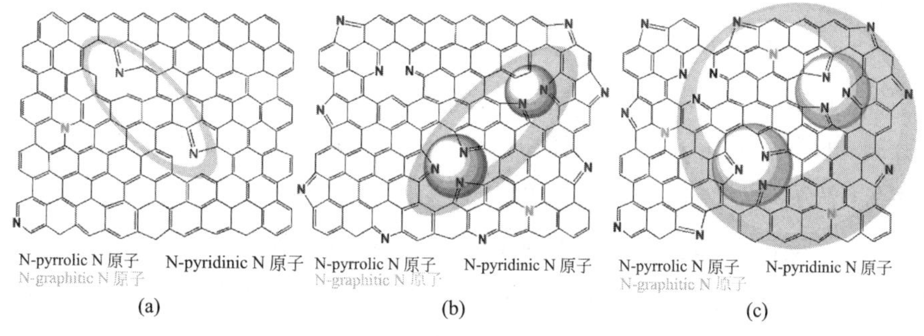

图 6-18　N 元素结构对石墨烯磁性的影响示意图

此外，在掺氮石墨烯结构中由吡咯氮所引起的磁矩能够引起铁磁性的磁耦合。这种关系可以通过离域电子来解释 RKKY 的相互作用。总的来说，随着缺陷浓度的逐渐增加，缺陷所造成的磁矩之间的距离随着温度的增加而有所降低，此时，RKKY 交换就会增强。然而，当缺陷浓度较高的时候，必须要考虑电子屏蔽效应，这样会使得交换机制减弱。因此，随着N元素含量的增加，磁矩之间的交换变强了，居里温度也就随之升高了；但是，当电子屏蔽效应使得缺陷位点之间的交换浓度过高时，居里温度降低。因此我们认为，居里温度应该有一个阈值，相应地，N元素的含量也会有一个阈值，关于我们制得的掺氮石墨烯样品，N-G5的居里温度低于N-G6，因此可以证明，N元素的阈值浓度低于N-G5的N原子浓度，小于11.17%（原子分数）。

6.4 本章小结

本章详细研究了少层石墨烯及掺氮石墨烯的铁磁性，并对热处理后少层石墨烯及掺氮石墨烯的铁磁性能变化进行了一系列的表征和分析。具体得出的结论如下。

（1）少层石墨烯及掺氮石墨烯在室温下具有较强的铁磁性，不同比例的反应物可使产物的磁性有所不同。G2的饱和磁化强度为0.12emu/g，G3的饱和磁化强度为0.19emu/g，矫顽力为102.53Oe。掺氮石墨烯在室温下有较高铁磁性且居里温度很高：N-G5的饱和磁化强度为0.32emu/g，矫顽力为192.56Oe；N-G6的饱和磁化强度为0.28emu/g，矫顽力为175.38Oe。

（2）通过研究石墨烯的磁性与温度的关系可以得知，少层石墨烯G2在10～400K温度范围内相对稳定。掺氮石墨烯N-G5和N-G6在温度为10～400K及300～500K范围内时磁性没有明显变化，其铁磁性在二者中居里温度分别为621K与678K以及673K。

（3）真空热还原-高温氧化热处理能够对石墨烯的缺陷进行一定程度的调控，拉曼敏感缺陷及红外敏感缺陷都对少层石墨烯磁性有贡献。对高氮含量的掺氮石墨烯进行热处理后，其磁性明显降低，氮含量明显下降。在一定温度下，多数吡咯氮转化为吡啶氮，因此我们认为氮元素的含量降低及结构转变是掺氮石墨烯热处理后磁性降低的主要原因之一。

结 论

（1）提出了以镁和多种碳源（碳酸钙、葡萄糖、蔗糖以及淀粉）为原料，采用安全可控的自蔓延高温合成法制备三维石墨烯。该方法引燃反应体系后通过反应物自发燃烧完成石墨烯制备过程，具有反应迅速且容易控制、适合大规模生产、原料价格低廉以及节能环保等优点。

（2）研究发现，以不同反应物比例及不同碳源种类（碳酸钙、葡萄糖、蔗糖以及淀粉）作为反应物，可以制备出具有不同形貌结构的三维石墨烯材料，并对其产生机理进行了讨论。自蔓延高温合成获得的石墨烯具有新颖的三维结构，因此可以有效地防止石墨烯片层堆砌复合。

（3）改变碳源种类及比例会对通过自蔓延高温合成法制备得到的石墨烯的化学结构产生重要的影响，不同碳源及不同反应物比例均能够对石墨烯的微观结构及缺陷程度有明显的影响。偏离化学计量比的反应物制得的石墨烯尺寸更小，层数更薄。

（4）对不同比例的镁粉和碳酸钙通过自蔓延高温合成法制备得到的少层石墨烯进行不同温度下的真空热还原-高温氧化热处理，进而分析温度对石墨烯材料磁性的影响。研究发现，经过热处理之后石墨烯样品的磁性的变化趋势表现出明显的差异，主要是由于石墨烯结构中的缺陷程度和缺陷种类，以及石墨烯结构表面及边缘的官能团种类及数量的不同所导致的。

（5）提出了以镁、碳酸钙和不同氮源（普鲁士蓝和尿素）为原料，通过自蔓延高温合成法制备掺氮石墨烯。改变氮源种类及反应物比例会对掺氮石墨烯的氮含量、氮原子的结合种类及化学结构产生重要的影响。

（6）改变氮源种类及反应物比例会对通过自蔓延高温合成法制备得到的掺氮石墨烯的化学结构产生重要的影响，进而影响得到的掺氮石墨烯材料的磁性。研究发现，自蔓延高温合成掺氮石墨烯样品的磁性之间的差异主要是由于其结构中的氮含量及氮原子的结构种类导致的，氮原子在石墨烯片层中的结合方式是影响掺氮石墨烯磁性的重要因素。

（7）对以不同比例的镁粉、碳酸钙和尿素通过自蔓延高温合成法制备得到的少层掺氮石墨烯在真空环境中以不同温度进行热处理，进而分析温度对石墨烯材料磁性的影响。研究发现，经过热处理之后的掺氮石墨烯样品的磁性明显降低。主要是由于掺氮石墨烯结构中氮原子含量的下降及其在石墨烯结构中结合类型的转变。

参考文献

[1] Novoselov K S, Geim A K, Morozov S V, et al. Electric field effect in atomically thin carbon films [J]. Science, 2004, 306 (5696): 666-669.

[2] Balandin A A, Ghosh S, Bao W Z, et al. Superior thermal conductivity of single-layer graphene [J]. Nano Lett, 2008, 8 (3): 902-907.

[3] Stankovich S, Dikin D A, Dommett G H B, et al. Graphene-based composite materials [J]. Nature, 2006, 442 (7100): 282-286.

[4] Geim A K, Novoselov K S. The rise of graphene [J]. Nat Mater, 2007, 6 (3): 183-191.

[5] Partoens B, Peeters F M. From graphene to graphite: Electronic structure around the K point [J]. Phys Rev B, 2006, 74 (7): 75404.

[6] Fasolino A, Los J H, Katsnelson M I. Intrinsic ripples in graphene [J]. Nat Mater, 2007, 6 (11): 858-861.

[7] Meyer J C, Geim A K, Katsnelson M I, et al. The structure of suspended graphene sheets [J]. Nature, 2007, 446 (7131): 60-63.

[8] Stolyarova E, Rim K T, Ryu S M, et al. High-resolution scanning tunneling microscopy imaging of mesoscopic graphene sheets on an insulating surface [J]. P Natl Acad Sci USA, 2007, 104 (22): 9209-9212.

[9] Mak K F, Shan J, Heinz T F. Electronic structure of few-layer graphene: Experimental demonstration of strong dependence on stacking sequence [J]. Phys Rev Lett, 2010, 104 (17): 176404.

[10] Horiuchi S, Gotou T, Fuijwara M, et al. Carbon nanofilm with a new structure and property [J]. Jpn J Appl Phys 2, 2003, 42 (9ab): L1073-L1076.

[11] Reddy A L M, Srivastava A, Gowda S R, et al. Synthesis of nitrogen-doped graphene films for lithium battery application [J]. Acs Nano, 2010, 4 (11): 6337-6342.

[12] Malard L M, Pimenta M A, Dresselhaus G, et al. Raman spectroscopy in graphene [J]. Phys Rep, 2009, 473 (5-6): 51-87.

[13] Jia X T, Campos-Delgado J, Terrones M, et al. Graphene edges: A review of their fabrication and characterization [J]. Nanoscale, 2011, 3 (1): 86-95.

[14] Rao C N R, Sood A K, Subrahmanyam K S, et al. Graphene: The new two-dimensional nanomaterial [J]. Angew Chem Int Edit, 2009, 48 (42): 7752-7777.

[15] Acik M, Chabal Y J. Nature of graphene edges: A review [J]. Jpn J Appl Phys, 2012, 51 (3): 39201.

[16] Wei D C, Liu Y Q. Controllable synthesis of graphene and its applications [J]. Adv Mater, 2010, 22 (30): 3225-3241.

[17] Dutta S, Pati S K. Novel properties of graphene nanoribbons: A review [J]. J Mater Chem, 2010, 20 (38): 8207-8223.

[18] Bunch J S, Verbridge S S, Alden J S, et al. Impermeable atomic membranes from graphene sheets [J]. Nano Lett, 2008, 8 (8): 2458-2462.

[19] Lee C, Wei X D, Kysar J W, et al. Measurement of the elastic properties and intrinsic strength of monolayer graphene [J]. Science, 2008, 321 (5887): 385-388.

[20] Stoller M D, Park S J, Zhu Y W, et al. Graphene-based ultracapacitors [J]. Nano Lett, 2008, 8 (10): 3498-3502.

[21] Pereira V M, Ribeiro R M, Peres N M R, et al. Optical properties of strained graphene [J]. Epl-Europhys Lett, 2010, 92 (6): 1209.

[22] Soldano C, Mahmood A, Dujardin E. Production, properties and potential of graphene [J]. Carbon, 2010, 48 (8): 2127-2150.

[23] Avouris P. Nano Lett, 2010, 10: 4285-4294.

[24] Wang D, Jin G. Phys Lett A, 2009, 373: 4082-4085.

[25] Myoung N, Ihm G. Phys E, 2009, 42: 70-72.

[26] Zhang G P, Qin Z J. Chem Phys Lett, 2011, 516: 225-229.

[27] Jia X, Campos-Delgado J, Terrones M, et al. Nanoscale, 2011, 3: 86-95.

[28] Ponomarenko L A, Schedin F, Katsnelson M I, et al. Science, 2008, 320: 356-358.

[29] Setare M R, Jahani D. Phys B, 2010, 405: 1433-1436.

[30] Wang H, Li Y, Wang J, et al. Anal Chim Acta, 2008, 610: 68-73.

[31] Freitag M. Nat Nanotechnol, 2008, 3: 455-457.

[32] Williams J, DiCarlo L, Marcus C. Science, 2007, 317: 638-641.

[33] Abanin D, Levitov L. Science, 2007, 317: 641-643.

[34] Chen J H, Jang C, Xiao S, et al. Nat Nanotechnol, 2008, 3: 206-209.

[35] Hwang E H, Adam S, Das Sarma S. Phys Rev Lett, 2007, 98: 186806.

[36] Nomura K, MacDonald A H. Phys Rev Lett, 2006, 96: 256602.

[37] Meyer J C, Geim A K, Katsnelson M I, et al. Nature, 2007, 446: 60-63.

[38] Vasu K S, Chakraborty B, Sampath S, et al. Solid State Commun, 2010, 150: 1295-1298.

[39] Brownson D A C, Banks C E. Analyst, 2010, 135: 2768-2778.

[40] Ozbas B, O'Neill C D, Register R A, et al. Multifunctional elastomer nanocomposites with functionalized graphene single sheets [J]. J Polym Sci Pol Phys, 2012, 50 (13): 910-916.

[41] Mak K F, Sfeir M Y, Misewich J A, et al. The evolution of electronic structure in few-layer graphene revealed by optical spectroscopy [J]. P Natl Acad Sci USA, 2010, 107 (34): 14999-15004.

[42] Warner J H, Rummeli M H, Bachmatiuk A, et al. Examining the stability of folded graphene edges against electron beam induced sputtering with atomic resolution [J]. Nanotechnology, 2010, 21 (32): 325702.

[43] Bolotin K I, Sikes K J, Jiang Z, et al. Ultrahigh electron mobility in suspended graphene [J]. Solid State Commun, 2008, 146 (9-10): 351-355.

[44] Castro Neto A H, Guinea F, Peres N M R, et al. The electronic properties of graphene [J]. Rev Mod Phys, 2009, 81 (1): 109-162.

[45] Novoselov K S, Geim A K, Morozov S V, et al. A. Two-dimensional gas of massless Dirac fermions in graphene [J]. Nature, 2005, 438 (7065): 197-200.

[46] Du X, Skachko I, Barker A, et al. Approaching ballistic transport in suspended graphene [J]. Nat Nanotechnol, 2008, 3 (8): 491-495.

[47] Zhou Y H, Zhang D L, Zhang J B, et al. Negative differential resistance behavior in phosphorus-doped armchair graphene nanoribbon junctions [J]. J Appl Phys, 2014, 115 (7): 4866094.

[48] Adam S, Hwang E H, Rossi E, et al. Theory of charged impurity scattering in two-dimensional graphene [J]. Solid State Commun, 2009, 149 (27-28): 1072-1079.

[49] Ilyin A M, Daineko E A, Beall G W. Computer simulation and study of radiation defects in graphene [J]. Physica E, 2009, 42 (1): 67-69.

[50] Compagnini G, Giannazzo F, Sonde S, et al. Ion irradiation and defect formation in single layer graphene [J]. Carbon, 2009, 47 (14): 3201-3207.

[51] Skulason H S, Gaskell P E, Szkopek T. Optical reflection and transmission properties of exfoliated graphite from a graphene monolayer to several hundred graphene layers [J]. Nanotechnology,

2010, 21 (29): 295709.

[52] Klintenberg M, Lebegue S, Ortiz C, et al. Evolving properties of two-dimensional materials: From graphene to graphite [J]. J Phys-Condens Mat, 2009, 21 (33): 335502.

[53] Alzahrani A Z, Srivastava G P. Gradual changes in electronic properties from graphene to graphite: First-principles calculations [J]. J Phys-Condens Mat, 2009, 21 (49): 495503.

[54] Valentini L, Cardinali M, Bon S B, et al. J Mater Chem, 2010, 20: 995-1000.

[55] Nair R R, Blake P, Grigorenko A N, et al. Science, 2008, 320: 1308.

[56] Bae S, Kim H, Lee Y, et al. Nat Nanotechnol, 2010, 5: 574-578.

[57] Wang F, Zhang Y, Tian C, et al. Science, 2008, 320: 206-209.

[58] Yong V, Tour J M. Small, 2010, 6: 313-318.

[59] Zhang M, Bai L, Shang W, et al. J Mater Chem, 2012, 22: 7461-7467.

[60] Elias D C, Nair R R, Mohiuddin T M G, et al. Science, 2009, 323: 610-613.

[61] Bonaccorso F, Sun Z, Hasan T, et al. Nat Photonics, 2010, 4: 611-622.

[62] Bunch J S, van der Zande A M, Verbridge S S, et al. Science, 2007, 315: 490-493.

[63] Booth T J, Blake P, Nair R R, et al. Nano Lett, 2008, 8: 2442-2446.

[64] Mielke S L, Troya D, Zhang S, et al. Chem Phys Lett, 2004, 390: 413-420.

[65] Zhao Q, Wood J R, Wagner H D. Appl Phys Lett, 2001, 78: 1748.

[66] Ramanathan T, Abdala A, Stankovich S, et al. Nat Nanotechnol, 2008, 3: 327-331.

[67] Alwarappan S, Boyapalle S, Kumar A, et al. Comparative study of single-, few-, and multi layered graphene toward enzyme conjugation and electrochemical response [J]. J Phys Chem C, 2012, 116 (11): 6556-6559.

[68] Roy-Mayhew J D, Bozym D J, Punckt C, et al. Functionalized graphene as a catalytic counter electrode in dye-sensitized solar cells [J]. Acs Nano, 2010, 4 (10): 6203-6211.

[69] Wu H C, Li Y Y, Sakoda A. Synthesis and hydrogen storage capacity of exfoliated turbostratic carbon nanofibers [J]. Int J Hydrogen Energ, 2010, 35 (9): 4123-4130.

[70] Schwierz F. Graphene transistors [J]. Nat Nanotechnol, 2010, 5 (7): 487-496.

[71] Huang Y J, Wu H C, Tai N H, et al. Carbon nanotube rope with electrical stimulation promotes the differentiation and maturity of neural stem cells [J]. Small, 2012, 8 (18): 2869-2877.

[72] Liang M H, Zhi L J. Graphene-based electrode materials for rechargeable lithium batteries [J]. J Mater Chem, 2009, 19 (33): 5871-5878.

[73] Huang L, Huang Y, Liang J J, et al. Graphene-based conducting inks for direct inkjet printing of flexible conductive patterns and their applications in electric circuits and chemical sensors [J]. Nano Res, 2011, 4 (7): 675-684.

[74] Huang X, Qi X Y, Boey F, et al. Graphene-based composites [J]. Chem Soc Rev, 2012, 41 (2): 666-686.

[75] Palacios T. Applied physics nanowire electronics comes of age [J]. Nature, 2012, 481 (7380): 152-153.

[76] Pereira V M, Castro Neto A H, Peres N M R. Tight-binding approach to uniaxial strain in graphene [J]. Phys Rev B, 2009, 80 (4): 45401.

[77] Lv R T, Terrones M. Towards new graphene materials: Doped graphene sheets and nanoribbons [J]. Mater Lett, 2012, 78: 209-218.

[78] Wei D C, Liu Y Q, Wang Y, et al. Synthesis of N-doped graphene by chemical vapor deposition and its electrical properties [J]. Nano Lett, 2009, 9 (5): 1752-1758.

[79] Jin Z, Yao J, Kittrell C, et al. Large-scale growth and characterizations of nitrogen-doped mon-

olayer graphene sheets [J]. Acs Nano, 2011, 5 (5): 4112-4117.
[80] Wang X R, Ouyang Y J, Jiao L Y, et al. Graphene nanoribbons with smooth edges behave as quantum wires [J]. Nat Nanotechnol, 2011, 6 (9): 563-567.
[81] Zhang Y B, Tang T T, Girit C, et al. Direct observation of a widely tunable bandgap in bilayer graphene [J]. Nature, 2009, 459 (7248): 820-823.
[82] Segal M. Selling graphene by the ton [J]. Nat Nanotechnol, 2009, 4 (10): 611-613.
[83] Savage N. Optoelectronics come into the light [J]. Nature, 2012, 483 (7389): S38-S39.
[84] Wang L D, Wei B, Dong P, et al. Large-scale synthesis of few-layer graphene from magnesium and different carbon sources and its application in dye-sensitized solar cells [J]. Mater Design, 2016, 92: 462-470.
[85] Hernandez R, Sacristan J, Nogales A, et al. Structural organization of iron oxide nanoparticles synthesized inside hybrid polymer gels derived from alginate studied with small-angle X-ray scattering [J]. Langmuir, 2009, 25 (22): 13212-13218.
[86] Khavryuchenko O V, Khavryuchenko V D, Peslherbe G H. Density functional theory versus complete active space self-consistent field investigation of the half-metallic character of graphite-like and amorphous carbon nanoparticles [J]. J Phys Chem A, 2014, 118 (34): 7052-7057.
[87] Ratinac K R, Yang W, Ringer S P, et al. Environ Sci Technol, 2010, 44: 1167-1176.
[88] Yoon H J, Jun D H, Yang J H, et al. Sens Actuators, B, 2011, 157: 310-313.
[89] Pearce R, Iakimov T, Andersson M, et al. Sens Actuators, B, 2011, 155: 451-455.
[90] Romero H E, Joshi P, Gupta A K, et al. Nanotechnology, 2009, 20: 245501.
[91] Lu G, Ocola L E, Chen J. Nanotechnology, 2009, 20: 445502.
[92] Wu X, Hu Y, Jin J, et al. Anal Chem, 2010, 82: 3588-3596.
[93] Wang J, Qian X, Cui J. J Org Chem, 2006, 71: 4308-4311.
[94] Basheer M C, Alex S, Thomas K G, et al. Tetrahedron, 2006, 62: 605-610.
[95] Gao X, Xing G, Yang Y, et al. J Am Chem Soc, 2008, 130: 9190-9191.
[96] Zhang T, Cao E H, Li J F. Anal Quant Cytol Histol, 2000, 22: 93-97.
[97] Rivas B L, Pooley S A, Brovelli F, et al. J Appl Polym Sci, 2006, 100: 2380-2385.
[98] Tsai Y C, Davis J, Compton R G. Fresenius J Anal Chem, 2000, 368: 415-417.
[99] Song Y, Swain G M. Anal Chem, 2007, 79: 2412-2420.
[100] Xu H, Zeng L, Xing S, et al. Electroanalysis, 2008, 20: 2655-2662.
[101] Huang Z H, Zheng X, Lv W, et al. Langmuir, 2011, 27: 7558-7562.
[102] Wang B, Chang Y H, Zhi L J. New Carbon Mater, 2011, 26: 31-35.
[103] Zhang B, Cui T. Sens Actuators, A, 2012, 177: 110-114.
[104] Li J, Guo S, Zhai Y, et al. Electrochem Commun, 2009, 11: 1085-1088.
[105] Li J, Guo S, Zhai Y, et al. Anal Chim Acta, 2009, 649: 196-201.
[106] Wen Y, Xing F, He S, et al. Chem Commun, 2010, 46: 2596-2598.
[107] Nie R, Wang J, Wang L, et al. Carbon, 2012, 50: 586-596.
[108] Poizot P, Durand-Drouhin O, Lejeune M, et al. Carbon, 2012, 50: 73-83.
[109] Hassan M A H, Abdelsayed V, Khder A E R S, et al. J Mater Chem, 2009, 19: 3832-3837.
[110] Siamaki A R, Khder A E R S, Abdelsayed V, et al. J Catal, 2011, 279: 1-11.
[111] Saharia K, Arya U, Kumar R, et al. Exp Gerontol, 2012, 47: 188-197.
[112] Czell D, Efe T, Preuss M, et al. Neurochem Res, 2012, 37: 381-386.
[113] Abu-Taweel G M, Ajarem J S, Ahmad M. Pharmacol, Biochem Behav, 2012, 101: 49-56.
[114] Sotomayor-Zarate R, Tiszavari M, Cruz G, et al. Fertil Steril, 2011, 96: 1490-1496.
[115] Parrot S, Neuzeret P C, Denoroy L. J Chromatogr, B: Anal Technol Biomed Life Sci, 2011,

879: 3871-3878.

[116] Bovetti S, Gribaudo S, Puche A C, et al. J Chem Neuroanat, 2011, 42: 304-316.

[117] Mallesha M, Manjunatha R, Nethravathi C, et al. Bioelectrochemistry, 2011, 81: 104-108.

[118] Kim Y R, Bong S, Kang Y J, et al. Biosens Bioelectron, 2010, 25: 2366-2369.

[119] Sun C L, Lee H H, Yang J M, et al. Biosens Bioelectron, 2011, 26: 3450-3455.

[120] Huang K J, Jing Q S, Wu Z W, et al. Colloids Surf, B, 2011, 88: 310-314.

[121] Hadi M, Rouhollahi A. Anal Chim Acta, 2012, 721: 55-60.

[122] Chen J L, Yan X P, Meng K, et al. Anal Chem, 2011, 83: 8787-8793.

[123] Tan L, Zhou K G, Zhang Y H, et al. Electrochem Commun, 2010, 12: 557-560.

[124] Wang Y, Li Y, Tang L, et al. Electrochem Commun, 2009, 11: 889-892.

[125] Hou S, Kasner M L, Su S, et al. J Phys Chem C, 2010, 114: 14915-14921.

[126] Mao Y, Bao Y, Gan S, et al. Biosens Bioelectron, 2011, 28: 291-297.

[127] Hsu Y Y, Liu Y N, Wang W, et al. Biochem Biophys Res Commun, 2007, 353: 939-945.

[128] Zavyalova E G, Protopopova A D, Yaminsky I V, et al. Anal Biochem, 2012, 421: 234-239.

[129] Wan Y, Mahmood M A I, Li N, et al. Cancer, 2012, 118: 1145-1154.

[130] Mascini M, Palchetti I, Tombelli S. Angew Chem, Int Ed, 2012, 51: 1316-1332.

[131] Cengiz Oezalp V. Anal Bioanal Chem, 2012, 402: 799-804.

[132] Krylova S M, Karkhanina A A, Musheev M U, et al. Anal Biochem, 2011, 414: 261.

[133] Zhang J, Jia X, Lv X J, et al. Talanta, 2010, 81: 505-509.

[134] Ma C, Huang H, Zhao C. Anal Sci, 2010, 26: 1261-1264.

[135] Chu T C, Shieh F, Lavery L A, et al. Biosens Bioelectron, 2006, 21: 1859-1866.

[136] Wang Y, Yuan R, Chai Y, et al. Biosens Bioelectron, 2011, 30: 61-66.

[137] Niu S, Qu L, Zhang Q, et al. Anal Biochem, 2012, 421: 362-367.

[138] Zhang Y, Liu S, Sun X. Biosens Bioelectron, 2011, 26: 3876-3880.

[139] Chang H, Tang L, Wang Y, et al. Anal Chem, 2010, 82: 2341-2346.

[140] Schneider J. Adv Clin Chem, 2006, 42: 1-41.

[141] Zhang B, Tang D, Liu B, et al. Biosens Bioelectron, 2011, 28: 174-180.

[142] Chan S L, Chan A T C, Yeo W. Future Oncol, 2009, 5: 889-899.

[143] Behboudi S, Boswell S, Williams R. Liver Int, 2010, 30: 521-526.

[144] Jafri R I, Arockiados T, Rajalakshmi N, et al. J Electrochem Soc, 2010, 157: B874-B879.

[145] Sxahin H, Topsakal M, Ciraci S. Phys Rev B: Condens Matter Mater Phys, 2011, 83: 115432.

[146] Charlier J C, Eklund P C, Zhu J, et al. Advanced Topics in the Synthesis, Structure, Properties and Applications [M]// Jorio A, Dresselhaus G, Dresselhaus M S, ed. Carbon Nanotubes. Berlin: Springer, 2008: 673-709.

[147] Huang K J, Niu D J, Sun J Y, et al. J Electroanal Chem, 2011, 656: 72-77.

[148] Liu F, Choi J Y, Seo T S. Biosens Bioelectron, 2010, 25: 2361-2365.

[149] Huang K J , Niu D J, Sun J Y, et al. Colloids Surf, B, 2011, 82: 543-549.

[150] Postma H W C. Nano Lett, 2010, 10: 420-425.

[151] Heller D A, Jeng E S, Yeung T K, et al. Science, 2006, 311: 508-511.

[152] Brunger A T, Strop P, Vrljic M, et al. J Struct Biol, 2011, 173: 497-505.

[153] Lamichhane R, Solem A, Black W, et al. Methods, 2010, 52: 192-200.

[154] Buning R, Noort J van . Biochimie, 2010, 92: 1729-1740.

[155] Blanco A M, Artero R. Methods, 2010, 52: 343-351.

[156] Premkumar T, Geckeler K E. Prog Polym Sci, 2012, 37: 515-529.

[157] Wu M, Kempaiah R, Huang P J J, et al. Langmuir, 2011, 27: 2731-2738.

[158] Dubuisson E，Yang Z，Loh K P. Anal Chem，2011，83：2452-2460.
[159] Hu Y，Wang K，Zhang Q，et al. Biomaterials，2012，33：1097-1106.
[160] Du M，Yang T，Li X，et al. Talanta，2012，88：439-444.
[161] Balapanuru J，Yang J X，Xiao S，et al. Angewandte Chemie International Edition，2010，49（37）：6549-6553.
[162] Lu C H，Yang H H，Zhu C L，et al. Angew Chem，Int Ed，2009，121：4879-4881.
[163] Lu C H，Yang H H，Zhu C L，et al. Angew Chem，Int Ed，2009，121：4879-4881.
[164] Bonanni A，Pumera M. ACS Nano，2011，5：2356-2361.
[165] Mohanty N，Berry V. Nano Lett，2008，8：4469-4476.
[166] Zhao J，Chen G，Zhu L，et al. Electrochem Commun，2011，13：31-33.
[167] Chen R B，Chang C P，Lin M F. Phys E，2010，42：2812-2815.
[168] Zhang R，Hummelgard M，Lv G，et al. Carbon，2011，49：1126-1132.
[169] Qin W，Li X，Bian W W，et al. Biomaterials，2010，31：1007-1016.
[170] Li X，Huang X，Liu D，et al. J Phys Chem C，2011，115：21567-21573.
[171] Zhang W，Guo Z，Huang D，et al. Biomaterials，2011，32：8555-8561.
[172] Mansouri S，Cuie Y，Winnik F，et al. Biomaterials，2006，27：2060-2065.
[173] Zhang H，Mardyani S，Chan W C W，et al. Biomacromolecules，2006，7：1568-1572.
[174] Zhang L，Xia J，Zhao Q，et al. Small，2010，6：537-544.
[175] Yang X，Zhang X，Liu Z，et al. J Phys Chem C，2008，112：17554-17558.
[176] Wang Y，Li Z，Wang J，et al. Trends Biotechnol，2011，29：205-212.
[177] Sun X，Liu Z，Welsher K，et al. Nano Res，2008，1：203-212.
[178] Peng C，Hu W，Zhou Y，et al. Small，2010，6：1686-1692.
[179] Kam N W S，Liu Z A，Dai H J. Angew Chem，Int. Ed，2006，45：577-581.
[180] Welsher K，Liu Z，Daranciang D，et al. Nano Lett，2008，8：586-590.
[181] Yang K，Zhang S，Zhang G，et al. Nano Lett，2010，10：3318-3323.
[182] Li H，Child M A，Bogyo M. Biochim Biophys Acta，Proteins Proteomics，2012，1824：177-185.
[183] Kaminskyy V，Zhivotovsky B. Biochim Biophys Acta，Proteins Proteomics，2012，1824：44-50.
[184] Gonzalez-Rabade N，Agustin Badillo-Corona J，Silvestre Aranda-Barradas J，et al. Biotechnol Adv，2011，29：983-996.
[185] Hailfinger S，Rebeaud F，Thome M. Immunol Rev，2009，232：334-347.
[186] Colbert J D，Matthews S P，Miller G，et al. Eur J Immunol，2009，39：2955-2965.
[187] Neurath H. Proc Natl Acad Sci USA，1999，96：10962-10963.
[188] Kolygo K，Ranjan N，Kress W，et al. J Struct Biol，2009，168：267-277.
[189] Jares-Erijman E A，Jovin T M. Nat Biotechnol，2003，21：1387-1395.
[190] Li J，Lu C H，Yao Q H，et al. Biosens Bioelectron，2011，26：3894-3899.
[191] Li Q，Li Z，Chen M，et al. Nano Lett，2009，9：2129-2132.
[192] Willumsen B，Christian G D，Ruzicka J. Anal Chem，1997，69：3482-3489.
[193] Killard A J，Zhang S，Zhao H，et al. Anal Chim Acta，1999，400：109-119.
[194] Tang Z，Wang K，Tan W，et al. Nucleic Acids Res，2003，31：e148.
[195] Liu Y，Yu X，Zhao R，et al. Biosens Bioelectron，2003，19：9-19.
[196] Wang Y，Li Z，Hu D，et al. J Am Chem Soc，2010，132：9274-9276.
[197] Kumar C S S R，Mohammad F. Adv Drug Delivery Rev，2011，63：789-808.
[198] Lindner L H，Issels R D. Curr Treat Options Oncol，2011，12：12-20.
[199] Iancu C，Mocan L. Int J Nanomed，2011，6：1675-1684.
[200] Huang Y F，Sefah K，Bamrungsap S，et al. Langmuir，2008，24：11860-11865.

[201] Wust P, Hildebrandt B, Sreenivasa G, et al. Lancet Oncol, 2002, 3: 487-497.
[202] Fiorentini G, Szasz A. J Cancer Res Ther, 2006, 2: 41-46.
[203] Vogl T, Mack M, Mueller P, et al. Eur Radiol, 1999, 9: 1479-1487.
[204] Seki T, Wakabayashi M, Nakagawa T, et al. Cancer, 1999, 85: 1694-1702.
[205] Livraghi T, Goldberg S N, Lazzaroni S, et al. Radiology, 1999, 210: 655-661.
[206] Livraghi T, Goldberg S N, Lazzaroni S, et al. Radiology, 2000, 214: 761-768.
[207] Mirza A N, Fornage B D, Sneige N, et al. Cancer J (Sudbury, Mass), 2001, 7: 95-102.
[208] Jolesz F A, Hynynen K. Cancer J, 2002, 8: S100-S112.
[209] Anghileri L J, Robert J. Hyperthermia in Cancer Treatment [M]. Boca Raton: CRC Press, 1986.
[210] El-Sayed I H, Huang X, El-Sayed M A. Cancer Lett, 2006, 239: 129-135.
[211] Huang X, Jain P K, El-Sayed I H, et al. Lasers Med Sci, 2008, 23: 217-228.
[212] Khlebtsov B, Zharov V, Melnikov A, et al. Nanotechnology, 2006, 17: 5167.
[213] Huang X, El-Sayed M A. J Adv Res, 2010, 1: 13-28.
[214] Qu X, Liang J, Yao C, et al. Chin Opt Lett, 2007, 34: 1459.
[215] Zhou F, Xing D, Ou Z, et al. J Biomed Opt, 2009, 14: 21009.
[216] Wang C H, Huang Y J, Chang C W, et al. Nanotechnology, 2009, 20: 315101.
[217] Markovic Z M, Harhaji-Trajkovic L M, Todorovic-Markovic B M, et al. Biomaterials, 2011, 32: 1121-1129.
[218] Dougherty T J, Henderson B W, Gomer C J, et al. J Natl Cancer Inst, 1998, 90: 889-905.
[219] Sharman W M, Allen C M, van Lier J E. Drug Discovery Today, 1999, 4: 507-517.
[220] Brown S B, Brown E A, Walker I. Lancet Oncol, 2004, 5: 497-508.
[221] Juarranz A, Jaen P, Sanz-Rodriguez F, et al. Clin Transl Oncol, 2008, 10 (3): 148-154.
[222] Roeder B, Nather D U. Conf on Future Trends in Biomedical Applications of Lasers [M] // Svaasand L, ed. Spie/Medtech 91. Berlin: SPIE, 1991: 377-384.
[223] Dolmans D E, Dai Fukumura R K J. Nat Rev, Cancer, 2003, 3: 380-387.
[224] Castano A P, Mroz P, Hamblin M R. Nat Rev Cancer, 2006, 6: 535-545.
[225] Zhou L, Wang W, Tang J, et al. Chem Eur J, 2011, 17: 12084-12091.
[226] Tian B, Wang C, Zhang S, et al. ACS Nano, 2011, 5: 7000-7009.
[227] Huang P, Xu C, Lin J, et al. Theranostics, 2011, 1: 240-250.
[228] Kim K S, Zhao Y, Jang H, et al. Nature, 2009, 457: 706.
[229] Wu J, Becerril H A, Bao Z, et al. Appl Phys Lett, 2008, 92: 263302.
[230] Hong J Y, Shin K Y, Kwon O S, et al. Chem Commun, 2011, 47: 7182.
[231] Shin K Y, Hong J Y, Jang J. Adv Mater, 2011, 23: 2113.
[232] Shin K Y, Hong J Y, Jang J. Chem Commun, 2011, 47: 8527.
[233] Peres N M R, Guinea F, Neto A H C. Ann Phys, 2006, 321: 1559.
[234] Allen M J, Tung V C, Gomez L, et al. Adv Mater, 2009, 21: 2098.
[235] Li X, Wang X, Zhang L, et al. Science, 2008, 319: 1229.
[236] Oostinga J B, Heersche H B, Liu X, et al. Nat Mater, 2008, 7: 151.
[237] Kang S J, Kim B, Kim K S, et al. Adv Mater, 2011, 23: 3531.
[238] Liao Z, Wan Q, Liu H, et al. Appl Phys Lett, 2011, 99: 103301.
[239] He Q, Sudibya H G, Yin Z, et al. ACS Nano, 2010, 4: 3201.
[240] He Q, Wu S, Gao S, et al. ACS Nano, 2011, 5: 5038.
[241] Sudibya H G, He Q, Zhang H, et al, ACS Nano, 2011, 5: 1990.
[242] Cao X, He Q, Shi W, et al. Small, 2011, 7: 1199.
[243] Li B, Cao X, Ong H G, et al. Adv Mater, 2010, 22: 3058.

[244] Lee S，Kim B J，Jang H，et al. Nano Lett，2011，11：4642.
[245] Yoon H，Kim J H，Lee N，et al. Chem Bio Chem，2008，9：634.
[246] Yoon H，Ko S，Jang J. J Phys Chem B，2008，112：9992.
[247] Jang J，Bae J. Sens Actuators，B，2007，122：7.
[248] Ko S，Jang J. Biomacromolecules，2007，8：182.
[249] Jang J，Chang M，Yoon H. Adv Mater，2005，17：1616.
[250] Yoon H，Chang M，Jang J. Adv Funct Mater，2007，17：431.
[251] Yoon H，Hong J Y，Jang J. Small，2007，3：1774.
[252] Lee J S，Kwon O S，Park S J，et al. ACS Nano，2011，5：7992.
[253] Kwon O S，Hong T J，Kim S K，et al. Biosens Bioelectron，2010，25：1307.
[254] Yoon H，Lee S H，Kwon O S，et al. Angew Chem，Int Ed，2009，48：2755.
[255] Dan Y P，Lu Y，Kybert N J，et al. Nano Lett，2009，9：1472.
[256] Tang L H，Wang Y，Li Y M，et al. Adv Funct Mater，2009，19：2782.
[257] Ohno Y，Maehashi K，Yamashiro Y，et al. Nano Lett，2009，9：3318.
[258] Huang B，Li Z Y，Liu Z R，et al. J Phys Chem C，2008，112：13442.
[259] Leenaerts O，Partoens B，Peeters F M. Phys Rev B：Condens Matter Mater Phys，2008，77：125416.
[260] Dua V，Surwade S P，Ammu S，et al. Angew Chem，Int Ed，2010，49：2154.
[261] Lu G，Ocola L E，Chen J. Appl Phys Lett，2009，94：83111.
[262] Fowler J D，Allen M J，Tung V C，et al. ACS Nano，2009，3：301.
[263] Huang L，Liang J，Wan X，et al. Nano Res，2011，4：675.
[264] Kodali V K，Scrimgeour J，Kim S，et al. Langmuir，2011，27：863.
[265] Jang J，Bae J，Choi M. Carbon，2005，43：2730.
[266] Choi M，Lim B，Jang J. Macromol Res，2008，16：200.
[267] Stoller M D，Park S，Zhu Y，et al. Nano Lett，2008，8：3498.
[268] Vivekchand S R C，Rout C S，Subrahmanyam K S，et al. J Chem Sci，2008，120：9.
[269] Murugan A V，Muraliganth T，Manthiram A. Chem Mater，2009，21：5004.
[270] Yan J，Wei T，Shao B，et al. Carbon，2010，48：487.
[271] Gao W，Singh N，Song L，et al. Nat Nanotechnol，2011，6：496.
[272] Thampan T，Malhotra S，Tang H，et al. J Electrochem Soc，2000，147：3242.
[273] Park K W，Ahn H J，Sung Y E. J Power Sources，2002，109：500.
[274] Le L T，Ervin M H，Qiu H，et al. Electrochem Commun，2011，13：355.
[275] Zheng G，Hu L，Wu H，et al. Energy Environ Sci，2011，4：3368.
[276] Edwards R S，Coleman K S. Graphene synthesis：Relationship to applications [J]. Nanoscale，2013，5 (1)：38-51.
[277] Hummers W S，Offeman R E. J Am Chem Soc，1958，80：1339-1339.
[278] Stankovich S，Dikin D A，Piner R D，et al. Carbon，2007，45：1558-1565.
[279] Castriota M，Cazzanelli E，Pacile D，et al. Spatial dependence of Raman frequencies in ordered and disordered monolayer graphene [J]. Diam Relat Mater，2010，19 (5-6)：608-613.
[280] Kumar A，Patil S，Joshi A，et al. Mixed phase，sp (2)-sp (3) bonded，and disordered few layer graphene-like nanocarbon：Synthesis and characterizations [J]. Appl Surf Sci，2013，271：86-92.
[281] Li M Q，Yu Y，Li J，et al. Fabrication of graphene nanoplatelets-supported SiO_x-disordered carbon composite and its application in lithium-ion batteries [J]. J Power Sources，2015，293：976-982.

[282] Wang G, Wang B, Park J, et al. Carbon, 2009, 47: 3242-3246.

[283] Su C Y, Lu A Y, Xu Y, et al. ACS Nano, 2011, 5: 2332-2339.

[284] Englert J M, Röhrl J, Schmidt C D, et al. Adv Mater, 2009, 21: 4265-4269.

[285] Brownson D A C, Metters J P, Kampouris D K, et al. Electroanalysis, 2011, 23: 894-899.

[286] Hwang H, Kim H, Cho J. MoS_2 nanoplates consisting of disordered graphene-like layers for high rate lithium battery anode materials [J]. Nano Lett, 2011, 11 (11): 4826-4830.

[287] Wang G X, Wang B, Park J, et al. Highly efficient and large-scale synthesis of graphene by electrolytic exfoliation [J]. Carbon, 2009, 47 (14): 3242-3246.

[288] Valles C, Drummond C, Saadaoui H, et al. Solutions of negatively charged graphene sheets and ribbons [J]. J Am Chem Soc, 2008, 130 (47): 15802.

[289] Wang J, Manga K K, Bao Q, et al. J Am Chem Soc, 2011, 133: 8888-8891.

[290] Zhao Z S, Wang E F, Yan H P, et al. Nanoarchitectured materials composed of fullerene-like spheroids and disordered graphene layers with tunable mechanical properties [J]. Nat Commun, 2015, 6: 7212.

[291] Huang H, Xia Y, Tao X, et al. J Mater Chem, 2012, 22: 10452-10456.

[292] Aylesworth J W. US Pat, 1191383 [P]. 1916.

[293] Chung D D L. J Mater Sci, 1987, 22: 4190-4198.

[294] Chung D D L. Exfoliation of graphite [J]. J Mater Sci, 1987, 22 (12): 4190-4198.

[295] Wei T, Fan Z J, Luo G L, et al. A rapid and efficient method to prepare exfoliated graphite by microwave irradiation [J]. Carbon, 2009, 47 (1): 337-339.

[296] Gu W, Zhang W, Li X, et al. J Mater Chem, 2009, 19: 3367-3369.

[297] Dhakate S R, Chauhan N, Sharma S, et al. Carbon, 2011, 49: 1946-1954.

[298] Pu N W, Wang C A, Sung Y, et al. Mater Lett, 2009, 63: 1987-1989.

[299] Malik S, Vijayaraghavan A, Erni R, et al. High purity graphenes prepared by a chemical intercalation method [J]. Nanoscale, 2010, 2 (10): 2139-2143.

[300] Gu W T, Zhang W, Li X M, et al. Graphene sheets from worm-like exfoliated graphite [J]. J Mater Chem, 2009, 19 (21): 3367-3369.

[301] Safavi A, Tohidi M, Mahyari F A, et al. One-pot synthesis of large scale graphene nanosheets from graphite-liquid crystal composite via thermal treatment [J]. J Mater Chem, 2012, 22 (9): 3825-3831.

[302] Pan D Y, Wang S, Zhao B, et al. Li storage properties of disordered graphene nanosheets [J]. Chem Mater, 2009, 21 (14): 3136-3142.

[303] Blake P, Brimicombe P D, Nair R R, et al. Nano Lett, 2008, 8: 1704-1708.

[304] Hernandez Y, Nicolosi V, Lotya M, et al. Nat Nanotechnol, 2008, 3: 563-568.

[305] Khan U, O'Neill A, Lotya M, et al. Small, 2010, 6: 864-871.

[306] Khan U, Porwal H, O'Neill A, et al. Langmuir, 2011, 27: 9077-9082.

[307] Lotya M, Hernandez Y, King P J, et al. J Am Chem Soc, 2009, 131: 3611-3620.

[308] Lotya M, King P J, Khan U, et al. ACS Nano, 2010, 4: 3155-3162.

[309] Ronan J S, Mustafa L, Jonathan N C. New J Phys, 2010, 12: 125008.

[310] Staudenmaier L. Ber Dtsch Chem Ges, 1898, 31: 1481-1487.

[311] Brodie B C. Philos Trans R Soc London, 1859, 149: 249-259.

[312] Hummers W S, Offeman R E. J Am Chem Soc, 1958, 80: 1339.

[313] Lerf A, He H Y, Forster M, et al. Structure of graphite oxide revisited [J]. J Phys Chem B, 1998, 102 (23): 4477-4482.

[314] He H Y, Klinowski J, Forster M, et al. A new structural model for graphite oxide [J]. Chem

Phys Lett, 1998, 287 (1-2): 53-56.
[315] Dreyer D R, Park S, Bielawski C W, et al. Chem Soc Rev, 2010, 39: 228-240.
[316] Pei S, Cheng H M. Carbon, 2012, 50: 3210-3228.
[317] Stankovich S, Dikin D A, Piner R D, et al. Carbon, 2007, 45: 1558-1565.
[318] Farhat S, Scott C D. J Nanosci Nanotechnol, 2006, 6: 1189-1210.
[319] Subrahmanyam K S, Panchakarla L S, Govindaraj A, et al. J Phys Chem C, 2009, 113: 4257-4259.
[320] Chen Y, Zhao H, Sheng L, et al. Chem Phys Lett, 2012, 538: 72-76.
[321] Shen B, Ding J, Yan X, et al. Appl Surf Sci, 2012, 258: 4523-4531.
[322] Kosynkin D V, Higginbotham A L, Sinitskii A, et al. Nature, 2009, 458: 872-875.
[323] Kumar P, Panchakarla L S, Rao C N R. Nanoscale, 2011, 3: 2127-2129.
[324] Jiao L, Zhang L, Wang X, et al. Nature, 2009, 458: 877-880.
[325] Valentini L, Diamond Relat Mater, 2011, 20: 445-448.
[326] Nakada K, Fujita M, Dresselhaus G, et al. Phys Rev B: Condens Matter, 1996, 54: 17954-17961.
[327] Xie L, Wang H, Jin C, et al. J Am Chem Soc, 2011, 133: 10394-10397.
[328] Cho S, Kikuchi K, Kawasaki A. Carbon, 2011, 49: 3865-3872.
[329] Kang Y R, Li Y L, Deng M Y. J Mater Chem, 2012, 22: 16283-16287.
[330] Sutter P. Nat Mater, 2009, 8: 171-172.
[331] Emtsev K V, Bostwick A, Horn K, et al. Nat Mater, 2009, 8: 203-207.
[332] Virojanadara C, Syvaejarvi M, Yakimova R, et al. Phys Rev B: Condens Matter Mater Phys, 2008, 78: 245403.
[333] Luxmi, Srivastava N, Feenstra R M, et al. J Vac Sci Technol, B: Microelectron Nanometer Struct-Process, Meas, Phenom, 2010, 28: C5C1.
[334] Tromp R M, Hannon J B. Phys Rev Lett, 2009, 102: 106104.
[335] Huang Q, Chen X, Liu J, et al. Chem Commun, 2010, 46: 4917-4919.
[336] Aristov V Y, Urbanik G, Kummer K, et al. Nano Lett, 2010, 10: 992-995.
[337] Ouerghi A, Balan A, Castelli C, et al. Appl Phys Lett, 2012, 101: 21603-21605. [338] Ouerghi A, Marangolo M, Belkhou R, et al. Phys Rev B: Condens Matter Mater Phys, 2010, 82: 125445.
[339] Hass J, de Heer W A, Conrad E H. J Phys: Condens Matter, 2008, 20: 323202.
[340] Srivastava N, Guowei H, Luxmi, et al. J Phys D: Appl Phys, 2012, 45: 154001.
[341] Riedl C, Coletti C, Starke U. J Phys D: Appl Phys, 2010, 43: 374009.
[342] Hannon J B, Tromp R M. Phys Rev B: Condens Matter Mater Phys, 2008, 77: 241404.
[343] Hicks J, Shepperd K, Wang F, et al. J Phys D: Appl Phys, 2012, 45: 154002.
[344] Mele E J. J Phys D: Appl Phys, 2012, 45: 154004.
[345] Srivastava N, Guowei H, Luxmi, et al. J Phys D: Appl Phys, 2012, 45: 154001.
[346] Luxmi, Srivastava N, He G, et al. Phys Rev B: Condens Matter Mater Phys, 2010, 82: 235406.
[347] Juang Z Y, Wu C Y, Lo C W, et al. Carbon, 2009, 47: 2026-2031.
[348] Woodworth A A, Stinespring C D. Carbon, 2010, 48: 1999-2003.
[349] Yoneda T, Shibuya M, Mitsuhara K, et al. Surf Sci, 2010, 604: 1509-1515.
[350] Kang C Y, Fan L L, Chen S, et al. Appl Phys Lett, 2012, 100: 251604-251605.
[351] Caldwell J D, Anderson T J, Culbertson J C, et al. ACS Nano, 2010, 4: 1108-1114.
[352] Unarunotai S, Murata Y, Chialvo C E, et al. Appl Phys Lett, 2009, 95: 202101-202103.
[353] Varchon F, Feng R, Hass J, et al. Phys Rev Lett, 2007, 99: 126805.

[354] Reina A，Jia X，Ho J，et al. Nano Lett，2009，9：30-35.
[355] Li X，Cai W，An J，et al. Science，2009，324：1312-1314.
[356] Coraux J，N'Diaye A T，Busse C，et al. Nano Lett，2008，8，565-570.
[357] Sutter P W，Flege J I，Sutter E A. Nat Mater，2008，7：406-411.
[358] Kim K S，Zhao Y，Jang H，et al. Nature，2009，457：706-710.
[359] Gautam M，Jayatissa A H. Mater Sci Eng，C，2011，31：1405-1411.
[360] Hu B，Ago H，Ito Y，et al. Carbon，2012，50：57-65.
[361] Wang Z G，Chen Y F，Li P J，et al. 18th International Vacuum Congress（IVC）/International Conference on Nanoscience and Technology（ICNT）/14th International Conference on Surfaces Science（ICSS）/Vacuum and Surface Sciences Conference of Asia and Australia（VASSCAA）[C]. Beijing. 2012：895-898.
[362] Wintterlin J，Bocquet M L. Surf Sci，2009，603：1841-1852.
[363] Kim K S，Lee H J，Lee C，et al. ACS Nano，2011，5：5107-5114.
[364] Cao H，Yu Q，Colby R，et al. J Appl Phys，2010，107：44310.
[365] Dong X，Shi Y，Huang W，et al. Adv Mater，2010，22：1649-1653.
[366] Lee B J，Yu H Y，Jeong G H. Nanoscale Res Lett，2010，5：1768-1773.
[367] An H，Lee W J，Jung J. Curr Appl Phys，2011，11：S81-S85.
[368] Kondo D，Yagi K，Sato M，et al. Chem Phys Lett，2011，514：294-300.
[369] Sutter E，Albrecht P，Sutter P. Appl Phys Lett，2009，95：133109.
[370] Sutter P W，Albrecht P M，Sutter E A. Appl Phys Lett，2010，97：213101.
[371] Sutter E，Albrecht P，Camino F E，et al. Carbon，2010，48：4414-4420.
[372] Wang S M，Pei Y H，Wang X，et al. J Phys D：Appl Phys，2010，43：455402.
[373] Ramon M E，Gupta A，Corbet C，et al. ACS Nano，2011，5：7198-7204.
[374] Zhan N，Wang G，Liu J. Appl Phys A：Mater Sci Process，2011，105：341-345.
[375] Ago H，Ito Y，Mizuta N，et al. ACS Nano，2010，4：7407-7414.
[376] Rut'kov E V，Kuz'michev A V，Gall N R. Phys Solid State，2011，53：1092-1098.
[377] Roth S，Osterwalder J，Greber T. Surf Sci，2011，605：L17-L19.
[378] Mueller F，Grandthyll S，Zeitz C，et al. Phys Rev B：Condens Matter Mater Phys，2011，84：75472.
[379] Vo-Van C，Kimouche A，Reserbat-Plantey A，et al. Appl Phys Lett，2011，98：181903.
[380] Reina A，Jia X，Ho J，et al. Nano Lett，2009，9：30-35.
[381] Reina A，Thiele S，Jia X，et al. Nano Res，2009，2：509-516.
[382] De Arco L G，Zhang Y，Schlenker C W，et al. ACS Nano，2010，4：2865-2873.
[383] Zhang Y，Gomez L，Ishikawa F N，et al. J Phys Chem Lett，2010，1：3101-3107.
[384] Chae S J，Guenes F，Kim K K，et al. Adv Mater，2009，21：2328-2333.
[385] Liu W，Jackson B L，Zhu J，et al. ACS Nano，2010，4：3927-3932.
[386] Kwon S Y，Ciobanu C V，Petrova V，et al. Nano Lett，2009，9：3985-3990.
[387] Murata Y，Nie S，Ebnonnasir A，et al. Phys Rev B：Condens Matter Mater Phys，2012，85：205443.
[388] Gao T，Xie S，Gao Y，et al. ACS Nano，2011，5：9194-9201.
[389] Kang B J，Mun J H，Hwang C Y，et al. J Appl Phys，2009，106：104309.
[390] Mattevi C，Kim H，Chhowalla M. J Mater Chem，2011，21：3324-3334.
[391] Li X，Cai W，An J，et al. Science，2009，324：1312-1314.
[392] Liu W，Li H，Xu C，et al. Carbon，2011，49：4122-4130.
[393] Li X，Magnuson C W，Venugopal A，et al. Nano Lett，2010，10：4328-4334.

[394] Li X，Magnuson C W，Venugopal A，et al. J Am Chem Soc，2011，133：2816-2819.
[395] Lee Y，Bae S，Jang H，et al. Nano Lett，2010，10：490-493.
[396] Luo Z，Lu Y，Singer D W，et al. Chem Mater，2011，23：1441-1447.
[397] Oznuluer T，Pince E，Polat E O，et al. Appl Phys Lett，2011，98：183101.
[398] Liu N，Fu L，Dai B，et al. Nano Lett，2011，11：297-303.
[399] Liu X，Fu L，Liu N，et al. J Phys Chem C，2011，115：11976-11982.
[400] Chen S，Brown L，Levendorf M，et al. ACS Nano，2011，5：1321-1327.
[401] Chen S，Cai W，Piner R D，et al. Nano Lett，2011，11：3519-3525.
[402] Weatherup R S，Bayer B C，Blume R，et al. Nano Lett，2011，11：4154-4160.
[403] Dai B，Fu L，Zou Z，et al. Nat Commun，2011，2：522.
[404] John R，Ashokreddy A，Vijayan C，et al. Nanotechnology，2011，22：165701.
[405] Gullapalli H，Reddy A L M，Kilpatrick S，et al. Small，2011，7：1697-1700.
[406] Bae S，Kim H，Lee Y，et al. Nat Nanotechnol，2010，5：574-578.
[407] Baraton L，He Z，Lee C S，et al. Carbon Nanostructures [M] //Graphita 2011. Ottaviano L，Morandi V，ed. Berlin，Heidelberg：Springer，2012：1-7.
[408] Yu Q，Jauregui L A，Wu W，et al. Nat. Mater，2011，10：443-449.
[409] Thiele S，Reina A，Healey P，et al. Nanotechnology，2010，21：15601.
[410] Kumar S，McEvoy N，Lutz T，et al. Chem Commun，2010，46：1422-1424.
[411] Zhang B，Lee W H，Piner R，et al. ACS Nano，2012，6：2471-2476.
[412] Edwards R S，Coleman K S. Nanoscale，2012，5：38-51.
[413] Liang X，Sperling B A，Calizo I，et al. ACS Nano，2011，5：9144-9153.
[414] Liu N，Pan Z，Fu L，et al. Nano Res，2011，4：996-1004.
[415] Verma V P，Das S，Lahiri I，et al. Appl Phys Lett，2010，96：203108.
[416] Juang Z Y，Wu C Y，Lu A Y，et al. Carbon，2010，48：3169-3174.
[417] Wang Y，Zheng Y，Xu X，et al. ACS Nano，2011，5：9927-9933.
[418] Zheng M，Takei K，Hsia B，et al. Appl Phys Lett，2010，96：63110.
[419] Ji H，Hao Y，Ren Y，et al. ACS Nano，2011，5：7656-7661.
[420] Garcia J M，He R，Jiang M P，et al. Carbon，2011，49：1006-1012.
[421] Yan Z，Peng Z，Sun Z，et al. ACS Nano，2011，5：8187-8192.
[422] Sun Z，Yan Z，Yao J，et al. Nature，2010，468：549-552.
[423] Shin H J，Choi W M，Yoon S M，et al. Adv Mater，2011，23：4392-4397.
[424] Ruan G，Sun Z，Peng Z，et al. ACS Nano，2011，5：7601-7607.
[425] Dato A，Radmilovic V，Lee Z，et al. Nano Lett，2008，8：2012-2016.
[426] Dato A，Frenklach M. New J Phys，2010，12：125013.
[427] Herron C R，Coleman K S，Edwards R S，et al. J Mater Chem，2011，21：3378-3383.
[428] Qi J L，Zheng W T，Zheng X H，et al. Appl Surf Sci，2011，257：6531-6534.
[429] Qi J L，Wang X，Zheng W T，et al. Appl Surf Sci，2009，256：1542-1547.
[430] Zhao X，Outlaw R A，Wang J J，et al. J Chem Phys，2006，124：194704.
[431] Kobayashi K，Tanimura M，Nakai H，et al. J Appl Phys，2007，101：94306.
[432] Chuang A T H，Boskovic B O，Robertson J. Diamond Relat Mater，2006，15：1103-1106.
[433] Dato A，Radmilovic V，Lee Z，et al. Nano Lett，2008，8：2012-2016.
[434] Yang B，Wu Y，Zong B，et al. Nano Lett，2002，2：751-754.
[435] Qi J，Wang X，Zheng W，et al. J Phys D：Appl Phys，2008，41：205306.
[436] Ionescu M I，Zhang Y，Li R，et al. Appl Surf Sci，2011，258：1366-1372.
[437] Levchenko I，Ostrikov K，Long J D，et al. Appl Phys Lett，2007，91：113115.

[438] Shashurin A, Keidar M. Carbon, 2008, 46: 1826-1828.
[439] Levchenko I, Ostrikov K, Murphy A B. J Phys D: Appl Phys, 2008, 41: 92001.
[440] Choucair M, Thordarson P, Stride J A. Nat Nanotechnol, 2009, 4: 30-33.
[441] Chakrabarti A, Lu J, Skrabutenas J C, et al. J Mater Chem, 2011, 21: 9491-9493.
[442] Zhao J, Guo Y, Li Z, et al. Carbon, 2012, 50: 4939-4944.
[443] Kim C D, Min B K, Jung W S. Carbon, 2009, 47: 1610-1612.
[444] Xu Z, Li H, Li W, et al. Chem Commun, 2011, 47: 1166.
[445] Wang X, Zhi L, Tsao N, et al. Angew Chem, Int Ed, 2008, 47: 2990-2992.
[446] Simpson C D, Brand J D, Berresheim A J, et al. Chem Eur J, 2002, 8: 1424-1429.
[447] Chen L, Hernandez Y, Feng X, et al. Angew Chem, Int Ed, 2012, 51: 7640-7654.
[448] Jiang H. Small, 2011, 7: 2413-2427.
[449] Cuong T V, Pham V H, Tran Q T, et al. Mater Lett, 2010, 64: 399-401.
[450] Zhang L, Liang J, Huang Y, et al. Carbon, 2009, 47: 3365-3368.
[451] Li D, Mueller M B, Gilje S, et al. Nat Nanotechnol, 2008, 3: 101-105.
[452] Yang W, Ratinac K R, Ringer S P, et al. Angew Chem, Int Ed, 2010, 49: 2114-2138.
[453] Dong L X, Chen Q. Front Mater Sci China, 2010, 4: 45-51.
[454] Ishikawa R, Bando M, Morimoto Y, et al. 22nd International Microprocesses and Nanotechnology Conference (MNC 09) [C]. Sapporo. 2010.
[455] Stoller M D, Park S, Zhu Y, et al. Nano Lett, 2008, 8: 3498-3502.
[456] Park S, Ruoff R S. Nat Nanotechnol, 2009, 4: 217-224.
[457] Loh K P, Bao Q, Ang P K, et al. J Mater Chem, 2010, 20: 2277-2289.
[458] Si Y, Samulski E T. Chem Mater, 2008, 20: 6792-6797.
[459] Fowler J D, Allen M J, Tung V C, et al. ACS Nano, 2009, 3: 301-306.
[460] Yang Z, Shi X, Yuan J, et al. Appl Surf Sci, 2010, 257: 138-142.
[461] Stankovich S, Piner R D, Chen X, et al. J Mater Chem, 2006, 16: 155-158.
[462] Dreyer D R, Park S, Bielawski C W, et al. The chemistry of graphene oxide [J]. Chem Soc Rev, 2010, 39 (1): 228-240.
[463] (a) Zhang L, Liang J, Huang Y, et al. Carbon, 2009, 47: 3365-3368. (b) Zhang L, Li X, Huang Y, et al. Carbon, 2010, 48: 2367-2371.
[464] (a) Schniepp H C, Li J L, McAllister M J, et al. J Phys Chem B, 2006, 110: 8535-8539. (b) Li X, Wang H, Robinson J T, et al. J Am Chem Soc, 2009, 131: 15939-15944.
[465] Dubin S, Gilje S, Wang K, et al. ACS Nano, 2010, 4: 3845-3852.
[466] Peng X Y, Liu X X, Diamond D, et al. Carbon, 2011, 49: 3488-3496.
[467] Xie L, Jiao L, Dai H. J Am Chem Soc, 2010, 132: 14751-14753.
[468] Kumar P, Subrahmanyam K S, Rao C N R. ArXIV, 2010, 1009: 1028.
[469] Luo B, Liu S, Zhi L. Small, 2012, 8: 646.
[470] Chen W, Yan L, Bangal P R. J Phys Chem C, 2010, 114: 19885-19890.
[471] Kaminska I, Das M R, Coffinier Y, et al. ACS Appl Mater Interfaces, 2012, 4: 1016-1020.
[472] Tung V C, Allen M J, Yang Y, et al. Nat Nanotechnol, 2008, 4: 25-29.
[473] Cui P, Lee J, Hwang E, et al. Chem Commun, 2011, 47: 12370-12372.
[474] Liang M, Wang J, Luo B, et al. Small, 2012, 8: 1180-1184.
[475] McAllister M J, Li J L, Adamson D H, et al. Chem Mater, 2007, 19: 4396-4404.
[476] O'Neill A, Khan U, Nirmalraj P N, et al. J Phys Chem C, 2011, 115: 5422-5428.
[477] Li X, Zhang G, Bai X, et al. Nat Nanotechnol, 2008, 3: 538-542.
[478] Lee J H, Shin D W, Makotchenko V G, et al. Adv Mater, 2009, 21: 4383-4387.

[479] (a) Abdelsayed V, Moussa S, Hassan H M, et al. J Phys Chem Lett, 2010, 1: 2804-2809. (b) Sokolov D A, Shepperd K R, Orlando T M. J Phys Chem Lett, 2010, 1: 2633-2636. (c) Abdelsayed V, Moussa S, Hassan H M, et al. J Phys Chem Lett, 2010, 1: 2804-2809.
[480] Kosynkin D V, Higginbotham A L, Sinitskii A, et al. Nature, 2009, 458: 872-876.
[481] Jiao L, Zhang L, Wang X, et al. Nature, 2009, 458: 877-880.
[482] Cano-Marquez A G, Rodıguez-Macıas F J, Campos-Delgado J, et al. Nano Lett, 2009, 9: 1527-1533.
[483] (a) Elías A L, Botello-Méndez A S R, Meneses-Rodríguez D, et al. Nano Lett, 2010, 10: 366-372. (b) Terrones M. Nature, 2009, 458: 845-846.
[484] Higginbotham A L, Kosynkin D V, Sinitskii A, et al. ACS Nano, 2010, 4: 2059-2069.
[485] Sutter P. Epitaxial graphene how silicon leaves the scene [J]. Nat Mater, 2009, 8 (3): 171-172.
[486] Emtsev K V, Bostwick A, Horn K, et al. Towards wafer-size graphene layers by atmospheric pressure graphitization of silicon carbide [J]. Nat Mater, 2009, 8 (3): 203-207.
[487] Virojanadara C, Syvajarvi M, Yakimova R, et al. Homogeneous large-area graphene layer growth on 6H-SiC (0001) [J]. Phys Rev B, 2008, 78 (24): 245403.
[488] Luxmi, Srivastava N, Feenstra R M, et al. Formation of epitaxial graphene on SiC (0001) using vacuum or argon environments [J]. J Vac Sci Technol B, 2010, 28 (4): C5c1-C5c7.
[489] Tromp R M, Hannon J B. Thermodynamics and kinetics of graphene growth on SiC (0001) [J]. Phys Rev Lett, 2009, 102 (10): 106104.
[490] Huang Q S, Chen X L, Liu J, et al. Epitaxial graphene on 4H-SiC by pulsed electron irradiation [J]. Chem Commun, 2010, 46 (27): 4917-4919.
[491] Deng D H, Pan X L, Yu L A, et al. Toward N-doped graphene via solvothermal synthesis [J]. Chem Mater, 2011, 23 (5): 1188-1193.
[492] Nemes-Incze P, Vancso P, Osvath Z, et al. Electronic states of disordered grain boundaries in graphene prepared by chemical vapor deposition [J]. Carbon, 2013, 64: 178-186.
[493] Panchokarla L S, Subrahmanyam K S, Saha S K, et al. Synthesis, structure, and properties of boron-and nitrogen-doped graphene [J]. Adv Mater, 2009, 21 (46): 4726.
[494] Nam Y, Sun J, Lindvall N, et al. Quantum Hall effect in graphene decorated with disordered multilayer patches [J]. Appl Phys Lett, 2013, 103 (23): 4839295.
[495] Aristov V Y, Urbanik G, Kummer K, et al. Graphene synthesis on cubic SiC/Si wafers. perspectives for mass production of graphene-based electronic devices [J]. Nano Lett, 2010, 10 (3): 992-995.
[496] Batzill M. The surface science of graphene: Metal interfaces, CVD synthesis, nanoribbons, chemical modifications, and defects [J]. Surf Sci Rep, 2012, 67 (3-4): 83-115.
[497] Sutter P W, Albrecht P M, Sutter E A. Graphene growth on epitaxial Ru thin films on sapphire [J]. Appl Phys Lett, 2010, 97 (21): 3518490.
[498] Wang Y, Zheng Y, Xu X F, et al. Electrochemical delamination of CVD-grown graphene film: Toward the recyclable use of copper catalyst [J]. Acs Nano, 2011, 5 (12): 9927-9933.
[499] Hibino H, Tanabe S, Mizuno S, et al. Growth and electronic transport properties of epitaxial graphene on SiC [J]. J Phys D Appl Phys, 2012, 45 (15): 154008.
[500] Lin Y M, Dimitrakopoulos C, Jenkins K A, et al. 100-GHz transistors from wafer-scale epitaxial graphene [J]. Science, 2010, 327 (5966): 662-662.
[501] Lin Y M, Valdes-Garcia A, Han S J, et al. Wafer-scale graphene integrated circuit [J]. Science, 2011, 332 (6035): 1294-1297.
[502] Kymakis E, Stratakis E, Stylianakis M M, et al. Spin coated graphene films as the transparent

electrode in organic photovoltaic devices [J]. Thin Solid Films, 2011, 520 (4): 1238-1241.

[503] Lv X, Huang Y, Liu Z B, et al. Photoconductivity of bulk-film-based graphene sheets [J]. Small, 2009, 5 (14): 1682-1687.

[504] Pham V H, Cuong T V, Hur S H, et al. Fast and simple fabrication of a large transparent chemically-converted graphene film by spray-coating [J]. Carbon, 2010, 48 (7): 1945-1951.

[505] Wu Z S, Pei S F, Ren W C, et al. Field emission of single-layer graphene films prepared by electrophoretic deposition [J]. Adv Mater, 2009, 21 (17): 1756.

[506] Li C, Zhang X, Wang K, et al. Scalable self-propagating high-temperature synthesis of graphene for supercapacitors with superior power density and cyclic stability [J]. Adv Mater, 2016, 1604690.

[507] Ohta T, Bostwick A, Seyller T, et al. Science, 2006, 313: 951-954.

[508] Hass J, Feng R, Li T, et al. Appl Phys Lett, 2006, 89: 143106.

[509] Ohta T, Bostwick A, McChesney J L, et al. Phys Rev Lett, 2007, 98: 206802.

[510] Forbeaux I, Themlin J M, Debever J M. Phys Rev B: Condens Matter Mater Phys, 1998, 58: 16396-16406.

[511] Emtsev K V, Speck F, Seyller T, et al. Phys Rev B: Condens Matter Mater Phys, 2008, 77: 155303.

[512] Deng D, Pan X, Zhang H, et al. Adv Mater, 2010, 22: 2168-2171.

[513] Li N, Wang Z, Zhao K, et al. Carbon, 2010, 48: 255-259.

[514] Hojati-Talemi P, Simon G P. Carbon, 2010, 48: 3993-4000.

[515] Wang S, Goh B M, Manga K K, et al. ACS Nano, 2010, 4: 6180-6186.

[516] Liu J, Wang Y, Xu S, et al. Mater Lett, 2010, 64: 2236-2239.

[517] Bagri A, Mattevi C, Acik M, et al. Structural evolution during the reduction of chemically derived graphene oxide [J]. Nat Chem, 2010, 2 (7): 581-587.

[518] Chen J H, Li L, Cullen W G, et al. Tunable Kondo effect in graphene with defects [J]. Nat Phys, 2011, 7 (7): 535-538.

[519] Singh R. Unexpected magnetism in nanomaterials [J]. J Magn Magn Mater, 2013, 346: 58-73.

[520] Wang Y, Huang Y, Song Y, et al. Room-temperature ferromagnetism of graphene [J]. Nano Lett, 2009, 9 (1): 220-224.

[521] Yazyev O V, Helm L. Defect-induced magnetism in graphene [J]. Phys Rev B, 2007, 75 (12): 125408.

[522] Eng A Y S, Poh H L, Sanek F, et al. Searching for magnetism in hydrogenated graphene: Using highly hydrogenated graphene prepared via birch reduction of graphite oxides [J]. Acs Nano, 2013, 7 (7): 5930-5939.

[523] Wang W L, Meng S, Kaxiras E. Graphene nanoflakes with large spin [J]. Nano Lett, 2008, 8 (1): 241-245.

[524] Khurana G, Kumar N, Kotnala R K, et al. Temperature tuned defect induced magnetism in reduced graphene oxide [J]. Nanoscale, 2013, 5 (8): 3346-3351.

[525] Raj K G, Joy P A. Ferromagnetism at room temperature in activated graphene oxide [J]. Chem Phys Lett, 2014, 605: 89-92.

[526] Wang C, Diao D F. Magnetic behavior of graphene sheets embedded carbon film originated from graphene nanocrystallite [J]. Appl Phys Lett, 2013, 102 (5): 4790283.

[527] Liu Y, Feng Q, Tang N J, et al. Increased magnetization of reduced graphene oxide by nitrogen-doping [J]. Carbon, 2013, 60: 549-551.

[528] Li Y F, Zhou Z, Shen P W, et al. Spin gapless semiconductor-metal-half-metal properties in

nitrogen-doped zigzag graphene nanoribbons [J]. Acs Nano, 2009, 3 (7): 1952-1958.

[529] Sun P Z, Wang K L, Wei J Q, et al. Magnetic transitions in graphene derivatives [J]. Nano Res, 2014, 7 (10): 1507-1518.

[530] Gonzalez-Herrero H, Gomez-Rodriguez J M, Mallet P, et al. Atomic-scale control of graphene magnetism by using hydrogen atoms [J]. Science, 2016, 352 (6284): 437-441.

[531] Makarova T L. Magnetic properties of carbon structures [J]. Semiconductors, 2004, 38 (6): 615-638.

[532] Rao C N R, Matte H S S R, Subrahmanyam K S, et al. Unusual magnetic properties of graphene and related materials [J]. Chem Sci, 2012, 3 (1): 45-52.

[533] Zhang Y, Nayak T R, Hong H, et al. Graphene: A versatile nanoplatform for biomedical applications [J]. Nanoscale, 2012, 4 (13): 3833-3842.

[534] Black-Schaffer A M. RKKY coupling in graphene [J]. Phys Rev B, 2010, 81 (20): 205416.

[535] Sherafati M, Satpathy S. Analytical expression for the RKKY interaction in doped graphene [J]. Phys Rev B, 2011, 84 (12): 125416.

[536] Feng P, Wei H B. Strain enhanced exchange interaction between impurities in graphene [J]. Physica B, 2012, 407 (17): 3434-3436.

[537] Lee H, Kim J, Mucciolo E R, et al. RKKY interaction in disordered graphene [J]. Phys Rev B, 2012, 85 (7): 75420.

[538] Power S R, Guimaraes F S M, Costa A T, et al. Dynamic RKKY interaction in graphene [J]. Phys Rev B, 2012, 85 (19): 195411.

[539] Power S R, Ferreira M S. Indirect exchange and Ruderman-Kittel-Kasuya-Yosida (RKKY) interactions in magnetically-doped graphene [J]. Crystals, 2013, 3 (1): 49-78.

[540] Roslyak O, Gumbs G, Huang D H. Gap-modulated doping effects on indirect exchange interaction between magnetic impurities in graphene [J]. J Appl Phys, 2013, 113 (12): 123702.

[541] Li W F, Zhao M W, Xia Y Y, et al. Covalent-adsorption induced magnetism in graphene [J]. J Mater Chem, 2009, 19 (48): 9274-9282.

[542] Yazyev O V, Helm L. Defect-induced magnetism in graphene [J]. Phys Rev B, 2007, 75 (12): 125408.

[543] Magda G Z, Jin X, Hagymasi I, et al. Room-temperature magnetic order on zigzag edges of narrow graphene nanoribbons [J]. Nature, 2014, 514 (7524): 608-11.

[544] Santos E J G, Ayuela A, Sanchez-Portal D. Universal magnetic properties of sp (3)-type defects in covalently functionalized graphene [J]. New Journal of Physics, 2012, 14: 43022.

[545] Lin H, Fratesi G, Brivio G P. Graphene magnetism induced by covalent adsorption of aromatic radicals [J]. Phys Chem Chem Phys, 2015, 17 (3): 2210-5.

[546] Yndurain F. Effect of hole doping on the magnetism of point defects in graphene: A theoretical study [J]. Phys Rev B, 2014, 90 (24): 245420.

[547] Dikin D A, Stankovich S, Zimney E J, et al. Preparation and characterization of graphene oxide paper [J]. Nature, 2007, 448 (7152): 457-460.

[548] Bunch J S, van der Zande A M, Verbridge S S, et al. Electromechanical resonators from graphene sheets [J]. Science, 2007, 315 (5811): 490-493.

[549] Schedin F, Geim A K, Morozov S V, et al. Detection of individual gas molecules adsorbed on graphene [J]. Nat Mater, 2007, 6 (9): 652-655.

[550] Ramanathan T, Abdala A A, Stankovich S, et al. Functionalized graphene sheets for polymer nanocomposites [J]. Nat Nanotechnol, 2008, 3 (6): 327-331.

[551] Gomez-Navarro C, Burghard M, Kern K. Elastic properties of chemically derived single gra-

phene sheets [J]. Nano Lett, 2008, 8 (7): 2045-2049.

[552] Li D, Muller M B, Gilje S, et al. Processable aqueous dispersions of graphene nanosheets [J]. Nat Nanotechnol, 2008, 3 (2): 101-105.

[553] Yoo E, Kim J, Hosono E, et al. Large reversible Li storage of graphene nanosheet families for use in rechargeable lithium ion batteries [J]. Nano Lett, 2008, 8 (8): 2277-2282.

[554] Vivekchand S R C, Rout C S, Subrahmanyam K S, et al. Graphene-based electrochemical supercapacitors [J]. J Chem Sci, 2008, 120 (1): 9-13.

[555] Chakrabarti A, Lu J, Skrabutenas J C, et al. Conversion of carbon dioxide to few-layer graphene [J]. J Mater Chem, 2011, 21 (26): 9491-9493.

[556] Xie K, Qin X T, Wang X Z, et al. Carbon nanocages as supercapacitor electrode materials [J]. Adv Mater, 2012, 24 (3): 347.

[557] Shen Y, Wang X, He H C, et al. Temperature sensing with fluorescence intensity ratio technique in epoxy-based nanocomposite filled with Er^{3+}-doped 7YSZ [J]. Compos Sci Technol, 2012, 72 (9): 1008-1011.

[558] Jeong H K, Lee Y P, Lahaye R J W E, et al. Evidence of graphitic AB stacking order of graphite oxides [J]. J Am Chem Soc, 2008, 130 (4): 1362-1366.

[559] Chen W F, Yan L F. In situ self-assembly of mild chemical reduction graphene for three-dimensional architectures [J]. Nanoscale, 2011, 3 (8): 3132-3137.

[560] Petnikota S, Rotte N K, Reddy M V, et al. MgO-Decorated Few-Layered Graphene as an Anode for Li-Ion Batteries [J]. Acs Appl Mater Inter, 2015, 7 (4): 2301-2309.

[561] Zhang J, Tian T, Chen Y H, et al. Synthesis of graphene from dry ice in flames and its application in supercapacitors [J]. Chem Phys Lett, 2014, 591: 78-81.

[562] Zhao L Y, He R, Rim K T, et al. Visualizing individual nitrogen dopants in monolayer graphene [J]. Science, 2011, 333 (6045): 999-1003.

[563] Madhu C, Sundaresan A, Rao C N R. Room-temperature ferromagnetism in undoped GaN and CdS semiconductor nanoparticles [J]. Phys Rev B, 2008, 77 (20): 201306.

[564] Ivanovskii A L. Magnetic effects induced by sp impurities and defects in nonmagnetic sp materials [J]. Phys-Usp+, 2007, 50 (10): 1031-1052.

[565] Yang K S, Wu R Q, Shen L, et al. Origin of d (0) magnetism in II-VI and III-V semiconductors by substitutional doping at anion site [J]. Phys Rev B, 2010, 81 (12): 125211.

[566] Volnianska O, Boguslawski P. Magnetism of solids resulting from spin polarization of p orbitals [J]. J Phys-Condens Mat, 2010, 22 (7): 3202.

[567] Pan H, Yi J B, Shen L, et al. Room-temperature ferromagnetism in carbon-doped ZnO [J]. Phys Rev Lett, 2007, 99 (12): 127201.

[568] Fan S W, Yao K L, Liu Z L. Half-metallic ferromagnetism in C-doped ZnS: Density functional calculations [J]. Appl Phys Lett, 2009, 94 (15): 3120277.

[569] Zhang C W, Yan S S. First-principles prediction of half-metallic ferromagnetism in Cu-doped ZnS [J]. J Appl Phys, 2010, 107 (4): 3309771.

[570] Lee J H, Choi I H, Shin S, et al. Room-temperature ferromagnetism of cuimplanted GaN [J]. Appl Phys Lett, 2007, 90 (3): 2431765.

[571] Venkatesan M, Fitzgerald C B, Coey J M D. Unexpected magnetism in a dielectric oxide [J]. Nature, 2004, 430 (7000): 630-630.

[572] Hong N H, Sakai J, Poirot N, et al. Room-temperature ferromagnetism observed in undoped semiconducting and insulating oxide thin films [J]. Phys Rev B, 2006, 73 (13): 132404.

[573] Hong N H, Poirot N, Sakai J. Ferromagnetism observed in pristine SnO (2) thin films [J]. Phys

Rev B，2008，77 (3)：33205.
[574] Coey J M D. d (0) ferromagnetism [J]. Solid State Sci，2005，7 (6)：660-667.
[575] Palacios J J，Fernandez-Rossier J，Brey L. Vacancy-induced magnetism ingraphene and graphene ribbons [J]. Phys Rev B，2008，77 (19)：195428.
[576] Kan E J，Li Z Y，Yang J L. Magnetism in graphene systems [J]. Nano，2008，3 (6)：433-442.
[577] 司晨，陈鹏程，段文晖. 石墨烯材料的电子功能化设计：第一原理研究进展 [J]. 科学通报，2013，58 (35)：3665-3679.
[578] Singh A K，Penev E S，Yakobson B I. Vacancy clusters in graphane as quantum dots [J]. Acs Nano，2010，4 (6)：3510-3514.
[579] Ouyang F P，Peng S L，Liu Z F，et al. Bandgap opening in graphene antidot lattices：The missing half [J]. Acs Nano，2011，5 (5)：4023-4030.
[580] Huang B，Liu M，Su N H，et al. Quantum manifestations of graphene edge stress and edge instability：A first-principles study [J]. Phys Rev Lett，2009，102 (16)：166404.
[581] Huang B，Liu F，Wu J，et al. Suppression of spin polarization in graphene nanoribbons by edge defects and impurities [J]. Phys Rev B，2008，77 (15)：153411.
[582] Koskinen P，Malola S，Hakkinen H. Self-passivating edge reconstructions of graphene [J]. Phys Rev Lett，2008，101 (11)：115502.
[583] Li T C，Lu S P. Quantum conductance of graphene nanoribbons with edge defects [J]. Phys Rev B，2008，77 (8)：85408.
[584] Li J，Li Z Y，Zhou G，et al. Spontaneous edge-defect formation and defect-induced conductance suppression in graphene nanoribbons [J]. Phys Rev B，2010，82 (11)：115410.
[585] Li H D，Wang L，Zheng Y S. Suppressed conductance in a metallic graphene nanojunction [J]. J Appl Phys，2009，105 (1)：3054449.
[586] Yan Q M，Huang B，Yu J，et al. Intrinsic current-voltage characteristics of graphene nanoribbon transistors and effect of edge doping [J]. Nano Lett，2007，7 (6)：1469-1473.
[587] Huang B，Yan Q M，Zhou G，et al. Making a field effect transistor on a single graphene nanoribbon by selective doping [J]. Appl Phys Lett，2007，91 (25)：2826547.
[588] Areshkin D A，White C T. Building blocks for integrated graphene circuits [J]. Nano Lett，2007，7 (11)：3253-3259.
[589] Xu B，Yin J，Xia Y D，et al. Electronic and magnetic properties of zigzag graphene nanoribbon with one edge saturated [J]. Appl Phys Lett，2010，96 (16)：3402762.
[590] Yazyev O V，Katsnelson M I. Magnetic correlations at graphene edges：Basis for novel spintronics devices [J]. Phys Rev Lett，2008，100 (4)：47209.
[591] Owens F J. Electronic and magnetic properties of armchair and zigzag graphene nanoribbons [J]. J Chem Phys，2008，128 (19)：2905215.
[592] Magda G Z，Jin X Z，Hagymasi I，et al. Room-temperature magnetic order on zigzag edges of narrow graphene nanoribbons [J]. Nature，2014，514 (7524)：608-623.
[593] Feng Q，Tang N J，Liu F C，et al. Obtaining high localized spin magnetic moments by fluorination of reduced graphene oxide [J]. Acs Nano，2013，7 (8)：6729-6734.
[594] Wang X W，Sun G Z，Routh P，et al. Heteroatom-doped graphene materials：Syntheses，properties and applications [J]. Chem Soc Rev，2014，43 (20)：7067-7098.
[595] Guo B D，Liu Q A，Chen E D，et al. Controllable N-doping of graphene [J]. Nano Lett，2010，10 (12)：4975-4980.
[596] Gao H，Liu Z，Song L，et al. Synthesis of S-doped graphene by liquid precursor [J]. Nanotechnology，

2012, 23 (27): 275605.

[597] Li R, Wei Z D, Gou X L, et al. Phosphorus-doped graphene nanosheets as efficient metal-free oxygen reduction electrocatalysts [J]. Rsc Adv, 2013, 3 (25): 9978-9984.

[598] Zhao J G, Guo Y, Li Z P, et al. An approach for synthesizing graphene with calcium carbonate and magnesium [J]. Carbon, 2012, 50 (13): 4939-4944.

[599] Liu S, Tian J Q, Wang L, et al. Hydrothermal treatment of grass: A low-cost, green route to nitrogen-doped, carbon-rich, photoluminescent polymer nanodots as an effective fluorescent sensing platform for label-free detection of Cu (II) ions [J]. Adv Mater, 2012, 24: 2037-2041.

[600] Hecht D, Tadesse L, Walters L. Correlating hydration shell structure with amino-acid hydrophobicity [J]. J Am Chem Soc, 1993, 115 (8): 3336-3337.

[601] Aristov V Y, Urbanik G, Kummer K, et al. Graphene synthesis on cubic SiC/Si wafers. perspectives for mass production of graphene-based electronic devices [J]. Nano Lett, 2010, 10 (3): 992-995.

[602] Ouerghi A, Balan A, Castelli C, et al. Epitaxial graphene on single domain 3C-SiC (100) thin films grown on off-axis Si (100) [J]. Appl Phys Lett, 2012, 101 (2): 4734396.

[603] Ouerghi A, Marangolo M, Belkhou R, et al. Epitaxial graphene on 3C-SiC (111) pseudosubstrate: Structural and electronic properties [J]. Phys Rev B, 2010, 82 (12): 125445.

[604] Gao D Q, et al. Atomically thin B doped g-C_3N_4 nanosheets: High-temperature ferromagnetism and calculated half-metallicity [J]. Sci Rep-Uk, 2016, 6: 35768.

[605] Khurana G, et al. Temperature tuned defect induced magnetism in reduced graphene oxide. Nanoscale, 2013, 5 (8): 3346-3351.

[606] Eng A Y S, et al. Searching for magnetism in hydrogenated graphene: Using highly hydrogenated graphene prepared via birch reduction of graphite oxides. ACS Nano, 2013, 7 (7): 5930-5939.

[607] Magda G Z, et al. Room-temperature magnetic order on zigzag edges of narrow graphene nanoribbons. Nature, 2014, 514 (7524): 608-611.